金 杨 主 编

姜东升 吴 莹 副主编

刘 真 主 审

数字化印前处理

原理与技术

第二版
The Second Edition

U0344610

化学工业出版社

·北京·

本书以颜色科学、图像处理理论、印刷复制原理为基础，以数字化印前信息采集、处理、输出流程为线索，力求将理论与印刷复制相关的图文信息采集、处理、记录技术紧密结合，以求更完善地建立相关的知识体系，为其适应印前处理相关的工作以及进一步深造奠定基础。本书的前几章涉及图文信息及印前处理的基础知识和基本原理，主要有图文信息概念、网点复制原理、图像的阶调和颜色复制、图像的频率域变换和采样定理等。以此为基础，在后面的章节中主要涉及印前技术内容，即页面描述和 RIP、文字编码和字形/字库技术、图像的数字化采集技术、图像的阶调/色彩/清晰度处理、图像压缩、色彩管理、加网、图文记录输出/制版技术等。随后引入了数字化工作流程的概念和原理，并在最后一章中讨论了印前图文处理和制版的工艺技术。

本书可供印刷工程、包装工程及相关专业本科印前处理课程教学使用，也可供相关领域技术人员参考。

图书在版编目（CIP）数据

数字化印前处理原理与技术/金杨主编. —2 版. —北京：
化学工业出版社，2016.9（2022.9重印）
ISBN 978-7-122-27676-6

Ⅰ.①数… Ⅱ.①金… Ⅲ.①数字图象处理-前处理
Ⅳ.①TS803.1

中国版本图书馆 CIP 数据核字（2016）第 171723 号

责任编辑：张　琼　　　　　　　　　　文字编辑：吴开亮
责任校对：王素芹　　　　　　　　　　装帧设计：刘丽华

出版发行：化学工业出版社（北京市东城区青年湖南街 13 号　邮政编码 100011）
印　　装：天津盛通数码科技有限公司
787mm×1092mm　1/16　印张 13½　彩插 6　字数 378 千字　2022 年 9 月北京第 2 版第 4 次印刷

购书咨询：010-64518888　　　　　　售后服务：010-64518899
网　　址：http://www.cip.com.cn
凡购买本书，如有缺损质量问题，本社销售中心负责调换。

定　　价：39.80 元

自 2006 年《数字化印前处理原理与技术》第一次出版以来，已有近 10 年时间。2008 年 11 月，本教材获"北京市精品教材"称号，一方面是对笔者在教材撰写中付出辛劳的肯定，另一方面也促使笔者产生对原教材瑕疵进行修改和完善的愿望。

伴随着数字化、网络化信息传播的迅速发展，作为信息主要传播媒体之一的印刷技术受到的压力是不容回避的。在信息跨媒体传播背景下，数字图文信息可以方便地应用于多种不同传播媒体上。因此，就数字信息处理而言，其重要性和应用范围不仅未受挤压，而且应予扩展和深化，才能适应当今及未来发展的需要，对学生知识体系结构也是不可或缺的主要支撑之一。

印刷技术具有传递、转移材料的功能。因此，除信息传播之外，还可以向功能产品制造领域（如印刷电子、三维打印等）渗透和扩展，预示着良好的前景。为适应这些变化，相关专业的学生应具备与其相关的三维数字信息处理的基础知识，即在印刷技术的应用方面，由原来较单一的图文信息复制领域，变为"承担信息复制及传播任务"和"承担材料传递并成型制造的任务"两大方面，这一概念，在教材的概述部分以及后续相关章节中都得以体现。

总体上，在对第一版的修订中，主要进行了下列内容的扩展。

- 多值网点及其图像再现特性；
- 面向多值加网的印刷色彩模型；
- 自由曲面的数学描述方法；
- 三维造型信息采集；
- 三维造型的成型和输出；
- 二阶调频、多值加网方法。

除上述新增内容外，对各章的文字描述和部分插图进行了修改和完善。

在修订过程中，尽管花费了较多精力进行内容拓展和瑕疵去除，但限于理论知识及专业水平，仍难免挂一漏万。笔者一如既往地期望获得读者及各方专家的批评指正，并在此致以谢意。

编者
2016 年 9 月于北京印刷学院

第一章

印前信息处理概论

信息是科技、经济和社会发展的重要支撑要素之一。在现代社会中，每时每刻都产生大量信息，都在发生信息采集、处理和传递过程。信息的传输速度和传输质量不断提高，传播的信息量日益增大。

我国古代四大发明中的印刷术与造纸术，奠定了"纸媒体"信息传播的基础。在历史长河中，印刷承担了信息传播的使命，为文化传承、科技进步等做出不可磨灭的贡献。

作为一种传播手段，印刷至今仍发挥着重要作用。借助印刷产品的生产和发行，印刷媒体承担了一部分图文信息传播的任务。同时，在包装及装潢等领域，通过印刷所传递到商品上的信息也越来越丰富。这些都明确地显示出图文信息处理的重要地位。

在当今的数字时代中，图文音像等信息完全数字化。在信息采集、处理、呈现、输出、传播等方面也都在数字化平台上完成。几乎所有形式的信息都借助计算机和网络进行处理和传播。在各种不同的计算机硬件上，如超级计算机、台式计算机、笔记本计算机、平板计算机、手机等设备，多种信息进行运算和处理，并通过各类网络进行高速度、宽领域的传播。

自 20 世纪 80 年代中期以来，图文信息的数字化采集、处理、输出等已经在计算机系统控制下完整地实现。印刷流程的"印前处理"步骤是数字信息及其处理最密集的阶段。

在全数字网络平台上，囊括纸媒体、数字媒体等多种技术的"跨媒体传播"（cross media communication）及"跨媒体出版"（cross media publishing）可以顺畅地进行，即面向印刷复制的图文信息，可以方便地转换成数字出版和网络出版需要的图文信息而进行数字出版等传播；而以其他形式出版的信息也可以流入印前领域，以便进行印前处理和制作并通过印刷媒体进行传播。

随着科技发展，除信息传播外，印刷技术的制造功能逐步显现。以"三维印刷"（3D printing）为代表的"印刷数字制造"（Digital Printing Manufacturing，DPM）正迅速成为一种具有广阔应用领域和前景的制造技术。印刷数字制造的出现和应用，不仅将改变制造业的面貌，也将对人们日常生活产生较大影响。这一技术所体现的是在信息传播领域之外，借助印刷技术进行材料传递而实现产品成型及制造方面的潜力。

印刷数字制造同样需要数字信息的采集、处理和传输，以便对数字制造过程进行有效、精确的控制，制造出符合需要的目标产品。它对数字信息同样提出了高要求。

归结起来，在数字时代中，印刷这一具有悠久传统的方法可以在以下两大领域内发挥重要作用。

- 图文信息传递与呈现——将图文信息以色料的形式传递到承印物上。
- 产品成型制造——传递成型材料而构建制造出所需产品。

本章将给出与印刷复制及数字制造相关数字信息的基本概念及图文信息复制及数字制造的基本方法，同时阐述数字化印前信息处理所涵盖的内容。

第一节　印前信息处理概述

一、印刷的功能与范畴

现代印刷具有双重功能，即信息传递功能和成型制造功能。

作为一种信息传播手段，印刷可以承担信息复制及传播的任务，即借助印刷技术，以呈色材料的形式，将图文信息转移并成像至承印物上，形成书籍、刊物、报纸、广告等多种印刷产品，通过发行及销售渠道将信息传播到信宿。

作为一种成型制造手段，印刷可以承担材料传递并成型的任务，即借助印刷技术，传递及转移造型及功能材料，进而构建出多种具有功能的部件及整体产品，应用于所需的机电、建筑、电子、医疗、生物、军事、服装等领域。

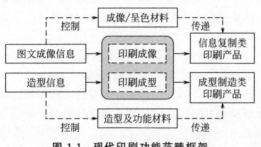

图 1-1　现代印刷功能范畴框架

图 1-1 给出了印刷功能范畴的框架图。

印刷过程分为印前处理、印刷、印后加工三个阶段。

印前处理是印刷重要的子过程之一，它担负着图文信息或成型制造信息的输入及处理的任务。印刷产品上的信息内容、成型制造所需各类信息都是在印前处理阶段中采集/输入、处理并转换成可以付诸印刷的形式的。

印前处理是指在印刷传递过程开始实施之前，对原始图文及成型制造信息进行处理，生成合乎印刷成像及成型制造需求的信息的过程。

• 信息复制类印刷产品：依据用户的制作要求，按照所采用印刷工艺的技术特征，对原稿的图文信息进行采集和处理，获得适于印刷图文成像的信息，或者通过成像记录技术制作出符合印刷要求的印版实体。

• 成型制造类印刷产品：通过造型设计或实体造型的采集，获取产品造型信息，按照用户的制造要求，根据印刷技术及成型材料的特征，进行相应的信息数据处理，以便对印刷成型设备及工艺过程进行控制，成型制造出产品。

无论是信息复制类印刷产品还是成型制造类产品，其信息处理都需要以相应的印刷工艺特征、相关材料及设备特性为依据，才能充分发挥出印刷技术所能达到的能力。

在实施印前信息处理过程中，必须借助科技手段，对原始信息进行采集、修正、变换、编辑等多种处理，尽可能准确和完美地满足用户对印刷信息及成型制造产品的要求。

由于图文信息及成型制造信息的数字化已达到较高水平，开放型系统、标准化数据格式和接口，为印前处理与其他领域的信息交流和共享、跨媒体/跨平台的信息处理和传递奠定了坚实的基础。

二、印前信息处理所涵盖的内容

按照信息复制类和成型制造类产品，印前信息处理工作有所不同。

对信息复制类印刷品，其印前处理主要是按照印刷产品的样式和规格要求，进行图文信息的各种转换和处理。包括图文信息预处理和图文成像转换处理。

• 图文信息预处理：文字输入和排版处理、图形绘制/生成和处理、图像采集/编辑/创意性变换/品质增强校正/印刷分色转换、文字/图形/图像的页面组合处理、多页面的印刷版面组合处理。

• 图文成像转换处理：对文字/图形/图像的栅格化及加网，以便进行图文信息的记录输出和成像。

针对成型制造类印刷产品，其印前处理主要是，物体造型信息的获取（三维造型设计或三维扫描）；造型数据编辑、转换、修整、优化等；面向印刷成型技术，对成型数据进行的输出处理（造型分层、体素化等）。

三、印前信息处理的数字化进程

1. 印前图文信息处理的数字化

以"桌面出版浪潮"为标志，印前信息处理的全面数字化阶段始于20世纪80年代中期。

在此之前，20世纪60年代所出现的第三代文字照排设备（阴极射线管照排机）上，已开始将文字字形数字化并存储，以备高分辨率显示及照相排版。1976年出现的激光照排系统，则是文字信息数字化表示、计算机文字信息处理、激光记录输出的标志性技术。

以"748工程"为开端，我国从1974年起，以王选为代表的中国科技人员发挥聪明才智，在汉字字形的轮廓化表示及压缩存储、文字排版处理、文字栅格化转换和记录输出等方面做出了杰出的成就，使汉字激光照排技术在我国出版印刷领域迅速得到应用，大幅度推进了我国出版事业和印刷工业技术水平的进步，其意义被誉为"汉字排版的第二次革命"。图1-2为1985年参加日本筑波博览会的汉字激光照排系统图片。

在图像处理和复制领域，从20世纪60年代开始，在具有代表性的电子分色机（color repro-scanner）上，就已开始采用图像数字化技术，以实现图像电子缩放和激光电子加网。1975年，英国Crosfield公司首次推出全数字式电子分色机，其数字式"颜色查找表"至今仍是数字化色彩转换的常规技术。20世纪80年代初，以计算机图形工作站为平台构建的电子整页拼版系统（electronic page make-up system），以电子分色机作为图像输入和输出设备，将图文信息全面数字化，并进行高精度的图形/图像处理，最终输出印刷幅面整版分色胶片。图1-3为20世纪80年代的电子分色机和电子整页拼版系统（德国Hell公司）。

(a)电子分色机　　　(b)电子整页拼版系统

图1-2　汉字激光照排系统　　　图1-3　电子分色机和电子整页拼版系统

1985年，由美国的Adobe、Apple和Aldus公司构建的"桌面出版系统"（Desk Top Publishing，DTP）是印前图文信息全面数字化采集、处理、输出的开端。这种系统以页面描述语言（Page Description Language，PDL）、图形化操作系统、数字式字库、栅格图像处理器（Raster Image Processor，RIP）、图文排版软件、激光打印机及激光照排机为基本单元，使操作人员方便地对数字化的文字、图形和图像信息进行各种处理，将图文合一的页面信息转换成页面描述语言，经过栅格图像处理器的处理，获得用于记录成像的图文信息，最终通过打印机或激光照排机输出。

1985年以后不长的时间内，以开放式的DTP系统为核心，数字化印前处理和制版技术迅速成为主流，相关的软件和硬件设备不断出现，性能不断提升，大大加速了印前图文处理和制版技术的进步。图1-4为20世纪90年代的桌面出版系统概况，其中除用于图文处理的计算机外，还有用于胶片输出的激光照

图1-4　桌面出版系统

排机和栅格图像处理器（图1-4右下侧）。

20世纪90年代以后，数字化印前技术不断发展，在计算机直接制版、色彩管理等关键技术方面取得了长足的进展。特别是数字化工作流程系统的出现和进展，从更高的层面上，把数字化的图文信息与数字化的生产控制信息有机结合，用数字信息将印前、印刷、印后等过程结合成一个整体，使整个印刷生产达到更高的效率和更好的品质，显示了信息数字化带来的威力和生机，此类系统相应地称为"数字印前系统"。

2. 成型制造的数字化

数字制造（digital manufacturing）是由计算机辅助制造（Computer Aided Manufacturing，CAM）发展而来的概念和技术，它代表了以计算机、信息、光机电一体化、材料等科技为支撑，进行全数字信息控制下的生产制造过程和技术。

早在1952年，世界上第一台数控机床在美国麻省理工学院（MIT）研制成功，开启了借助数控程序实现对零件加工控制的先河。随之，计算机辅助设计（Computer Aided Design，CAD）的概念开始萌芽，人们设想如何通过直接自动运行各个程序来实现计算机辅助设计过程。

1963年，美国MIT的学者I E Sutherland发表了人机交互图形通信系统的论文，并研制成功世界上第一套具有实时交互功能的二维CAD系统（Sketchpad）（图1-5）。该系统允许设计者借助光笔和键盘，在荧光屏上显示图形，实现人机交互作业。这项成果标志着CAD技术的诞生，为后续的CAD技术发展提供了条件和理论基础。此后，基于计算机技术，IBM、通用汽车、洛克西德等公司陆续推出了许多商品化的CAD/CAM系统与设备，在绘图、数控编程及分析、汽车设计、数控机床控制等方面发挥重要作用，CAD/CAM进入快速成长期。

20世纪80年代，随着计算机技术的迅速发展和普及，微型计算机、超大规模集成电路等迅速应用于CAD/CAM领域，CAD软件的开发也迅速成长。三维造型处理、优化设计、有限元、数据库等得到应用，推动了CAD/CAM技术向中小企业/单位的普及和应用。

20世纪90年代至今，CAD/CAM技术向集成化/智能化/标准化方向发展。为实现资源共享、产品生产管理的自动化，国际标准化组织及发达国家积极开发了标准接口。同时，面向对象技术（Object Orientation，OO）、并行处理（Parallel Processing，PP）、人工智能（Artificial Intelligence，AI）、计算机集成制造系统（Computer Integrated Manufacturing，CIM）、快速成型技术（Rapid Prototyping，RP）等的研究和应用，极大地推进了CAD/CAM技术向更高水平发展。

数字化的三维快速成型技术的概念发端于20世纪80年代。1984年，查尔斯·赫尔（Charles W Hull）发明了"立体光固化造型法"（Stereo Lithography Appearance，SLA）并创立了3D Systems公司，于1988年制造出第一台数字三维成型设备（图1-6）。

图1-5　I E Sutherland与人机交互
CAD系统（Sketchpad）
［来源：http://www.techcn.com.cn］

图1-6　第一台立体光固化造型技术
3D成型设备 SLA-1
［来源：http://www.c-cnc.com］

此后，多种快速成型制造技术不断涌现。1986年，Michael Feygin研制成功分层实体制造技术（Laminated Object Manufacturing，LOM）；1989 年，Carl R Deckard 发明了选择性激光烧结技术（Selective Laser Sintering，SLS）；1992 年，Scout Crump 获得熔融沉积制造技术（Fused Deposition Modeling，FDM）专利；1993 年，美国麻省理工学院的 Emanual Sachs 等人获取黏结剂喷射 3D 打印专利并进行授权生产。

科技人员开发了与三维造型相关的多种数字文件格式并予以公开，使多种三维设计、造型、打印制造系统能够进行顺畅的数据处理和交换。

这些技术在 20 世纪 80 至 90 年代迅速实现为商业化产品并投入应用，使快速成型制造逐步进入军事、航空/航天、生物、医疗、汽车、艺术造型、家庭、食品等多种领域，且发挥日益重要的作用。

第二节　印刷基本元素及其基本特征

一、印刷基本元素的类别

按照基本元素所占据的空间维数，可分为二维平面元素和三维立体元素。

按照元素所实现的功能，可分为信息元素和造型元素两类。

其中，印刷的信息元素有三种，即文字、图形和图像。这三种信息元素主要以二维平面形式出现在信息及包装类印刷产品上，如纸质的书籍、刊物、报纸、广告，多种不同材质的包装品等；但信息元素也可以按三维立体形式出现在印刷产品上，如具有明显凸凹造型的图文，三维文字、图形造型的包装品等。

印刷所涉及的基本造型元素有多种，它们可以具有不同的三维立体形状，如空间曲线、空间平面、曲面、立方体、球体、多面体等。由这些基本的造型元素可以构建出复杂的三维造型。

二、图文信息元素的定义与特征

1. 图文信息元素

一般而言，信息可有文字、图形、图像、声音、气味、触觉等不同形式。

在人类接收的信息总量中，文字、图形和图像信息所占的比例不低于 70％。对最终受众而言，文字、图形和图像信息都可通过人眼视觉系统获取，故称为"视觉信息"。"百闻不如一见"的说法很好地表明视觉系统在信息获取方面的关键作用，体现了视觉信息的重要性。

对图文信息的印刷复制而言，它是建立在成像物质向承印物载体转移机制上的过程和技术。

静态的文字、图形和图像信息是印刷复制的基本信息对象。除常规印刷品外，印刷品也可以附带气味信息以及可以形成触觉的信息，"香味印刷品"和盲文印刷品就是其实例。

比较而言，印刷以外的数字媒体具备实时刷新能力，可以传播动态的文字、图形、图像、声音等信息，而这种特性是印刷难以达到的。

印刷的平面图文信息一般按页面进行组织，故图文信息元素常被称为"页面元素"，是构成出版物页面、印刷版面等的基本信息元素。

2. 文字信息及其特征

文字是具有语义的特定图形符号的集合。单个符号或符号组合可以具有某种或某些特定的含义，即具有语义信息。对同一事物，不同语种所对应的符号或符号组合是不同的。如图 1-7 所示。

文字具有一些固有的基础特征，如所属语种和字符集、字符或单词的语音、字符或单词的语义、字符骨架结构等。

文字也有一些在页面中表现出来的特征，如字体、字号（尺寸）、附加符号（下划线、着重号、上/下标等）、文字附加装饰（阴影、衬底、加框等）、文字的排列方向、字间距、行距、对齐方式、内部填充特性、轮廓填充特性。如图 1-8 所示。

不同的字体具有相同的骨架结构
不同的字体具有相同的骨架结构
不同字符集的字符
Different character sets
Verschiedene Schriftzeichensätze
字体的丰富多彩和美感
页面文字的大小各异
下划线加重号阴影装饰
内部填充和花样效果渐变
曲线排字 Text in curve

图 1-7　相同语义不同语种的文字　　　　图 1-8　二维平面文字的各种特征

对于三维立体文字而言，其特征还应包括文字的凸起高度或凹陷深度、立体朝向、材质特性（颜色/纹理/光泽等）、轮廓倒角等特征。如图 1-9 所示。

对于数字化的文字信息处理而言，需要两个基础条件，即文字编码和文字的字形描述。

3. 图形信息及其特征

图形是由人工及计算机等工具构造的、具有形体特征的二维及三维信息体。

图 1-9　三维立体文字的特征

图形本身携带信息。通过视觉观察，人们可以从图形上获得信息。同时，图形的生成也需要信息的支持。

图形具有造型特征，如常见的平面直线及曲线、矩形及正方形、椭圆及圆形、三维空间内的空间直线及曲线、平面及曲面、多面体等。人们通过计算机辅助系统设计的汽车、飞机等造型，都具有某种特有的形体特征。

图形的形体特征可以用二维平面或三维空间点、直线/曲线、平面/曲面等数学函数加上相关的参数进行描述。基于人类的知识并结合数学描述获得某种实体模型，可以用于图形的描述、生成、存储和处理。

图形可以由人工徒手绘制而成，一些造型设计图和艺术绘画作品是由工程设计人员、造型艺术家、艺术家乃至儿童手工绘制出来的，手绘图像具备图形的基本特征。

现今，大量图形是在计算机系统和辅助下制作成的。其中，既有以计算机作为辅助手段人工绘制的图形，也有完全依赖计算机程序自动生成的图形。

此外，通过扫描及拍摄得到的二维平面图像，经分析处理，可以得到二维平面图形（图 1-10），此过程称为"图像矢量化"。

(a) 平面图像　　　　　　　(b) 平面图形（白色线框为子图形的边缘轮廓）

图 1-10　平面图像经矢量化转换获得的图形

　　类似地，通过三维扫描采集技术，可以获取物体在立体空间中的造型信息，即物体形体在三维空间的坐标点数据，所获取的大量坐标点数据称为"点云（point cloud）"。经过三维点云数据的处理和分析，可以构建出三维物体造型，如图 1-11 所示（来源于德国 FH-Coburg 学院 IPM 研究所/www.hs-coburg.de）。

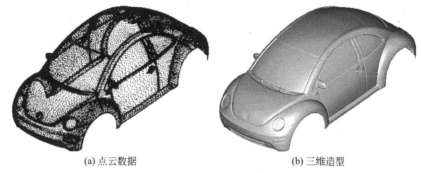

(a) 点云数据　　　　　　　　　　　(b) 三维造型

图 1-11　由三维扫描的"点云"与转换获得的三维图形

　　数字化图形的生成与图形信息的数学描述密不可分。在计算机系统上，利用数学模型、参数、算法和程序生成图形，是计算机图形的重要特征之一。这些模型和算法来源于对形体的分析、归纳、抽象和数学描述。

　　总之，面向印刷复制的平面图形，其页面特征主要有图形造型的几何特征、轮廓内填充的颜色/图案/纹理、轮廓自身的颜色/图案等（图 1-12）。

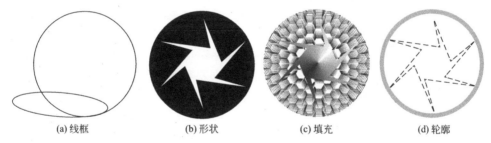

(a) 线框　　　　　　(b) 形状　　　　　　(c) 填充　　　　　　(d) 轮廓

图 1-12　平面图形特征

　　对于印刷复制及造型所涉及的三维立体图形，其特征包括立体特征（点/曲线/曲面/球体/立方体/多面体等）、造型参数（结点及控制点坐标/造型函数参数）、立体表面纹理及光学特征、照明条件、环境条件等（图 1-13）。

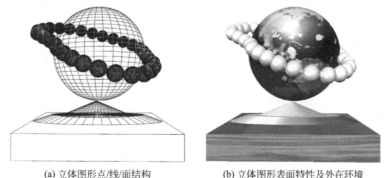

(a) 立体图形点/线/面结构　　　　　　(b) 立体图形表面特性及外在环境

图 1-13　立体图形特征

4. 图像信息及其特征

　　图像是自然界存在或由人工制作的、一般由大量二维"像素"或三维"体素"构成的视觉及非视觉信息。

自然界存在着极其丰富的影像，为人类提供了可采集的图像信息素材。白云漂浮的天空、花朵、建筑、儿童等都是常见的典型实例。如图 1-14 所示。

图 1-14　图像实例

通常，自然界三维物体的影像是其外貌表现。

物体的外貌影像决定于物体对外来电磁辐射源的电磁波谱能量的吸收/反射/透射特性、外在电磁辐射源的电磁波谱能量分布、物体表面的形貌特征、物体的造型特征等。

借助二维平面图像采集技术，如数字及胶片照相机、数字摄像机和扫描仪等，可以获取自然界中三维物体成像面的影像，并形成二维/平面影像信息，其携带的细节、纹理、色彩等具有一定的真实感。

扩展而言，三维图像是在三维空间内，物体各部分所形成的影像。如果物体内部不可见，则三维图像是物体表面各部分所形成的影像；若物体表面具有某种透明度而内部可见，则三维图像是物体内部及表面共同形成的影像；若物体表面和内部的影像都部分或全部可见，则三维影像是两部分相互交叠作用的结果。

采用立体相机能够拍摄并获得立体影像。应注意的是：严格而论，立体相机所采集的影像并非前述三维图像，而是按照双目视觉的原理，以一定间距和不同角度同时分别采集到物体表面的两幅（或多幅）二维平面影像。一般，立体影像采集的目的在于其呈现，通常利用光栅对光线的选择，使左右眼分别观察到不同的影像，而使观察者对影像产生立体的感觉。

对三维物体，可将其拆分成大量空间微元素（微小的立方体或其他形状空间体），称为"体素"。每个体素具有其相应的空间坐标。

通常，物体表面体素的光线是可以被照相机直接采集到的，而物体内部的状况体素则需"透视"技术（X射线等）才能被采集。因此，借助非透视类的平面或立体图像采集设备，仅对物体表面的体素的影像进行采集；而应用于医疗、探测等的透视型图像采集设备，则可以采集到物体内部的体素信息。

数字图像是图像信息的主要存在形式之一。二维平面数字图像由离散化的像素组成，每个像素又以二进制数码的形式表示、存储和传输。

由于图像信息的丰富性和复杂性，用数学模型、算法和程序构造具有真实感的图像难度较高，是计算机图形和数字图像处理结合领域努力的目标。这一领域正在不断取得新进展。在一些数字化影片中，人们实现了计算机辅助构造的逼真图像。同样，利用采集到的图像信息素材，借助图像处理软件，可以制作出图像原稿中不存在的信息对象。

与印刷复制相关的图像基本特征有占据空间维数（平面或立体）、颜色模式、像素行/列数、分辨率等。图像的页面特征有尺寸、位置、方向、剪裁等。

三、文字、图形和图像的联系与区别

1. 文字与图形的联系与区别

文字字形是一种具有语言含义的特殊图形。文字字形与一般图形的区别在于文字具有含义，与语言紧密相关；非文字的一般图形虽然也可能具有某种标示和象征意义，但通常与语义的联系不如文字直接和紧密。如图 1-15 所示。

图 1-15 文字与图形

不同的字符具有各异的形状；同一字符的造型也会因字体不同而有差异，表现了字体风格的多样性。

2. 图形与图像的联系与区别

图形和图像的共同点是，图形和图像都是平面或立体的信息体，都携带信息，两者都具有图示性。通过视觉系统，人们可以获取信息、理解其含义。从两者都包含"图"字而言，其视觉信息传播的基本功能是显而易见的。

图形与图像的区别如下。

① 图形依据形体特征进行构造、绘制和生成。根据形体特征的数学描述，按照图形描绘算法，利用计算机硬件和软件进行图形存储、生成和处理，成为矢量图形与图像的差异。计算机图形绘制和处理软件当中就是利用图形的这一特点进行工作的。人们可以进行造型设计，确定所需形体的特征描述，创造出自然界中尚不存在的形体，这一点对计算机辅助造型设计非常重要。

② 图像则注重真实地再现景物和影像，追求逼真地反映之，而大多不是依据景物特征进行构造。因为景物的特征既繁多又复杂，构造难度较大。与图形相比，图像所表现的细节更丰富、更全面，图像的视觉展示作用强于其标示作用。

图形与图像的联系较为紧密。首先，图形经常以图像的方式来再现。图形绘制和构造完成后，通过"还原/渲染（rendering)"，其影像（图像）才可以为人们所观察和接收。计算机图形是以数学描述、算法和参数形式存在的，只有当其在图像显示设备或记录设备上形成影像形式的可视信息，才能被人们看到。

此外，部分图形来源于自然景象，人们通过对自然界中具有特征物体景象的观察、分析、提取其形体特征并升华到数学描述，再借助算法和程序形成图形。

图 1-16(a)、(b)、(c) 分别为自然图像、手工绘制的矢量图形、由计算机软件提取特征生成的图形。图 1-16(b) 及图 1-16(c) 下方所示的是多个子图形的边界轮廓。

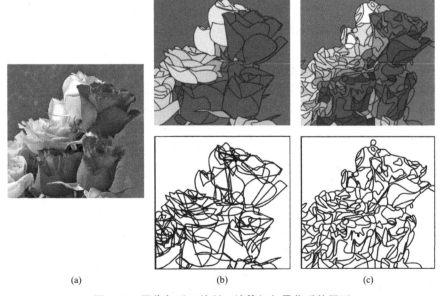

(a) (b) (c)

图 1-16 图像与手工绘制、计算机矢量化后的图形

从计算机图形学和数字图像处理的发展趋势上看，图形和图像的融合会带来十分丰硕的成果。在计算机图形学中，用特征描述、算法和程序构造具有真实感的景物影像一直是人们努力的目标。在数字图像处理当中加入图形元素，也会使图像信息更丰富。

第三节　图像及其微元素分解与重构

一、图像的描述

二维平面图像可以用平面内不同坐标位置上的信号值描述。其中，所谓"信号"可以是电信号、光信号、磁信号等不同类型。

从数学角度上观察，平面图像是建立在二维空间内的函数，可以表示为随坐标点 (x,y) 不同而变化的函数 f

$$I = f(x,y) \tag{1-1}$$

式中，I 表示图像函数值。

图像函数值 I 可以是光学密度、光强度、明度值、电压值、灰度值等。

由于图像内容变化的丰富性，函数对应关系 $f(x,y)$ 一般是很复杂的。图 1-17 给出了一幅灰度图像 [图 1-17(a)] 及其数学函数 [图 1-17(b)] 的图示。

(a)　　　　　　　　　　　　　　　(b)

图 1-17　灰度图像及其数学函数

对彩色图像而言，图像函数值 I 可以具有多个分量，如色度值 $[L*,a*,b*]$、红绿蓝 $[R,G,B]$（彩图 1-1）、青/品/黄/黑 $[C,M,Y,K]$ 等，即可描述为

$$I_i = f_i(x,y) \tag{1-2}$$

式中，$i=1,2,\cdots,N$，N 为正整数。

对三维物体而言，其不同部位的三维空间坐标为 (x,y,z)，如果在不同空间坐标上，物体可以形成影像，即物体所形成的影像信号值 I 随三维空间坐标 (x,y,z) 不同按函数关系 f 变化，则可写为

$$I = f(x,y,z) \tag{1-3}$$

类似于二维平面图像，若图像信号具有 N 个分量，则可写为

$$I_i = f_i(x,y,z) \tag{1-4}$$

式中，$i=1,2,\cdots,N$，N 为正整数。

不妨将三维物体看作具有"表面"和"内芯"两部分，则在大多数情况下，所能观察到的是其表面的影像，则可写为

$$I_{\text{SFC}} = f(x,y,z) \text{ 及 } I_{\text{INS}} = g(x,y,z) \tag{1-5}$$

其中的下标"SFC"代表"表面"。若物体内芯的状况可以形成影像，则可相应使用下标"INS"，代表"内部"。

在较多的情况下，对三维物体，采集到的是其表面或内部的二维平面影像。例如，用常见数字相机拍摄人像，所得到的是人体被拍摄表面的平面影像，可写为式(1-5) 的形式。

对医学 CT/核磁共振等影像采集而言，所获得的影像是人体内部若干个不同位置层面的平

面影像，也可将多个不同空间层面影像综合到一个平面内。假设人体的高度方向为 Z 轴，则所获图像可表示为 $I_j = f(x, y, z_j)$，其中的 $j = 1, 2, \cdots, N$，N 为正整数。

二、图像微元素的类型及特点

图像存在于二维及三维空间中。三维空间实体及由其形成的二维影像可以分割成微小单元，称为"微元素"（micro element）。换言之，三维空间实体及由其形成的二维图像可由微元素组成。

通常，构成二维平面图像的微元素称为"像素（pixel）"，是"图像元素（picture element）"的简化形式。像素是组成二维平面图像的基本单元，也可称为"像点"或"像元"。如图 1-18 所示。

类似地，构成三维物体的微元素称为"体素（voxel）"，是"体积元素（volume element）"的简化形式。体素是构成三维实体的基本单元。如图 1-19 所示。

图 1-18　构成平面图形的像素　　　　图 1-19　构成三维物体的体素

[来源：http://www.remotion4d.net]

在数学意义上，平面图像像素的面积可趋于无限小。然而，实际用于图像复制的原稿图片多数是由染料、银、颜料等物质的细微颗粒构成的，其颗粒的直径在近 $1\mu m$ 到数十微米范围内，并非数学意义上的无限小。

图像印刷复制建立在网点传递的基础上。印刷图像的像素由网点构成。单色图像的网点直接与像素对应。在多色印刷图像中，多色网点叠印后产生像素（色元），其像素面积可以小于网点本身。图 1-20 和彩图 1-2 给出了原图像、原图像局部放大后略微显现的颗粒、调幅网点图像和调频网点图像。

(a) 原图像　　　(b) 原图像局部放大后略微显现的颗粒　　(c) 调幅网点图像　　(d) 调频网点图像

图 1-20　照片、印刷网点图像的像素

类似地，在三维物体时，体素的体积也可以趋于无穷小，但在三维工程技术实现中，体素的体积也并非无限小，而是在技术可实现的尺寸范围内。

三、二维连续图像的印刷像素重构

1. 连续二维图像和连续影调图像

在二维空间上不分割成像素的图像是连续图像，可以将其像素面积看作无限小。严格而论，由染料、银、颜料等颗粒构成的图像不能称为连续图像，但由于人眼空间分辨能力有限而难以分辨这些微小颗粒，故可认为，由上述细微颗粒构成的图像是"视觉空间连续"的。按照人眼视觉的分辨能力，若图像像素的边长或直径小于某个临界数值，即可认为图像是视觉连续的。

连续影调图像也称为"连续调图像"，它是指图像的颜色及明暗变化是连续而不分等级的。因为其细微颗粒的聚集分布具有极其丰富的多态性，由染料、银、颜料等颗粒构成的图像可以看作连续调图像。

常见的二维数字图像不仅是空间离散的，而且其图像颜色及阶调也被分成有限等级。因此，数字化图像是一种空间离散且具备有限影调等级的图像。

2. 连续二维图像和连续调图像的加网印刷复制方法

为了能够用印刷的方法模拟出空间连续及影调连续的图像，需要完成"像素重构"的过程。该过程需要实现以下两方面目标。

- 模拟原图像的像素结构。
- 模拟图像中的颜色及阶调变化。

印刷复制的像素重构，是将原稿像素转变为可传递印刷像素的过程。对图像色彩和阶调层次复制而言，必须具备在印版或成像载体的局部调控呈色物质数量的能力。

面向不同的印刷工艺方法和印版特征，其像素重构具有不同的特点。凸印版、胶印版和凹印版的特性是不同的。

凸印版和胶印版具有"二值性"，也就是印版版面上仅有"附着油墨（图文）"和"非附着油墨（空白）"两种状态，印版上的图文部分附着油墨，而空白部分则不附着油墨。从微观上看，只有这两种状态而不存在其他状态。很明显，这一特点与图像连续调变化的需求是矛盾的，只有采用特殊方法才能使其具备微观调控油墨量的能力。

与凸印版和胶印版不同，凹印版本身具有多值性，能够在微观上灵活改变油墨量，便于模拟原稿图像色彩和阶调的连续变化。在凹版版面上，依靠凹下深度的不同，可以改变所容纳及传递的油墨量。为了便于油墨传递，凹版油墨的黏度低且易于流动。为了避免油墨在版面内的错误流动，必须在版面上建立"网墙"。凹版印刷在去掉版面上非图文部分的油墨时，网墙还承担了支撑刮墨刀的任务。

印刷像素重构的基本方法是形成网点，即"加网"（halftoning/screening）。借助加网技术所形成的网点（halftone dot），通过改变网点的面积、网点出现的空间频率、网点的光学密度的方法，调制印版微观局部的油墨量。图像信息以网点的形式传递到承印物上，连续调图像得以印刷复制。

加网是将空间连续的图像重新构造成网点的过程和技术。

加网技术的核心，首先是将版面分割成大量具有一定面积的网格；然后在每个网格内，根据图像颜色和阶调值的不同，生成面积各异、（或）数量不等、（或）空间分布疏密不同、（或）光学密度不同的网点，借以在印版等载体上附着不同数量的油墨/呈色剂。网格内网点传递油墨量的不同，对光线的吸收、反射量各异，从而模拟原图像颜色及层次的变化。显然，网点承担传递油墨、吸收及反射光线的重要作用。

四、三维物体的重构

三维物体可以具有十分复杂的表面形貌和内部构造。一般而言，原始的三维物体是空间连续的。

为了进行处理、再现或制造，需将其"体素化（voxelization）"，即将三维物体分割成大量微小的体素。此后，便可以对体素进行几何/色彩/运动等各类变换、呈现、传递、制造等。

例如，对一辆轿车进行三维扫描采集，获取三维造型数据，此数据是由空间连续曲面或微曲面片构成的。为进行模型三维打印输出，需在执行打印之前对造型数据进行分层体素化处理，才能适应三维打印机逐层堆积的工作方式。

第四节 彩色图文的印刷再现概述

一、彩色再现基本原理

由颜色科学基础理论知，正常视觉的人眼对颜色感觉的基础在于受到可见光刺激。任何完美的色彩再现都必须使复制色的三刺激值 $[X,Y,Z]_P$ 与原稿被复制色三刺激值 $[X,Y,Z]_O$ 相等，即

$$[X,Y,Z]_P \equiv [X,Y,Z]_O$$

以三原色光对视觉系统刺激而形成色彩感觉为基础，色光加色法对彩色复制是有效的。色彩学中，将其简化表述为红＋绿＝黄；红＋蓝＝品红；绿＋蓝＝青；红＋绿＋蓝＝白。

色光加色法可以作为基本原理应用到各种彩色再现/复制当中。彩色电视、彩色显示器等都是色光加色法直接应用的实例。图 1-21 和彩图 1-3 给出了色光加色法的一般性图示。

通常，印刷所用承印材料自身不会发射出光线，其颜色再现需要借助外界光源的照射才能实现。对印刷彩色再现而言，承印材料上必须具备某种对外界光线的光谱成分进行选择性吸收和反射的物质，才能使承印材料表面反射出彩色光线进入人眼，达到彩色复制的目的。

图 1-21 色光加色法的呈色原理

常用于印刷并具有光谱选择性吸收和反射能力的呈色材料为青、品红、黄三原色油墨。青、品红、黄三种彩色油墨分别具有对红、绿、蓝三种彩色光线的吸收能力，同时又分别具备对（绿＋蓝）光、（红＋蓝）光、（红＋绿）光的反射能力，其分别呈现青、品红、黄色是不言而喻的。

在此基础上，减色法呈色原理表明了其颜色合成规律，即

$$黄＋品红＝白－蓝光－绿光＝红$$
$$黄＋青＝白－蓝光－红光＝绿$$
$$青＋品红＝白－红光－绿光＝蓝$$
$$黄＋品红＋青＝白－蓝光－绿光－红光＝黑$$

在很大程度上，青、品红、黄三种彩色油墨量决定了从承印材料上反射出的红、绿、蓝光量的多少，成为间接调控色光以满足色彩视觉再现的手段。图 1-22 和彩图 1-4 为青、品红、黄三种"减色法三原色"叠印混合呈现色彩的示意图。

图 1-22 减色法呈色原理

如图 1-23 和彩图 1-5 所示，如果油墨以网点的形式印刷在白色承印材料上，而网点面积率未达到 100%，则叠印的色彩中包含从材料表面反射出的白光成分，混合后颜色的饱和度会降低，而亮度则有所上升。

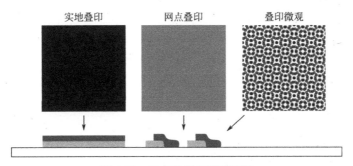

实地叠印　　网点叠印　　叠印微观

图 1-23 网点叠印与色彩变化

借助网点面积率或墨层厚度的不同，参与叠印的青、品红、黄油墨在承印材料上的量就不同，分别吸收红、绿、蓝光的量就不同，可以呈现丰富的色彩变化。

在彩色印刷复制中，除青、品红、黄油墨外，还使用黑色油墨，其作用是复制页面中的非彩色图文、加强彩色图像的暗调层次，提高图像整体对比度，替代由青/品/黄三色油墨叠印生成的灰色成分。

二、四色、专色和高保真彩色复制

彩色印刷复制大多采用印刷四色〔(process color) 青、品红、黄、黑〕实现。

如果对色彩复制的准确度要求很高（如企业标志色等），或希望获得具有某种特殊风格复制品（如怀旧风格的照片效果），采用专色（spot color）复制是合适的选择。

专色复制是利用一种或多种专门调配颜色的油墨进行复制的技术。

在专色复制中，可以采用在特定区域内采用某种专色油墨印刷复制颜色的"套印"呈色方法，也可以采用几种专色油墨叠印方法。

为了扩大印刷再现的呈色范围（色域），在常规的青/品红/黄/黑四色基础上，采用高饱和度的其他彩色油墨，或者提高传统四色的印刷密度进行彩色印刷复制，称为"高保真彩色复制（HiFi color）"。

在印前处理领域，四色、专色和高保真彩色复制所采用的图像分色方法各具特点，其分色设置的方式和参数也各不相同。超过四色的分色涉及到常规四色与附加原色的关系问题，如色域交叉、灰色平衡等，需要进行细致的设置和处理才能达到满意的效果。

扩展彩色印刷的色域范围、提高色彩复制质量是人们追求的目标。这一目标的实现与多种因素相关，既需要印前处理和印版制作精益求精，也需要在印刷实施过程中进行细致和稳定的控制。只有这样，才能获得色彩、层次、清晰度优良的复制产品。

复习思考题

1. 在图形软件环境下，打开一个图形文件，用放大镜工具将其图形局部放大到16倍，观察图形边界。在软件中，将该图形导出成600dpi图像并存储，在图像处理软件中，用放大镜工具将图像局部放大到16倍，观察其边界的效果与图形软件下的效果有何不同？为什么？

2. 三维图像与立体图像有何区别？

3. 在图形软件环境下，键入一行文字，将此行文字转换成曲线，转换前后，文字信息有哪些相同和不同之处？

4. 如果没有加网处理，采用胶印复制图像时会出现什么效果？为什么？

5. 为什么三维打印技术需要将原始三维造型数据体素化？某三维打印机标称"每英寸600×600像素和层厚0.09毫米"，与体素化有何关系？

6. 青、品红、黄三种油墨进行彩色复制时，是否仅存在减色法呈色机制？

7. 为什么红、绿、蓝三色油墨没有简单地直接用于彩色印刷复制？如何将红、绿、蓝三色油墨正确地用于彩色印刷复制？

8. 如果不用黑墨较多地替代彩色油墨，报纸印刷会很困难，分析其原因。

9. 某摄影期刊的黑白照片复制。要求采用黑版附加灰色油墨版进行的双色印刷，与采用单色黑版印刷复制相比，有什么优势？

第二章

网点印刷复制原理

图文信息的印刷复制依赖于网点的生成和传递。待复制的原始图文信息必须转换成网点才能逐步传递到承印物上，成为印刷复制品。从这一意义上，网点是印刷复制的重要基础。

本章从各类网点的特征出发，分析印刷图像与网点特征的关系，阐述网点特性与图像印刷复制的相关性。

第一节　网点的类型及其基本特征

一般而言，待复制图文信息的颜色、影调和细节变化十分丰富。为了用印刷技术复制与再现图文信息，就要在复制品上，以不同数量的呈色剂，如油墨、色粉、墨水等，吸收掉不同数量的外部光线，从而使承印材料表面出射恰当数量的光线，使复制品呈现出与待复制图文同样的变化。

在对油墨等呈色材料的传递方式和特性上，不同的印刷工艺技术是不同的。

就原理而言，凸版、胶版和孔版只能向承印载体传递厚度相同的呈色材料；而凹版则不同，它可由印版向承印物载体的不同位置传递厚度不等的呈色材料；静电成像印刷和喷墨印刷中，按设备不同，由成像及传递装置可向承印载体传送相等或不等数量的呈色材料。

在二维平面内，若只能实现"有"或"无"呈色剂的两种状态，称为"二值成像"；若可以完成不同数量呈色剂的传递，则为"多值成像"。

在二值成像类的技术中，为达到再现不同深浅图像目的，即向承印物传递不同体积及数量呈色剂，只能改变传递呈色剂面积的方法，即所传递的呈色剂厚度虽相同，但其面积不同，以满足传递不同体积呈色剂的要求。

在这一需求下，必须依据图文信息的深浅变化，去生成面积不同、（或）面积相同而空间分布疏密程度不同、（或）面积及其空间分布疏密程度都可以不同的特殊图案，这种"图案"就是网点。

由此，不妨为网点赋予如下的定义，即网点是一种特殊图形，用以传递成像信息及成像物质，它既可以以数字信息形式存在，也可以以某种成像/呈色物质的形式存在。

生成网点的过程和技术称为"加网"（screening）或"半色调处理"（halftoning）。

依据加网所生成的网点特征，加网有不同的类型。一般而言，可以按图 2-1 对加网进行分类。

加网技术可分为"二值加网"和"多值加网"两大类。

二值加网是所生成的网点仅有两种不同的值，如网点部分对应"有呈色剂（黑色）"，而非网点部分对应"无呈色剂（白色）"，也称为"印刷区域"和"非印刷空白区域"，显然，二值加网符合传递相等数量呈色剂的技术特征。

多值加网是所生成的网点有多种不同的深浅，可以用多种不同数值表示，如灰度值、光学密度值、亮度值等表示，网点传递的呈色剂数量可有多种不同。

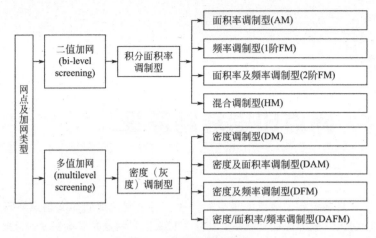

图 2-1　加网及网点分类

图 2-2 展示了分别采用二值 1 阶调频加网（1st order frequency modulation screening in bi-level）和多值 1 阶调频加网（1st order frequency modulation screening in multilevel）对同一灰度图像进行加网，所获网点的微观状况。

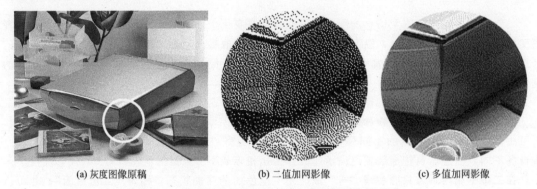

(a) 灰度图像原稿　　　　(b) 二值加网影像　　　　(c) 多值加网影像

图 2-2　灰度图像原稿及其二值加网和多值加网影像

一、二值加网的基本特征

二值加网技术广泛应用于图文印刷复制领域中。基于二值成像的印刷设备有激光照排机、激光直接制版机、激光打印机等。

二值加网属于积分面积率调制类型。

"积分面积率"的含义是取一个面积单元，其中可以有 1 个或多个网点，所有网点面积的总和占据面积单元的比值（通常用百分数表示）。

积分面积率调制类型的二值加网可分为四类：面积率调制加网（调幅/AM screening）、频率调制加网（1 阶调频/1st order FM screening）、面积率及频率调制加网（2 阶调频/2nd order FM screening）以及混合调制加网（AM & FM hybrid screening）。

采用二值加网，需解决的首要矛盾是印版本身的特性是二值的，而所需复制的图文具有不同的明暗深浅，即如何使用二值印版复制出多值图文。所采用的方法如下。

首先，将二维平面划分成多个网格（halftone cell）。在每个网格内，放置 1 个或多个网点，通过改变网点的面积、网点的数量，或者同时改变网点的面积和数量，即改变网格内所有网点面积总和占网格面积的比值（积分面积率），使积分面积率具有多值性，即以网格为单位，传递不同数量的呈色剂，达到从宏观上改变图像深浅的目的。

调幅加网、1 阶调频加网、2 阶调频加网、调幅/调频混合加网技术采用的正是上述方法。这四类加网技术所生成的网点，其自身光学密度相同，而网点的面积和空间分布频率有差异，如图 2-3 所示。

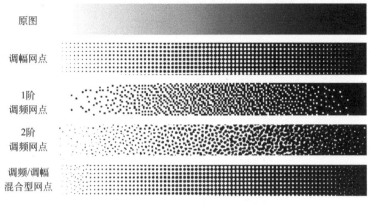

图 2-3 二值积分面积率调制加网的网点

- 调幅加网：网点面积率随图像的深浅变化，网点出现的空间频率固定，网点按行列排布。
- 1 阶调频加网：网点面积固定不变，网点出现的空间频率随图像的深浅变化，网点在空间中的位置分布具有一定随机性。
- 2 阶调频加网：网点面积和网点出现的空间频率都随图像的深浅变化，调频网点在空间中的位置分布具有一定随机性。
- 调幅/调频混合加网：在图像的高光及深暗域采用 1 阶调频加网，而在中间调区域采用调幅加网。

按照加网方法不同，印刷图像的微观像素结构存在差异。

调频加网的网点排布结构与感光材料微观颗粒结构相近，网点本身对图像信息内容的干扰小，有益于图像细节再现。调幅加网的网点按行/列规整排列，形成规则的网状结构，容易对图像信息内容构成干扰。多色调幅加网网线叠印时，还会形成"莫尔条纹（Moirè）"的干扰现象。

二、多值加网的基本特征

多值加网的基本特征是网点具备不同的深浅，即网点的光学密度或灰度可以各不相同。多值加网可分为四类：密度（灰度）调制型（Density Modulated screening，DM）、密度及面积率调制型（Density & Area Modulated screening，DAM）、密度及频率调制型（Density & Frequency Modulated screening，DFM）、密度/面积率/频率调制型（Density & Area & Frequency Modulated screening，DAFM）。

顾名思义，密度调制型（DM）网点的面积和空间频率是固定的，仅网点自身的深浅可变；密度及面积率调制型（DAM）网点的面积及密度可变，而网点的空间频率固定；密度及频率调制型（DFM）网点的密度和出现的空间频率随图像深浅变化，而网点面积固定；密度/面积率/频率调制型（DAFM）网点的深浅、面积、空间频率都可以变化。

在图文印刷复制领域中，凹版印刷最早应用多值加网复制技术。随着数字成像技术的进展，在多值喷墨、静电成像印刷设备上逐渐拥有了用武之地。

与凸印版和胶印版不同，凹版是利用下凹的"网穴"容纳并传递油墨的。由于网穴容积可以随凹下深度变化，因此，凹版具有在局部调控油墨量的能力，具有多值性。按特征，凹印版上的网穴分为以下三类。

- 网穴开口面积和空间频率不变，其凹下深度随图像深浅变化。在印刷品上，网点的光学密度可变，而网点面积率和单位尺寸内的网穴行数不变 [图 2-4(b)]。
- 网穴开口面积和凹下深度皆随图像变化，其空间频率不变。在印刷品上，网点的光学密度和网点面积率都可变，网点面积率和单位尺寸内的网穴行数不变［图 2-4(c)］。

　　• 网穴的凹下深度不变，仅网穴开口面积随图像变化，网穴的空间频率相同。称为"网点凹版"，是面积率调制型加网技术在凹版上的实现形式。因不同开口面积率网穴容纳的油墨容积不同，故印刷品上网点光学密度各不相同［图 2-4(d)］。

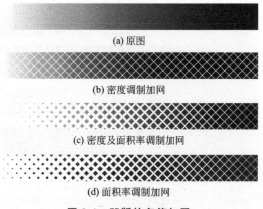

(a) 原图

(b) 密度调制加网

(c) 密度及面积率调制加网

(d) 面积率调制加网

图 2-4　凹版的多值加网

　　一些数字印刷机和打印机用多值加网提高其再现能力和质量，其中较多应用了多值调频加网技术。如图 2-5 所示，密度及频率调制加网（DFM）、密度/面积率/频率调制加网（DAFM）网点的共同点是多值性和空间频率可变性，区别是 DFM 加网的网点面积相同，而 DAFM 加网的网点面积可随图像深浅变化。

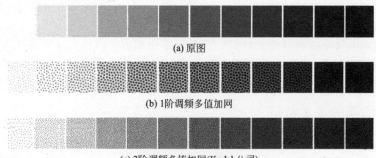

(a) 原图

(b) 1阶调频多值加网

(c) 2阶调频多值加网(Kodak公司)

图 2-5　调频多值加网

第二节　网点的特征参数

　　调幅、调频、调频/调幅混合、密度调制、密度/面积调制等不同类型的网点具有一些相同的属性，但也存在一些不同的特征。本节将进行较为详细地讨论其特征参数。

一、网格

　　一般而言，可以将网点形成过程看作是将印刷图像的平面分割成若干个小格，在每个小格内生成一个或多个网点，每个网点的面积、形状、光学密度、空间排布方式和空间频率可以不同。借此方法传递不同数量的油墨等呈色剂，达到再现原稿图像颜色、阶调和细节的目的。

　　在二维平面内，所划分的小格称为"网格"。

　　网格是网点的活动空间，是网点面积率、网线角度、加网线数等其他网点特征参数计算的基础。

　　网格自身的特征如下。

- 网格面积：它是计算网点面积率的基本面积单位。单位尺寸内的网点行数（加网线数）确定后，各网格的面积就确定了，而且各网格的面积是相等的。由于加网技术实现上需求，各网格面积也可以略有差异。
- 网格形状：大多为正方形，但也可以是矩形或其他形状。
- 在一个网格内，可以安置一个或多个网点。
- 以一个共同的轴心点，一群网格可以旋转任意角度。
- 网格对其内部网点的面积大小、形状、光学密度、空间频率、排布方式等没有限制。
- 网格在印刷品上不可见。

图 2-6 为对原稿进行调幅、调频、密度调制、面积率/密度调制四种加网，网点与网格的关系示意图（图中绘出了网格线）。

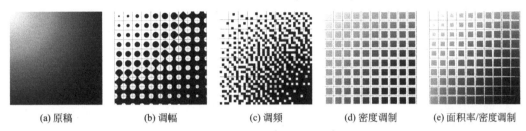

| (a) 原稿 | (b) 调幅 | (c) 调频 | (d) 密度调制 | (e) 面积率/密度调制 |

图 2-6 网格与不同类型的网点

二、网点特征参数及其定义

各种不同类型加网所生成的网点，描述其特征的参数是十分重要的。表 2-1 列出了不同类型网点的特性参数。

表 2-1 各类加网的特性参数

网点参数 ＼ 加网类型	二值加网				多值加网			
	AM	1st FM	2nd FM	HM	DM	DAM	DFM	DAFM
网点面积率	√			√		√		
积分网点面积率		√	√	√			√	√
网线角度	√			√	√	√		
加网线数	√			√	√	√		
网点形状	√	√	√	√	√	√	√	√
网点最小尺寸		√	√	√			√	√
网点空间分布		√	√	√			√	√
调频/调幅区间				√				
网点密度等级数					√	√	√	√

1. 网点面积率

网点面积率是加网复制中最常用的特性参数，用于描述所有包含面积率调制因素的加网技术中。

网点面积率是网点面积占网格面积的比值，通常用百分数表示。

$$\varphi = \frac{S_{\mathrm{DOT}}}{S_0} \times 100\% \tag{2-1}$$

式中，φ 为网点面积率；S_{DOT} 为网点面积；S_0 为网格面积，如图 2-7 所示。

2. 积分网点面积率

积分网点面积率多用于定义调频加网类的网点面积率。

如图 2-8 所示，在一个网格中，有整数 N 个 1 阶或 2 阶的调频网点，故调频网点的面积总和 S_{DOT}（积分网点面积）为

图 2-7　网格、调幅网点和网点面积率

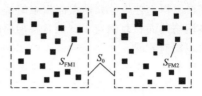
图 2-8　网格与调频网点

$$S_{\text{DOT}} = \sum_{i=1}^{N} S_{\text{FM}i} \tag{2-2}$$

对 1 阶调频加网，每个网点面积相同，为 S_{FM1}，故

$$S_{\text{DOT}} = \sum_{i=1}^{N} S_{\text{FM}i} = N S_{\text{FM1}} \tag{2-3}$$

式中，S_{FM1} 为单个 1 阶调频网点的面积。

按式(2-1)，网点的积分面积率 φ_{FM} 为

$$\varphi_{\text{FM}} = \frac{S_{\text{DOT}}}{S_0} \times 100\% = \sum_{i=1}^{N} S_{\text{FM}i} \tag{2-4}$$

3. 网线角度

网线角度描述了调幅网点的排列方向。

在衡量网线角度时，可以将水平线或垂直线作为角度基准线（0°），如图 2-9 中的粗黑色实线所示。据此，网线角度是具有公共邻边的网格中心点，其连线方向与基准线方向之间的夹角。

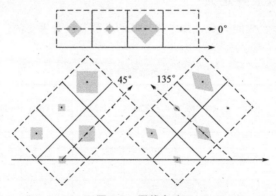
图 2-9　网线角度

若网点形状中心对称，如圆形、正方形等，一般取小于 90°的角度作为网线角度；而对中心不对称的网点，如椭圆、菱形等网点，则应沿网点的长轴方向对网格中心点连线，网线角度可以大于 90°。

4. 加网线数

也称为网线频率，是规则排列网线的空间频率，即沿着网线角度的方向，单位长度内的网线行数。

加网线数的单位为线/英寸（Lpi/lines per inch）或线/厘米（Lpcm/lines per centimeter）。

按照 1in＝2.54cm 的关系，线/英寸（Lpi）与线/厘米（Lpcm）之间的换算关系为 Lpi 数＝2.54×Lpcm 数。

加网线数间接地决定了网格面积的大小。加网线数越高，网格面积越小。

若网格为正方形，网格面积 S_0 等于网格边长的平方，而网格边长应等于加网线数 L 的倒数，即

$$S_0 = \left(\frac{1}{L}\right)^2 = \frac{1}{L^2} \tag{2-5}$$

网格也可以为非正方形，在雕刻凹版加网中，常采用所谓"拉长"和"压扁"两种形状的网穴，网格实为菱形。非正方形网格如图 2-10 所示，其加网线数也应按照沿网线角度的方向衡量。

假设非正方形网格的加网线数为 L，则网格中心点的间距为 $1/L$。可以将 L 在水平和垂直两个方向上分解为两个分量，分别为 L_H 和 L_V，θ 为网线角度，则

$$\frac{1}{L_H} = \frac{1}{L} \times \cos\theta$$

$$\frac{1}{L_V} = \frac{1}{L} \times \sin\theta \tag{2-6}$$

以及

$$\frac{1}{L} = \sqrt{\left(\frac{1}{L_H}\right)^2 + \left(\frac{1}{L_V}\right)^2}$$

$$L = \frac{1}{\sqrt{\left(\frac{1}{L_H}\right)^2 + \left(\frac{1}{L_V}\right)^2}} \tag{2-7}$$

式中，$\dfrac{1}{L_H}$ 和 $\dfrac{1}{L_V}$ 分别为本行网格中心点与方向下一行网格中心点的水平及垂直间距。

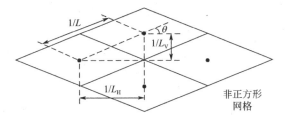

图 2-10 非正方形网格和加网线数

5. 网点形状

网点形状是网点轮廓的几何形状。

对面积率调制类型（AM 加网等），网点形状大多是一致的。通常有正方形、圆形、椭圆形、菱形等多种。

为了获得更好的网点传递性能，网点形状可以随其面积率不同而改变（欧几里德形/Euclidean 等）。网点大多为实心的，但也可以设计成同心圆等非实心的形状。图 2-11 显示了几种不同形状的调幅网点。

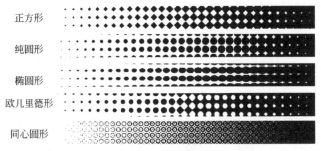

图 2-11 不同形状的调幅网点

对调频类型的加网技术，其网点形状的规则性低。

孤立的 1 阶调频网点，其形状较简单，一般为方形或圆形（见图 2-3），与记录成像设备的成像像素点形状关系密切。

2 阶调频网点的形状则较为多样，除方形、圆形外，常见的还有蠕虫形、碎砖形等。图 2-12 为两种不同的二值 2 阶调频网点，其形状各异。

 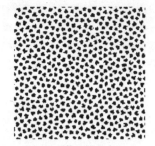

(a) Kodak公司的 "视方佳/Staccato"   (b) Screen公司的 "视必达/Spekta"

图 2-12   两种 2 阶调频加网网点的形状

6. 网点最小尺寸

印刷复制中，网点的最小尺寸（边长或直径）是值得关注的参数。这是因为最小几何尺寸与网点能否正常印刷传递有密切的关系，过小的网点容易在传递中部分或全部丢失。

对调幅加网而言，理论上其网点面积率可以在 $0\%\sim100\%$ 范围内变化。受制版/印刷传递性能的限制，小于某种面积率的网点将不能传递到承印材料上，根据加网线数和不能传递的面积率，由式（2-5）可计算出最小可传递网点面积，并相应计算出网点边长或直径等尺寸。

对 1 阶调频加网，其网点面积一致，需要确定网点尺寸；而 2 阶调频加网的网点，其网点面积各异，需要确定最小几何尺寸。

假如常规的调幅加网复制中，在加网线数 L_s 下，印刷最小可传递网点的面积率为 φ_s，则此网点的绝对面积 S_s 为

$$S_s = \varphi_s S_0 = \varphi_s \times \left(\frac{1}{L_s}\right)^2$$

可以将面积为 S_s 的网点作为 1 阶调频加网可传递的网点或 2 阶调频加网的最小可传递网点。根据网点成像技术的不同，最小调频网点可以记录为圆形或正方形。

如果调频网点为圆形，则该网点的直径 d_{FM} 为

$$d_{FM} = \frac{2}{L_s} \times \sqrt{\frac{\varphi_s}{\pi}} \tag{2-8}$$

如果该调频网点为正方形，则该网点的边长 a_{FM} 为

$$a_{FM} = \sqrt{S_s} = \frac{\sqrt{\varphi_s}}{L_s} \tag{2-9}$$

例如，加网线数 175 线/英寸下，面积率为 2% 的小网点可以在印刷传递过程中不丢失，则可将其作为调频网点进行印刷图文复制。若调频网点分别为正方形和圆形，则正方形调频网点的边长为 $20.53\mu m$，而圆形调频网点的直径为 $23.16\mu m$。

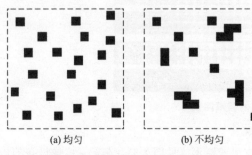

(a) 均匀   (b) 不均匀

图 2-13   调频网点空间排布的差异

7. 网点空间分布

调频网点的空间分布应具有一定程度的随机性。这种随机性应受到控制，完全随机是不可取的。网点完全随机分布有可能造成多个调频网点不均匀的聚集，导致图像出现斑块现象［图 2-13(b)］。调频网点的随机分布状况，即分布均匀性、随机性和颗粒度应该作为衡量调频加网质量的尺度。

8. 网点密度等级数

在采用多值加网时，应注明多值加网的密度或灰度等级数。例如，对电子雕刻凹版的多值加网，其网穴雕刻信号值的等级为 256，理论上网点的灰度级达到 256 级；在图 2-5(b) 所示的多

值 1 阶调频网点中，网点自身有 3 个灰度等级。

9. 调频/调幅区间

这一参数面向调频/调幅混合型加网。

将调幅和调频网点的特征混合起来，可以扬长避短，减弱中间调网点噪声干扰、降低网点扩大，获得更好的网点传递特性和更好的图像复制质量。

调幅/调频混合型网点，针对不同阶调区间分别采用调频和调幅加网方法，故将调频/调幅作用区域作为特性参数，如 AGFA 公司的混合型网点技术 Sublima，将 $0\%\sim8\%$ 及 $92\%\sim100\%$ 为调频加网区间，其余为调幅加网区间。

第三节 网点特征参数对图像复制的作用

在印刷复制中，不同类型网点的传递行为及特性各不相同，因此会造成图像复制效果和质量的差异。因此，把握网点特征与图像印刷复制的关系对提高复制质量十分重要。

一、网点面积率、网点实地光学密度与网目调光学密度的关系

加网的基本单元是网格，所谓网目调光学密度（halftone density）是指以网格为对象，由其中的网点及空白区域共同决定的光学密度。

网目调光学密度与网格中网点所占的面积率、网点自身的光学密度、非网点（空白）区域的光学密度具有十分紧密的联系。

定性而言，网点自身密度越高，且网点占网格的面积率越大，则其中的呈色剂对外来光线的吸收就越强，网目调光学密度就越高。

下面就对上述关系进行定量解析。

如图 2-14 所示，在 1 个网格内，网点可以有多种不同的状态。

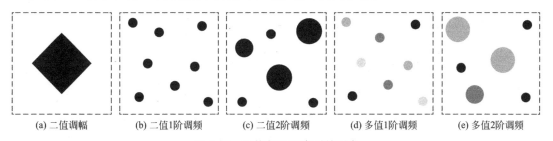

(a) 二值调幅　(b) 二值1阶调频　(c) 二值2阶调频　(d) 多值1阶调频　(e) 多值2阶调频

图 2-14 网格与不同类型的网点

设网格中的网点共有 N 种不同光学密度，其光学密度值分别为 $D_{S1}, D_{S2}, \cdots, D_{SN}$，第 i 种密度的网点占网格的面积率为 φ_i，非网点空白区域的光学密度为 D_0。相应地，第 i 种密度的网点，其自身的光反射率 r_{Si}（或透过率 τ_{Si}）应为

$$r_{Si} = 10^{-D_s}$$

非网点空白区域的光反射率为

$$r_0 = 10^{-D_s}$$

由上述条件可知，网格整体的光反射率 r（或透过率 τ）是由多种不同密度网点在网格内部覆盖后，与空白区域一起决定的总体光线射出状况决定的，即

$$r = \sum_{i=1}^{N}(\varphi_i r_{Si}) + \left(1 - \sum_{i=1}^{N}\varphi_i\right) \times r_0 = \sum_{i=1}^{N}(\varphi_i \times 10^{-D_s}) + \left(1 - \sum_{i=1}^{N}\varphi_i\right) \times 10^{-D_s} \tag{2-10}$$

故网目调光学密度为

$$D = \lg\frac{1}{r} = \lg\frac{1}{\sum_{i=1}^{N}(\varphi_i \times 10^{-D_s}) + \left(1 - \sum_{i=1}^{N}\varphi_i\right) \times 10^{-D_s}} \tag{2-11}$$

在二值调幅加网的情况下，如图 2-14(a) 所示，网格内只有 1 种密度为 D_S 的网点，其占据网格的面积率为 φ，空白区域的面积率为 $(1-\varphi)$，则式(2-11) 简化为

$$D = \lg \frac{1}{\varphi \times 10^{-D_s} + (1-\varphi) \times 10^{-D_s}} \tag{2-12}$$

若 $D_0 = 0$，则式(2-12) 简化为"MD（Murray-Davis）方程"。

$$D = \lg \frac{1}{1 - \varphi \times (1 - 10^{-D_s})} \tag{2-13a}$$

或

$$\varphi = \frac{1 - 10^{-D}}{1 - 10^{-D_s}} \tag{2-13b}$$

在二值 1 阶调频加网的情况下，如图 2-14(b) 所示，网格内的网点密度皆为 D_S，网点面积为 a，网点在网格内出现 M 次，则网点积分面积率为 $(aM)/S_0$，则式(2-11) 可写为

$$D = \lg \frac{1}{\frac{aM}{S_0} \times 10^{-D_s} + \left[1 - \frac{aM}{S_0}\right] \times 10^{-D_s}} \tag{2-14}$$

在二值 2 阶调频加网的情况下，如图 2-14(c) 所示，网格内的网点密度相同（D_S），网点面积 a_i 有多种，$i=1,\cdots,M$；在网格内，M 种不同面积网点分别出现 n_i 次。则第 i 种面积网点的积分面积率为

$$\varphi_i = \frac{a_i n_i}{S_0}$$

网格内总的积分面积率为

$$\varphi = \sum_{i=1}^{M} \frac{a_i n_i}{S_0}$$

则式(2-11) 可写为

$$D = \lg \frac{1}{\left(\sum_{i=1}^{M} \frac{a_i n_i}{S_0}\right) \times 10^{-D_s} + \left(1 - \sum_{i=1}^{M} \frac{a_i n_i}{S_0}\right) \times 10^{-D_s}} \tag{2-15}$$

在多值 1 阶调频加网情况下，如图 2-14(d) 所示，网格内的网点面积相同（a），而网点的密度有多种（D_{Si}），M 种密度的网点分别在网格内出现 n_i 次，$i=1,\cdots,M$。则第 i 种密度网点的积分面积率为

$$\varphi_i = \frac{a n_i}{S_0}$$

故式(2-11) 可写为

$$D = \lg \frac{1}{\sum_{i=1}^{M} \left(\frac{a n_i}{S_0} \times 10^{-D_{si}}\right) + \left(1 - \frac{\sum_{i=1}^{M} a n_i}{S_0}\right) \times 10^{-D_s}} \tag{2-16}$$

在多值 2 阶调频加网情况下，如图 2-14(e) 所示，网点有多种不同的密度 D_{Si}，$i=1,\cdots,P$；网点的面积（a_j）有多种，$j=1,\cdots,M$；密度为 D_{Si} 且面积为 a_j 的网点分别在网格内出现 T_k 次，$k=1,\cdots,N$。

在相同的网点密度下，不同网点面积的网点分别可以出现多次，即 D_{Si}、a_j、T_k 构成三维独立自变量组，则密度为 D_{Si}、面积为 a_j、又出现 T_k 次的网点在网格中的积分面积率为

$$\varphi_{D_s}(a_j, T_k) = \frac{a_{ij} \times T_{ik}}{S_0}$$

各种不同密度网点的总积分面积率为

$$\varphi(D_{Si}, a_j, T_k) = \sum_{i=1}^{P} \frac{a_{ij} T_{ik}}{S_0}$$

由此，式(2-11) 可写为

$$D = \lg \frac{1}{\sum_{i=1}^{P}\left(\frac{a_{ij}T_{ik}}{S_0} \times 10^{-D_s}\right) + \left(1 - \sum_{i=1}^{P}\frac{a_{ij}T_{ik}}{S_0}\right) \times 10^{-D_s}} \qquad (2\text{-}17)$$

二、调幅及调频网点特征对印刷复制的作用

(一) 调幅加网复制中的网点特征

1. 调幅加网中网目调密度与网点面积率、网点自身密度的关系

二值调幅加网复制是应用最为广泛的加网复制技术。

采用二值调幅网点进行印刷复制，网点的自身密度（实地密度）相同，而网点面积率可变，按照式（2-13a），可以绘出网目调密度与网点实地密度及网点面积率的关系曲线，图 2-15 给出了三种不同实地密度（$D_s=1.0/1.5/2.0$）下，网点面积率与网目调光学密度的关系曲线。从中可知，在二值调幅加网条件下，网目调密度与网点面积率之间的关系属于指数类型。在高网点面积率下，面积率的微小变化所带来的网目调密度变化十分显著（曲线导数值高）。

图 2-15 可以看出，提高实地密度，会整体提升网目调密度。当成像或印刷实现的实地密度不同时，在较高的网点面积率区间内，网目调密度差异较明显，即对图像暗调区域的复制影响较大。

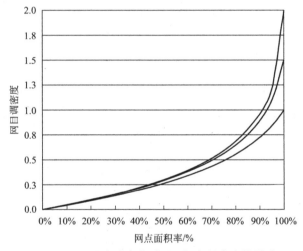

图 2-15 不同实地密度对网目调复制密度的影响

多值调幅加网大多用于凹版印刷领域。

对"密度调制（DM）"加网类型，其网点面积率不变而网点自身密度可变。考虑到凹版网墙，凹版网穴开口面积率是小于但接近 100% 的数值。

图 2-16 为网点（网穴）面积率 95%、实地密度在 0.1~2.0 范围内，网目调密度与实地密度的关系曲线。可以看出，在实地密度从低到中等的范围内，网目调密度随实地密度近乎线性地上升，但在较高实地密度范围内，这种曲线上升的陡度趋缓。

常见于凹版印刷复制的"密度及面积率调制（DAM）"加网，其网穴开口面积率及网点实地密度都可变，但印版上最大面积率也小于但接近 100%。

图 2-17 从上至下的曲线分别为网点面积率 95%、90%、80%、70%、60%、50%、40%、30%、20%、10%、5%，不同实地密度与网目调密度的关系。在密度及面积调制凹版加网（DAM）中，网穴开口面积率与实地密度是相关的，开口面积率越大，网穴凹下越深，网穴体积越大，实地密度越高。

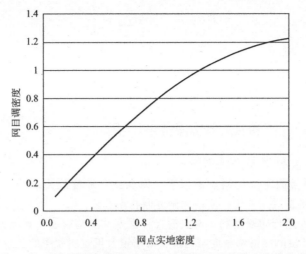

图 2-16 网点面积率相同/不同实地密度对网目调密度的作用

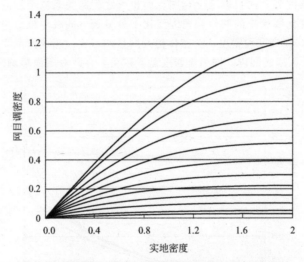

图 2-17 不同网点面积率及实地密度下的网目调密度

2. 网点面积在传递过程中的面积率变化

在印刷复制过程中，网点经历多次传递，如从感光软片传递到印版、从印版传递到橡皮布、从橡皮布转移到纸张等。

在传递过程中，网点的面积率会发生变化（增大或缩小）。针对不同的传递过程、不同的传递机制、不同的外部条件，网点面积的增大特性也有所不同。

在印前处理和制版过程中，如果用光线对软片或印版曝光而直接形成网点（"阴图型记录材料"），一般会引起网点面积率的增大；反之，如果曝光形成的是非网点的空白部分（"阳图型记录材料"），则网点面积率会因曝光而减小。上述这些现象是由光线扩散引起的。

在印刷过程中，机械压力对油墨网点的作用是网点面积增大的原因之一，称为"机械性网点扩大"。当然，在印刷中，由于其他外部条件的作用（胶印中的润版液量过大、承印材料表面性能不佳导致传递不全等），也有可能导致网点面积的缩小甚至完全丢失。

除此以外，网点还存在"光学性扩大"，即由光线在承印材料内部渗透引起的网点面积率扩大现象。

针对网点在传递过程中的面积率变化，可以在印前处理中进行相应的补偿，这样才能保证色彩、层次的正常传递。

（1）网点周长与机械性网点变化趋势的关系

在其他条件相同的前提下，网点变化的趋势与网点周长紧密相关。换言之，单个网点的周长越长或多个网点的周长总和越大，网点面积越容易扩张或缩小。

现以正方形网点为例（图2-18）予以说明。

假设加网线数为L（在设定后为常数），正方形网点的边长为a，网格面积为S_0，则在其网点面积率$\varphi \leqslant 50\%$时，网点的面积S可以表示为

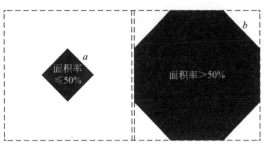

图2-18 正方形网点

$$S = a^2$$

若网格为正方形，则网格面积S_0为

$$S_0 = \left(\frac{1}{L}\right)^2 = \frac{1}{L^2}$$

网点面积率为

$$\varphi = \frac{a^2}{S_0} = a^2 L^2 \quad (\varphi \leqslant 50\%)$$

网点周长为

$$C = 4a$$

则网点面积率可以写为

$$\varphi = \frac{a^2}{S_0} = \frac{C^2}{16 S_0} = \frac{C^2 L^2}{16} \quad (\varphi \leqslant 50\%)$$

如果用网点面积率对其周长的变化率（导数）表示网点面积率随周长变化的敏感程度，则

$$\frac{\mathrm{d}\varphi}{\mathrm{d}C} = \frac{C}{8 S_0} = \frac{C L^2}{8} \quad (\varphi \leqslant 50\%) \tag{2-18a}$$

当正方形网点的面积率大于50%时，孤立的单个网点为八边形，但网点很少孤立出现，相邻网格的多个网点会相互"屏蔽"掉一部分边长，使其边长总和下降。假设未被屏蔽的有效边长为b，则其网点面积S可以表示为

$$S = S_0 - b^2$$

其网点面积率为

$$\varphi = \frac{S_0 - b^2}{S_0} = 1 - \frac{b^2}{S_0} = 1 - b^2 L^2 \quad (\varphi > 50\%)$$

网点周长为

$$C = 4b$$

则网点面积率可以写为

$$\varphi = 1 - \frac{b^2}{S_0} = 1 - \frac{C^2}{16 S_0} = 1 - \frac{C^2 L^2}{16} \quad (\varphi > 50\%)$$

在网点面积率大于50%的情况下，网点面积率对其周长的变化率为

$$\frac{\mathrm{d}\varphi}{\mathrm{d}C} = -\frac{C L^2}{8} \quad (\varphi > 50\%) \tag{2-18b}$$

式（2-18b）中负号的意义是，随网点面积率φ上升，有效边长b和周长C下降，直至网点面积率达到100%时，有效边长b和周长C为0。在周长下降过程中，$\dfrac{\mathrm{d}\varphi}{\mathrm{d}C}$也是随之下降的。

归纳式（2-18a）和式（2-18b），可以看出正方形网点面积率对其周长的变化敏感程度$\left|\dfrac{\mathrm{d}\varphi}{\mathrm{d}C}\right|$与

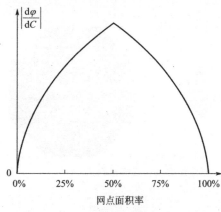

图 2-19 周长的变化敏感程度与网点
面积率的关系

其周长 C 成正比。如图 2-19 所示，正方形网点的网点变化趋势在网点面积率 50% 处最大。在面积率小于 50% 时，它随网点面积率上升而增大；而在大于此面积率后，它随网点面积率上升而减小。

在图 2-19 中，正方形网点面积率与其周长的变化敏感度 $\left|\dfrac{\mathrm{d}\varphi}{\mathrm{d}C}\right|$ 与网点面积率之间呈现非线性关系，这是由周长转换到面积的平方关系决定的，即由 $C=4a$ 和 $\varphi=a^2L^2$，可以推出

$$\left|\frac{\mathrm{d}\varphi}{\mathrm{d}C}\right|=\frac{CL^2}{8}=\frac{L}{2}\times\sqrt{\varphi}$$

应注意，其他形状的网点的面积率随其周长变化的敏感度与其形状相关，并非都呈现出线性关系。在本节后面将对其他形状网点的增大特性予以讨论。

（2）网点的光学性扩大

网点以油墨的形式转移到承印物上而呈现颜色。承印材料的光学特性最终影响到半色调密度的高低。例如，纸张内包含纤维及填料等成分，还会有一些孔隙存在。油墨中存在一些细微的颗粒和孔洞等，这些都对光线在其中的行为有影响。

光线在纸张和油墨内部会有多重反射、透射、吸收，形成光线的内部扩散，这种现象也被称为"光渗"。

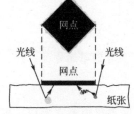

图 2-20 光线在纸张中
的多重扩散

在靠近网点边缘的空白纸张处，入射的光线在纸张内部扩散并被油墨网点吸收掉，使网点边缘区域的空白部分光线射出量下降，边缘密度升高（图 2-20 中网点的灰色边缘），造成的影响与网点面积增大相同，故称为"网点的光学增大"。

建立 Murray-Davis 公式时，并未考虑油墨、纸张的光扩散效应。如果精确已知印刷在纸张上的网点面积率 φ 和网点实地密度 D_s，按 Murray-Davis 公式计算出的印刷网点积分密度 D 与实际测量值不符。如果已知网点实地密度 D_s 和网点印刷品半色调密度 D，按式（2-9b）求出的网点面积率又与精确测量的数值不等。

为了修正该公式的误差，引入修正系数 n，将式（2-13）改写为

$$D=n\lg\frac{1}{1-\varphi(1-10^{-D_s/n})} \tag{2-19a}$$

和

$$\varphi=\frac{1-10^{-D/n}}{1-10^{-D_s/n}} \tag{2-19b}$$

式（2-19a）和式（2-19b）称为"Yule-Nielsen 公式"。

经试验发现，n 值与纸张种类和加网线数有关。新闻纸的 n 值比铜版纸大；加网线数高，则 n 值较大。由于纸张、油墨及其内部光学效应的复杂性，n 值只能作为一种表征光线多重内部扩散程度的参考性数值。

3. 加网线数（网线频率）对印刷复制的影响

（1）加网线数与图像细节的复制

加网线数决定了单位面积内网格的数量多少。如果每个网格内部的网点都携带着信息，则加网线数的高低与单位面积内的信息量相关。加网线数高，携带信息的能力就较大，再现图像细节的能力也较强，复制的图像细节就更丰富一些。图 2-21(a) 和图 2-21(b) 为加网线数分别为 10 线/英寸和 100 线/英寸的图像复制效果。

（2）加网线数与网点周长总和、网点面积增大的关系

根据式（2-1）和式（2-5），网点面积率 φ 与网点面积、S_{DOT} 加网线数 L 的关系为

$$\varphi = S_{DOT} L^2 \qquad (2-20)$$

设加网线数分别为 L_1 和 L_2，$L_2 = kL_1$，且 $k > 1$。又设在不同的加网线数下的网点面积率相等，即

$$\varphi_1 = \varphi_2$$

(a)　　　　　　(b)

图 2-21　不同加网线数下的图像复制效果

按式（2-20），设不同加网线数下的网点绝对面积分别为 S_1 和 S_2，则

$$S_1 L_1^2 = S_2 L_2^2 = S_2 (kL_1)^2$$
$$S_1 = k^2 S_2$$

即低线数的单个网点面积为高线数下的 k^2 倍。

同时，在 $L_2 = kL_1$ 且 $k > 1$ 的情况下，同等面积内所容纳的网格总数 $N_2 = k^2 N_1$。

以正方形网点为例，设在两种加网线数下，正方形网点的边长分别为 a_1 和 a_2，则在网点面积率相等且不大于 50% 的情况下，单个网点面积为 $S_1 = k^2 S_2$，即 $a_1^2 = k^2 a_2^2$，有

$$a_1 = ka_2$$

在两种加网线数下，单个网点的周长为

$$c_1 = 4a_1, \quad c_2 = 4a_2$$

在较低的加网线数 L_1 的 1 个网格面积内，网点周长的总和 C_1 和 C_2 为

$$C_1 = c_1 = 4a_1$$

$$C_2 = k^2 c_2 = k^2 \times (4a_2) = k^2 \times \left(4 \times \frac{a_1}{k}\right) = k \times 4a_1 = kC_1$$

可见，对正方形网点而言，当加网线数增大为原有数值的 k 倍时，其周长总和也是原加网线数下的 k 倍。同理，可以对网点面积率超过 50% 的情况进行分析，也可以得到相应的结果。读者可以自行验证。

由此可知，加网线数上升，则同等面积下的网点周长总和也随之上升，网点面积率的增大趋势也增加。

（3）网点绝对面积与加网线数的关系

由式（2-19），网点的绝对面积 S_{DOT} 与网点面积率 φ 和加网线数 L 的关系为

$$S_{DOT} = \frac{\varphi}{L^2}$$

加网线数的增加，会导致网点面积迅速下降。对网点面积率小的网点，其绝对面积过小会导致网点在印刷过程中的丢失或传递不完整。

应当注意的是，网点面积率是一个相对比值，单纯以网点面积率判断网点是否容易丢失是不全面的，必须以加网线数作为参数才较为科学。

（4）加网线数的选择

在选择印刷复制的加网线数时，应根据产品的质量等级要求、印刷幅面尺寸、承印材料的质量和印刷设备的状况进行合理的选择。不顾条件而一味追求高加网线数的做法是不明智的，有可能得到适得其反的印刷效果。

产品质量要求高、幅面尺寸小、承印材料质量高、印刷设备精良且状态较好时，可以选择高加网线数；而幅面尺寸大、承印材料质量较低、印刷设备精度不高，应选择较低的加网线数，以避免网点面积率扩大过高、小面积率网点丢失，造成图像的层次损失。

表 2-2 给出了加网线数的一般选择。

表 2-2　加网线数的一般选择

加网线数/(线/英寸)	一般应用
50～85	特大幅面印刷品(广告、海报等)
85～100	新闻纸印刷的报纸、全张纸幅面印刷品
100～133	对开幅面印刷品、胶版纸印刷品
150～175	铜版纸印刷的较高质量印刷品
175～200	铜版纸印刷的高质量印刷品
>200	铜版纸印刷的特高质量印刷品

4. 网线角度对印刷复制的影响

调幅网点可以按某种方向排列。不同方向排列的网点会给人以不同的视觉感受。多组不同方向排列的网线相互交叠,有可能产生具有干扰性的条纹。

(1) 不同网线角度复制的图像

在印刷复制中,常用的网线角度有 0°、15°、45°和 75°。不同角度排列的网点给人的视觉感受不完全相同。依照人眼视觉的敏感度函数,45°方向及相关的 135°等方向排列图案,在视觉上较其他角度更不易分辨。

线条形状的网点,其指向性单一,而常用的方、圆等形状的网点,其排列方向具有"二义性"。从图 2-22 中可以看到,左侧的 0°角网线具有 45°方向的成分,而右侧的 45°角网线,却也明显看出 0°及 90°角的成分。因此,"45°角网线比 0°角更难分辨"的说法此处并非十分贴切。

但当人眼观察图 2-22 的网点图案时,更容易分辨出网点排列的水平和竖直行间距大小。若加网线数为 L,则网格边长为 $\frac{1}{L}$。网线角度为 0°时,网格沿 0°排列,水平方向上的网格边长或网点间距为 $U_{H0}=\frac{1}{L}$。当网线角度为 45°时,网格沿 45°排列,水平方向上的网点间距 $U_{H45}=\frac{1}{L}\times\cos45°=\frac{1}{\sqrt{2}L}$,可见 $U_{H45}<U_{H0}$,相应地有 $L_{H45}>L_{H0}$,网线角度 45°所对应水平和垂直方向的加网线数分量比 45°方向高,而视觉系统更习惯于分辨水平和垂直方向排列的网点,因而在视觉上有加网线数更高、网点更不易分辨的感觉。

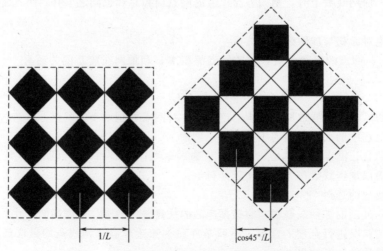

图 2-22　0°和 45°网线角度在水平方向上的网点间距

基于此原因,在印刷复制当中,经常将较为重要的或颜色较深的油墨颜色版安排在 45°的网线角度上。图 2-23 给出了分别用 0°和 45°的网线角度复制的同一幅图像。

(2) 多色网点叠印和莫尔(Moirè)条纹现象

(a) 0°网线角度　　　　　　　　(b) 45°网线角度

图 2-23　分别用网线角度 0°和 45°复制的图像

彩色印刷采用多种不同颜色的油墨叠印的方法再现色彩。不同颜色的油墨网点以不同的角度叠印，会产生条纹状干扰现象，称为"莫尔条纹"（Moirè pattern）。当这种条纹状的干扰性较强时，称为"龟纹"。在常规的四色网线角度下，网点常会包围成花斑状，称为"玫瑰斑"（Rosette），其干扰性较弱。

图 2-24 显示了双色网点叠印的龟纹和玫瑰斑现象，其中，图 2-24(a) 的双色网线角度分别为 0°和 2°；图 2-24(b) 的双色网线角度则分别为 15°和 45°。彩图 2-1 显示了四色印刷的龟纹和玫瑰斑现象〔彩图中的青/品红/黄/黑四色网线角度，(a) 图为 15°/75°/0°/45°，(b) 图为 2°/1°/0°/3°〕。

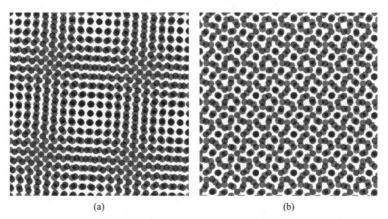

(a)　　　　　　　　　(b)

图 2-24　印刷中的龟纹和玫瑰斑

（3）Moirè 条纹周期和方向的计算

如图 2-25 所示，两组网线的加网线数分别为 L_1 和 L_2，其方向角分别为 θ_1 和 θ_2，网线相交叠印，网线交角为 θ。

两组网线的周期分别为 e_1 和 e_2，且 $e_1 = 1/L_1$，$e_2 = 1/L_2$。两组网线交叠后产生的干扰条纹周期为 p，其方向角为 α。

按照图 2-25 所示的几何结构，可以得到下列关系。

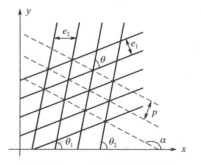

$$p = \frac{e_1 e_2}{\sqrt{e_1{}^2 + e_2{}^2 - 2e_1 e_2 \cos\theta}} \qquad (2\text{-}21)$$

$$\alpha = \min(\theta_1, \theta_2) + \theta + \arctan\left(\frac{e_2 \sin\theta}{e_1 - e_2 \cos\theta}\right) \qquad (2\text{-}22)$$

图 2-25　Moirè 条纹周期和方向的计算

如果网线的空间周期（加网线数）相同，$e_1 = e_2 = e$，则式（2-21）变为

$$p = \frac{e}{2\sin\dfrac{\theta}{2}} \qquad\qquad (2\text{-}23)$$

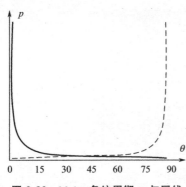

图 2-26　Moire 条纹周期 p 与网线交角 θ 的关系曲线

按式(2-23) 绘出的曲线如图 2-26 所示，从图中可以看出，网线交角增大，则干扰条纹的周期下降。当网线交角趋于 0 时，条纹周期趋于无穷大，这表明在加网线数相同的情况下，同角度叠印网线的干扰条纹周期极大，会超出印刷品的幅面范围。仅从这种意义上，采用同角度多色网点印刷复制是可行的。但实际上，同角度多色印刷对印版制作、印刷的套准精度要求高，一旦多色网点不能准确地叠印，交角为零的条件不能满足，则干扰条纹的周期会急剧下降至印刷品幅面范围内，形成严重的龟纹干扰。同时，多色网点套印位置的偏移和不稳定还会引起印刷色的偏移、波动，导致印刷质量不稳定。

此外，由于网点所具有某种程度的"双向性"，特别是中心对称形状的网点（正方形、纯圆形等），同一行网点实际上具有 2 个排列方向，即 1 个小于 90° 的排列方向和 1 个大于 90° 的排列方向。以 0° 与 75° 两组网线相交为例，0° 网线同时具有 90° 的方向，而 75° 网线则具备 165° 的排列方向。75° 的网线与 0° 所具备的 90° 排列方向会形成 15° 的交角，也会形成干扰条纹现象。因此，网线交角大于 45° 时，存在 1 个 90° 余角的交角所产生的干扰条纹，如图 2-26 中的虚线所示。非中心对称形网点（椭圆形/菱形等）的排列方向更侧重于其长轴，"双向性"较弱。

（4）常用网线角度设置

在青/品红/黄/黑四色印刷中，四种颜色的网点安排在四个不同的角度上。最常用的角度安排为 0°、15°、45° 和 75°。其中，黄版安排在 0°，而其余三种深色版网线分别安排在 15°、45° 和 75° 上，深色版三种网线以 30° 错开。

按式(2-22)，设加网线数为 L，则每两种深色版网线（交角 30°）所产生的干扰条纹周期 $p_T = \dfrac{1.93}{L}$。黄版与角度最临近的深色版网线的交角为 15°，所产生的干扰条纹周期 $p_H = \dfrac{3.83}{L}$，其周期大，容易形成较强的干扰。但由于黄版颜色浅，与深色版网线叠印所产生干扰条纹的明显程度较低。

在深色版网线角度的具体配置方面，应考虑图像主色调特点，进行合理的安排。例如，复制暖色调为主的图像，可以将品红色版安排在 45°，使其与黄版之间错开的角度拉大，这样，即便暖色调中较多的黄/品红网点叠印，也不会形成较强的干扰。类似地，复制冷色调为主的图像，则可以将青色版置于 45°。没有明显的色相偏向、或者采用较多底色去除（UCR）/灰色成分替代（GCR）分色的图像，则将黑版安置在 45°，这是一种常见的设置。

如果采用非中心对称形的网点（椭圆形、菱形等），则可以将三种深色版按照 60° 的角度差错开。

表 2-3 给出了常用的网线角度配置。

表 2-3　常用网线角度配置

色版数		网线角度配置
单色		45°
双色		0°、45°（主色）
三色		15°、45°（主色）、75°
四色	一般	0°（黄）、15°、45°（黑）、75°
	暖色调为主	0°（黄）、15°、45°（品红）、75°
	冷色调为主	0°（黄）、15°、45°（青）、75°
	非中心对称形网点	0°（黄）、45°、105°、165°

5. 网点形状对印刷复制的影响

（1）不同形状网点的增大特性

由前面的分析可知［式(2-18a) 和式(2-18b)］，正方形网点在 50％处的扩大趋势最强，而不同形状的网点，其几何轮廓曲率以及相邻网点搭接的网点面积率不同，导致其具有不同的网点增大特性。

为了进行比较，现对圆形网点进行分析。

如图 2-27(a) 所示，设加网线数为 L（设定后为常数），圆形网点的半径为 r，当网点直径不大于网格边长时，网点的面积 S_1 为

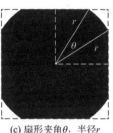

(a) 圆形网点直径小于1/L　　　(b) 网点直径=1/L　　　(c) 扇形夹角θ，半径r

图 2-27　圆形网点形状随网点面积率的变化

$$S_1 = \pi r^2 \quad (r \leqslant 1/2L)$$

相应的网点面积率

$$\varphi_1 = \pi r^2 L^2 \quad (r \leqslant 1/2L) \tag{2-24}$$

由于圆形周长 $C_1 = 2\pi r$，故

$$\varphi_1 = \frac{C_1^2 L^2}{4\pi} \tag{2-25}$$

网点面积率对周长的变化率为

$$\frac{d\varphi_1}{dC_1} = \frac{C_1 L^2}{2\pi} = rL^2 \tag{2-26}$$

随网点面积的增大，圆形网点会与网格边界相接［图 2-27(b)］。在这种情况下，网点的直径恰与网格边长相等，又设加网线数为 L，则

$$S_T = \pi \times \left(\frac{1}{2L}\right)^2$$

搭接时的网点面积率 φ_T 为

$$\varphi_T = \frac{S_T}{S_0} = \frac{\pi \times (1/2L)^2}{(1/L)^2} = \frac{\pi}{4} \approx 78.5\%$$

在网点面积率大于 φ_T 以后，当同样面积率的网点相邻排列时，网点轮廓的直线部分相互掩盖而无法显露出来，网点形状变为带圆角的正方形［参见图 2-27(c)］。设此时的网点面积率为 φ_2，则（限于篇幅略去其推导过程）

$$\varphi_2 = 2Lt + \frac{4L^2 t^2 + 1}{2} \times \alpha$$
$$\alpha = \frac{\pi}{2} - 2 \times \arctan(2Lt) \tag{2-27}$$

式中，$t \in \left[0, \dfrac{1}{2L}\right]$。

在网点面积率大于 φ_T 以后，网点的实际有效边长 C_2 是其 4 个圆角部分长度之和。

$$C_2 = 4r\alpha = 2\alpha \times \frac{\sqrt{4L^2 t^2 + 1}}{L} = 2 \times \left[\frac{\pi}{2} - 2\arctan(2Lt)\right] \times \left[\frac{\sqrt{4L^2 t^2 + 1}}{L}\right] \tag{2-28}$$

由式（2-27）和式（2-28）可得圆形网点搭角后的面积率 φ_2 对其周长 C_2 的变化率为

$$\frac{\mathrm{d}\varphi_2}{\mathrm{d}C_2}=\frac{L+\pi L^2t-4L^2\left[t\times\arctan(2Lt)+\dfrac{Lt^2}{1+4L^2t^2}\right]-\dfrac{L}{1+4L^2t^2}}{\dfrac{4}{\sqrt{4L^2t^2+1}}\times\left\{(Lt)\times\left[\dfrac{\pi}{2}-2\times\arctan(2Lt)\right]-1\right\}} \tag{2-29}$$

如图 2-28 所示，在网点面积率不大于 78.5％的范围内，圆形网点的周长随其面积率增大而上升，圆形网点面积率对其周长变化的敏感度 $\frac{\mathrm{d}\varphi}{\mathrm{d}C}$ 随网点面积率增加而增大。当网点面积率大于 78.5％后，网点周长迅速非线性下降，敏感度 $\frac{\mathrm{d}\varphi}{\mathrm{d}C}$ 随网点面积率的变化为负值，呈现出的特性是，随网点面积率上升，敏感度向负方向急速增加，而后增加速率略微减缓，随后在接近面积率 100％时，敏感度急速回归到 0。

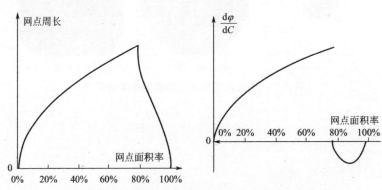

图 2-28　圆形网点周长和敏感度与网点面积率的关系

不妨将正方形网点和圆形网点的面积率与其周长的关系的曲线一起观察（图 2-29），可以看出，在不同网点面积率下，圆形网点与方形网点周长的差异。

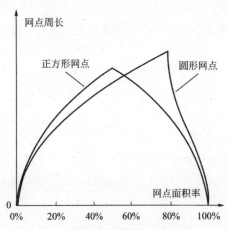

图 2-29　正方形和圆形网点的周长
与网点面积率的关系

在网点搭角以后，网点的周长随网点面积率上升而降低。在网点面积率不高于 50％的情况下，正方形网点的周长比圆形网点长，而面积率大约在 57％以后，圆形网点的周长值高于正方形网点。这表明不同形状的网点，其网点增大或缩小的趋势不尽相同，且在不同的范围内的特性也存在差异。

（2）网点搭角造成的网点面积率跃变

在网点边界相互搭接时（正方形网点在 50％、圆形网点在约 78.5％的面积率下），其面积率增大的敏感度最高。由此，在网点搭角时最容易发生网点面积率的增大，造成颜色的跳跃性“变深”，进而在不同程度上破坏阶调变化的连续性。

为了减小这种效应对印刷复制所造成的不良影响，在设计网点形状时，可以使网点边界的搭接多次完成，即一个网点与其（四个）相邻网点的边界不同时搭接，而是分两次甚至多次搭接，以减缓每一次搭接所造成网点面积率跃变的幅度，使复制颜色变化更连续且较柔和。

椭圆形和菱形网点非中心对称，其搭接分 2 次进行，第一次在大约 40％（长轴搭接），第二次在大约 60％（短轴搭接）。图 2-30 为 Heidelberg 公司的“柔和椭圆形”网点，为非对称椭圆形，其搭角分 3 次甚至 4 次进行，使复制颜色变化的连续性更好。

图 2-30 非对称"柔和椭圆形/smooth elliptical"网点（Heidelberg 公司）

在一般的人像复制中，有较多的肤色处于中间调，若采用正方形网点复制，则面积率 50％的网点搭角所造成的颜色跳变会影响肤色的柔和变化，故选择椭圆形（或链条形）网点是较为适宜的。对一般的风景、静物等图像，如果需要强化图像的中间调反差，则采用方形网点是有利的。

在柔性版印刷中，经常采用圆形网点，其原因在于柔性版印刷的网点扩大较多，在网点搭接的 78.5％面积率下，阶调值跳跃所造成的变化已被网点扩大淹没掉而不太明显。而在网点搭角以前，圆形网点扩大趋势较小，对柔性版复制相对有利一些。但圆形网点在面积率 78.5％以后的扩大较为严重，因此，一些厂商开发了专门针对柔性版的特殊形状网点。

在网点面积率从小到大的变化过程中，采用非一致的网点形状是一种具有一定针对性的方法，可以有目的地进行网点形状设计，以便达到较好的颜色/阶调传递状况。得到较为广泛应用的"欧几里德形网点"（Photoshop 软件称之为"圆形"，见图 2-11），在面积率较小时为圆形，网点面积率增加到 50％时称为正方形，随后又变为枕形（非网点部分为圆形）。

显然，网点形状代表了网点的几何特征，不同的几何特征导致网点传递特性的差异，这是印刷复制过程中应予注意的。

（二）调频网点特征对印刷复制的作用

1. 调频最小网点几何尺寸对印刷复制的影响

调频网点的几何尺寸一致，如果其尺寸（面积）过小，会导致其在制版印刷过程中的传递不全或丢失。通常，如果以 150～175 线/英寸调幅加网，其 2％的网点可正常传递为尺度，确定调频网点的最小几何尺寸，即大约在 20～30μm 的范围内。在很好的印刷材料和条件下，采用 10μm 进行调频网点复制也是可行的。

2. 调频网点的边长与网点扩大

可以将调频加网看作在 1 个网格内，把调幅网点"拆散"成多个小网点，将其在网格内分散的过程。

假设网格为正方形，面积为 S_0，在其中生成 1 个调幅网点，形状为正方形，其面积为 S_{AM1}，网点面积率不大于 50％，则其边长为

$$p_{AM1} = \sqrt{S_{AM1}}$$

周长为

$$C_{AM1} = 4\sqrt{S_{AM1}}$$

将此调幅网点分割成 N 个调频网点，分散在网格中，且不出现调频网点邻接的状况。设每个调频网点也为正方形，则其面积为

$$S_{FM1} = \frac{S_{AM1}}{N}$$

调频网点的边长为

$$p_{FM1} = \sqrt{S_{FM1}} = \sqrt{\frac{S_{AM1}}{N}} = \frac{p_{AM1}}{\sqrt{N}}$$

由于网点面积率不大于 50％，故调频网点在网格中分散成互不相接的状态，则其总周长为

$$C_{FM1} = N \times 4p_{FM1} = 4\sqrt{N} \times p_{AM1} = \sqrt{N} \times C_{AM1}$$

由于 $N \geqslant 0$，在网点面积率不大于 50％的情况下，调频网点的总周长不小于调幅网点。

在网点面积率大于 50％的情况下，正方形调幅网点的面积为 S_{AM2}，同样由 N 个调频网点组成 1 个调幅网点，此时，调幅网点的有效边长为互补的空白区域的边长为

$$p_{AM2} = \sqrt{S_0 - S_{AM2}}$$

调幅网点的周长为

$$C_{AM2} = 4p_{AM2} = 4\sqrt{S_0 - S_{AM2}}$$

由于网点面积率大于 50%，由"拆散"调幅网点获得的多个调频网点会出现邻接状况。但对网点周长有效的是显露出来的空白调频网点，设空白调频网点不出现邻接的状况，且空白调频网点的数量为 N_{FM2}，则

$$N_{FM2} = \frac{S_0 - S_{AM2}}{S_{FM2}} = \frac{S_0 - S_{AM2}}{\left(\dfrac{S_{AM2}}{N}\right)} = N \times \left(\frac{S_0 - S_{AM2}}{S_{AM2}}\right)$$

这些调频网点显现的周长为

$$C_{FM2} = N_{FM2} \times 4p_{FM2} = 4N \times \left(\frac{S_0 - S_{AM2}}{S_{AM2}}\right) \times \sqrt{\frac{S_{AM2}}{N}} = 4 \times \sqrt{\frac{N}{S_{AM2}}} \times (S_0 - S_{AM2})$$

$$= \sqrt{\frac{N \times (S_0 - S_{AM2})}{S_{AM2}}} \times C_{AM2}$$

假设一个网格总共可以容纳 N_0 个调频网点，即

$$S_0 = N_0 S_{FM2}$$

则

$$C_{FM2} = \sqrt{\frac{N \times (S_0 - S_{AM2})}{S_{AM2}}} \times C_{AM2} = \sqrt{\frac{NS_{FM2} \times (N_0 - N)}{NS_{FM2}}} \times C_{AM2} = \sqrt{(N_0 - N)} \times C_{AM2}$$

因为 $(N_0 - N) \geqslant 0$ 且 N_0 和 N 可以设为整数，可知在网点面积率相同的条件下，调频网点的周长大于调幅网点，因此其网点扩大率也相应会高一些。

除去面积过小而丢失的调频网点外，一般而言，调频网点总周长和大于调幅网点，故其网点扩大的趋势强。在同等的外部条件下，网点扩大率高，需要在印前和印刷过程中进行相应的补偿。

3. 多值调频网点密度级数对复制质量的影响

由于网点拥有多种不同的密度，多值调频加网技术可以实现更丰富的图文影调层次，对提高印刷复制质量具有重要意义。特别是对于记录成像分辨率不高、难以用精细记录实现多级网点面积变化的设备，多值调频加网技术可以发挥重要的作用。

假设成像印刷设备最小成像点的面积为 S_{Min}，网格面积为 S_0，则在网格内可以容纳最小成像点的数量 $N = S_0 / S_{Min}$。

在二值加网下，网格内的网点面积率最多有 N 种不同，加上完全没有网点的空白，总共有 $N+1$ 种不同的密度等级可以再现。如图 2-31(b) 所示。

(a) 原图　　　　　　　　　　　　　(b) 1阶调频加网

图 2-31　二值调频加网的效果

　　在同等条件下，采用多值加网技术，则在 1 个网格范围内的每一个点可有 M 种不同的密度，由此，可以实现 NM 种不同密度的再现，总共达到 $NM+1$ 种密度等级，由此拓展图像影调层次数的再现能力。图 2-32 展示了不同灰度等级数多值加网的效果。

(a) 1阶4值调频加网　　　　　　　　　(b) 1阶8值调频加网

图 2-32　多值 1 阶调频加网的效果

复习思考题

　　1. "面积率为 3％的网点传递困难，容易丢失"，这种说法是否正确？为什么？

　　2. 密度计可以给出二值加网网点面积率的数值，说明其原理。

　　3. 获得四色分色网点胶片后，将四张胶片叠放并套准，观察发现图像出现较强的条纹干扰，检查发现网线角度完全正确（黄 0°、品红 75°、青 15°、黑 45°），加网线数也准确无误，出现这种现象的原因是什么？

　　4. 将同一个 CMYK 四色图像文件分别用于调幅加网和调频加网，组合在同一印版上，同机印刷，获得的印刷品的视觉效果一致吗？为什么？

　　5. 为什么用椭圆形或链条形网点进行人像复制得到的肤色过渡效果较柔和？

　　6. 如果在新闻纸印刷的彩报制版中，选择 175Lpi 的加网线数，印刷会出现什么现象？

　　7. 如果进行 45°同角度调幅四色复制，与常规四角度复制相比，感觉网线的干扰较轻，为什么？

　　8. 某单位一直采用加网线数 175Lpi 的调幅网点做印刷复制，能够确保 3％的网点传递。如果将此小网点作为调频网点进行复制，该网点的直径是多少微米？

　　9. 二值调幅网点的实地密度为 2.0，面积率为 30％，承印纸张密度 0.1，其网目调密度是多少？若采用 1 阶 3 值调频加网（网点自身有 2 级不同密度 1.0 和 2.0，承印纸张密度 0.1，共 3 值）复制，要达到同样的网目调密度，已知承印纸张的面积率为 60％，求密度等级 1.0 和 2.0 的网点积分面积率各为多少？

第三章

图像的阶调层次复制原理

在图像印刷复制中，阶调和层次是判定复制质量的关键依据。

阶调和层次来源于图像中的颜色差异。阶调和层次的复制状况决定了图像各种颜色之间的关系是否协调。本章从阶调和层次的基本含义入手，给出阶调层次的密度值和色度值描述，并讨论阶调层次复制的基本原理。

第一节　阶调和层次的基本概念

一、阶调和层次的含义

在图像中，一般存在着多种不同明亮程度、不同深浅的颜色。这些颜色差异所造成的视觉印象可用阶调和层次来表达。

阶调和层次是相互关联较为紧密、又存在一定差别的两个概念。两者都用来描述图像明暗或颜色深浅的关系，但在描述的侧重点上有所不同。

阶调和层次都可以表述为图像的颜色明暗或深浅变化。其中，颜色的明暗及深浅可以用数值来描述，如色度空间中的明度数值、孟赛尔明度值、光学密度值等。

"阶调"（tone）侧重对图像整体状况的描述。例如，"阶调分布"指图像中各种不同明暗等级的分布状况；"阶调长短"指图像最亮与最暗阶调值所构成的范围大小；"高调人像"是指整体上十分明亮的人物肖像，等等。

"层次"（gradation）侧重对明暗等级之间差别的大小进行描述。例如，"拉开或压缩层次"指将图像中颜色明暗及深浅等级之间的差别增大或减小。

图 3-1

图像的最大阶调范围是由其最亮与最暗的明暗等级决定的。在阶调范围固定不变的情况下，等级之间的差别（层次差别）越小，则阶调范围所能容纳的层次数就越多。

一般地，可以将图像的阶调范围分为四部分：极高光、亮调、中间调和暗调。其中，亮调是指由高亮度颜色构成的阶调；暗调则是指由明亮程度低的颜色构成的阶调。在这两者之间，中间调是中等明亮程度的颜色形成的阶调。极高光一般是图像中小面积区域，由极其明亮的颜色构成。在图 3-1 中，菊花部分为亮调，背景墙壁属中间调，叶子阴影为暗调，而左上侧微小的金属反光点为极高光点。

二、阶调/层次的数值描述

1. 光学密度描述

图像的阶调和层次可以用光学密度描述。光学密度的基本定义见式(3-1)。

$$D = \lg \frac{\Phi_{OUT}}{\Phi_{IN}} = \lg \frac{1}{R} = \lg \frac{1}{\tau} \qquad (3\text{-}1)$$

式中，Φ_{IN} 和 Φ_{OUT} 分别为入射和出射的光通量。Φ_{OUT} 比 Φ_{IN} 的值称为不透光率或阻光率，是光反射率 R 或光透过率 τ 的倒数。

光学密度的定义是以视觉实验为基础的。通过视觉实验人们发现，在亮度不是特别低或特别高的一般亮度范围内，对人眼视觉而言，恰能分辨的亮度差 ΔL 与亮度 L 的比值 $\Delta L/L$ 大致为常数（图 3-2），即

$$\frac{\Delta L}{L} \approx 常数 \qquad (3\text{-}2)$$

结合图 3-2 给出的视觉特性，取亮度对数 $\lg L$ 的微分

$$\mathrm{d}[\lg L] = \frac{1}{\ln 10} \times \frac{\mathrm{d}L}{L} \qquad (3\text{-}3)$$

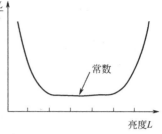

图 3-2

满足式(3-2)的人眼视觉特性，在大多数情况下，$\mathrm{d}[\lg L] \approx 常数$，人眼视觉对亮度对数差异的感觉大致上是均匀的。对视觉而言，等差的亮度变化在视觉上并不是等差的，而亮度对数值的等差变化大致上却是视觉等差的。

由此，为了使光学密度对图像明暗的描述接近人眼视觉特性，在光学密度定义中使用了阻光率对数的形式。按照这一定义，较亮颜色的光学密度值较低，而较暗颜色的光学密度值较高；密度等差变化造成的视觉明亮程度的感受大致上是等差的。

2. 阶调/层次的色度描述及其与光学密度的关系

本质上，图像中的颜色差异构成了图像阶调/层次。从色彩属性上，图像颜色的色调差异、明度差异和饱和度差异都可以形成阶调/层次差别。在其描述上，以均匀色空间的色差描述阶调/层次差异是合理的。在本章中，仅就均匀色空间 CIE 1976 $L*a*b*$ 中的明度与图像阶调/层次的关系进行讨论。

在常用的 CIE 1976 $L*a*b*$ 均匀色空间中，用 $L*$ 描述颜色的明亮程度。由于 $L*$ 与孟赛尔明度 V 的线性关系（$L* = 10V$），因此，可以将孟赛尔颜色体系对颜色排布的均匀性引入到 CIE 1976 $L*a*b*$ 色空间中，故有理由认为 CIE 1976 $L*a*b*$ 均匀色空间中的 $L*$ 能够更好地描述视觉系统对颜色的亮度感觉。

依据 $L*$ 与 CIE 1931 XYZ 色度系统三刺激值的关系（Y_0 是照明体的刺激值 Y），有

$$L* = 116 \times \left(\frac{Y}{Y_0}\right)^{\frac{1}{3}} - 16 \qquad \left(\frac{Y}{Y_0} \geqslant 0.008856\right)$$

$$L* = 903.3 \times \left(\frac{Y}{Y_0}\right) \qquad \left(\frac{Y}{Y_0} < 0.008856\right)$$

由上面两式可得

$$\begin{aligned} Y &= \left(\frac{L*+16}{116}\right)^3 \times Y_0 \qquad \left(\frac{Y}{Y_0} \geqslant 0.008856\right) \\ Y &= \left(\frac{L*}{903.3}\right) \times Y_0 \qquad \left(\frac{Y}{Y_0} < 0.008856\right) \end{aligned} \qquad (3\text{-}4)$$

由于 Y 的色度/亮度双重属性，它可以被称为"亮度因数"，写为

$$Y = 100 \times \frac{R}{R_{MgO}}$$

式中，R 为物体的反射率；R_{MgO} 为氧化镁的反射率。

若 $R_{MgO} = 97.5\%$，则 $Y = 102.56R$。

根据光学密度的定义以及式(3-4)，可以得出

$$D = \lg \frac{1}{R} = \lg \frac{100}{R_{\mathrm{MgO}} Y} = \lg \frac{100}{R_{\mathrm{MgO}} \left[(L* + 16)/116 \right]^3 \times Y_0} \qquad \left(\frac{Y}{Y_0} \geqslant 0.008856 \right)$$

$$D = \lg \frac{100}{R_{\mathrm{MgO}} Y} = \lg \frac{100}{R_{\mathrm{MgO}} \times \dfrac{L*}{903} \times Y_0} \qquad \left(\frac{Y}{Y_0} < 0.008856 \right) \qquad (3\text{-}5)$$

光学密度 D 与 $L*$ 的关系曲线如图 3-3 所示。可以看出，在等差的光学密度变化下，人眼对亮调区域密度变化的敏感程度高于对暗调区域密度变化。假如以 $L*$ 作为视觉特性的描述，则表现出光学密度描述某种程度的不完善性。

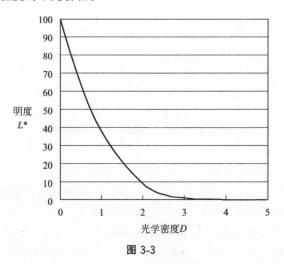

图 3-3

第二节　图像阶调和层次的复制

一、阶调复制曲线

在进行图像阶调及层次复制时，复制品的阶调状况与原稿阶调状况的关系是受到关注的方面之一。阶调复制曲线表征了上述两者的对应关系。

阶调复制曲线是指原稿图像阶调数值与印刷品阶调数值之间的对应关系曲线。图像阶调数值可以是光学密度 D、色度值 $L*$、网点面积率 φ 等。

在印前技术全面数字化以后，数字图像的阶调数值常以"灰度值"表示。在处理数字图像时，经常要进行曲线调整，而数字化曲线的本质是"数字灰度值对应关系曲线"，它表明原始数字图像的灰度值与处理后灰度值的对应关系。

应注意的是"灰度值"所代表的只是数字图像信号的等级，它可以有不同的光度学或色度学意义。

举例而言，RGB 模式的彩色图像，其红、绿、蓝原色通道的图像都各有若干个灰度等级（如 8 位数字图像有 256 个灰度等级），但灰度等级数据所代表的物理意义却并不是一成不变的。如果 RGB 模式彩色图像是由一台对图像信号进行对数变换的扫描设备（如电子分色机）输入计算机的，则图像灰度值与光学密度呈现线性关系；如果该 RGB 图像是 sRGB 模式的，则其灰度值代表 sRGB 所定义颜色空间下的数值。CMYK 模式图像的灰度值所代表的意义是网点面积率；而 LAB 模式彩色图像下，LAB 模式图像三个通道的灰度值分别与色度值 $L*$、$a*$、$b*$ 线性对应。

阶调曲线所涉及的阶调数值既可以是光学密度，也可以是明度或其他的量。图 3-4 和图 3-5 分别给出了按光学密度 D 和按色度值 $L*$ 绘出的阶调复制曲线。

阶调曲线的形态直接影响到图像阶调复制的状况。通常，曲线导数或曲线段的斜率大小决定层次的拉开或压缩。曲线段斜率大，则该段曲线所对应的阶调范围的层次反差会被拉大，反之则被降低。图 3-4 和图 3-5 中的曲线 1 呈现出亮调层次拉开而暗调层次被压缩的状态，而曲线 2 呈现出暗调层次被拉开而亮调层次被压缩的状态。

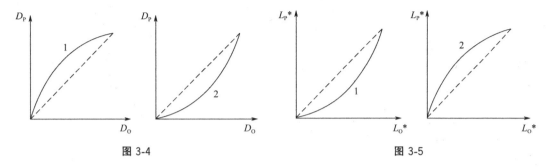

图 3-4 图 3-5

二、阶调的还原复制和压缩复制

在图像复制当中，如果原稿图像的阶调层次状况正常，人们自然会追求印刷品能够将其还原复制。这就意味着要求印刷品呈现的阶调量值（光学密度 D、明度值 $L*$ 等）与原稿的阶调量值完全相等，即

$$D（印刷品）＝D（原稿）$$

$$L*（印刷品）＝L*（原稿）$$

这种复制方式也称为阶调层次的"理想复制"。

但是，"理想复制"经常受到实际条件的限制。例如，一些原稿的光学密度或明度范围大大超过印刷复制所能够达到的值，即 ΔD（原稿）$>\Delta D$（印刷）或 $\Delta L*$（原稿）$>\Delta L*$（印刷），这种状况造成采用现实的印刷复制技术无论如何也无法达到阶调的还原。由此，需要解决的问题是，如何将原稿呈现的阶调"压缩"到印刷复制能够再现的阶调范围之内。

在原稿阶调状况正常的情况下，如果采用密度线性压缩复制，使原稿的最大密度值 D_{MAX0} 和最小密度值 D_{MIN0} 分别与印刷品的最大密度值 D_{MAXP} 和最小密度值 D_{MINP} 对应（用双向箭头表示），印刷密度值 D_P 按直线关系与原稿密度值 D_0 线性对应，即

$$D_{MAXP}\Leftrightarrow D_{MAX0}$$

$$D_{MINP}\Leftrightarrow D_{MIN0}$$

$$D_P=\frac{D_{MAXP}-D_{MINP}}{D_{MAX0}-D_{MIN0}}\times D_0 \qquad (3-6)$$

另一种方法是采用色度空间 $L*$ 进行线性压缩，使原稿的最大亮度值 $L*_{MAX0}$ 和最小亮度值 $L*_{MIN0}$ 分别映射（对应）到印刷品的最大亮度值 $L*_{MAXP}$ 和最小亮度值 $L*_{MINP}$，印刷品亮度值 $L*_P$ 按直线关系与原稿亮度值 $L*_0$ 对应，即

$$L*_{MAXP}\Leftrightarrow L*_{MAX0}$$

$$L*_{MINP}\Leftrightarrow L*_{MIN0}$$

$$L*_P=\frac{L*_{MAXP}-L*_{MINP}}{L*_{MAX0}-L*_{MIN0}}\times L*_0 \qquad (3-7)$$

按式(3-7)，可以计算在色度空间 $L*$ 线性压缩的条件下，印刷 $L*_P$ 与原稿 $L*_0$ 之间的对应关系，再依据式(3-5)，即可得到色度空间 $L*$ 线性压缩的条件下的密度阶调曲线。图 3-6 给出了 $L*$ 线性压缩的曲线 [图 3-6(a)] 以及原稿密度值 D_0 与印刷密度值 D_P 的对应关系 [图 3-6(b)]，从图中可以看出，亮度的 $L*$ 线性压缩并不一定与密度线性压缩相对应。

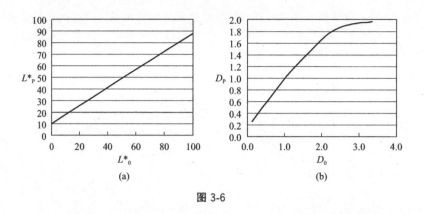

图 3-6

第三节　图像的阶调分布与阶调层次处理

一、图像的阶调分布

图像的阶调分布是指各个明暗等级在图像中所占据的面积比例。对数字图像，可以通过统计图像各明暗等级在图像中的像素数，并分别除以图像总像素数，从而获得图像的阶调分布。

如果图像的总像素数为 N，总共有 M 个灰度等级（$0,1,\cdots,M-1$），则可以按灰度等级对 N 个像素进行判别和统计，得到 M 个灰度等级在图像中的像素数 $n_0,n_1,\cdots,n_{M-1}$，求出 M 个灰度等级的像素数占整个图像像素数的比例，即

$$p_i = \frac{n_i}{N} \quad (i=0,1,\cdots,M-1)$$

将各灰度等级在图像中的像素数 n_i 或所占比例 p_i 绘制在坐标系中，称为"阶调分布直方图（histogram of tone distribution）"。图 3-7 展示了高调、普通调、低调三种阶调分布不同的图像 ［图 3-7(a)、(c)、(e) ］及其分布直方图 ［图 3-7(b)、(d)、(f) ］。从图中可知，图像阶调分布体现了图像中各个层次等级所占据的像素数或比例，阶调分布状况不同的图像，给人的视觉印象是有差异的。

二、图像阶调分布与阶调层次曲线

采用不同的阶调层次曲线对图像进行处理，会改变图像的阶调分布，图像的外观也会随之发生变化。图 3-8 显示了一幅图像在进行层次曲线调节前后，阶调分布发生的变化（白线为参考直线，暗调层次拉开且变亮，亮中调层次压缩）。

从图 3-8 中可以看出，层次曲线在暗调段中的斜率提高，整体提亮。这些变化在处理后的图像上可以反映出来。对应地，在阶调分布直方图上，分布的峰值向亮度高的方向移动，而且原来的中间调和暗调层次范围被拓宽，这部分层次的差别被拉大。

通过阶调层次曲线改变图像的阶调分布，使其达到希望的结果，是一种图像处理常用的方法。下面就对阶调分布与阶调层次曲线的关系予以分析。

不妨用 g 表示图像的阶调数值，原图像的阶调数值为 g_0，经层次曲线处理后图像的阶调数值为 g_1。为了简化，将阶调数值归一化，即

$$0 \leqslant g_0 \leqslant 1$$
$$0 \leqslant g_1 \leqslant 1$$

假定 g_0 和 g_1 都是连续变量。原图像具有某种阶调分布密度函数 $p(g_0)$。若要获取某种阶调转换关系 $g_1 = T(g_0)$，使阶调转换处理后的阶调数值 g_1 具有的分布为 $p(g_1)$。假设 $p(g_1)$ 如图 3-9 左侧所示，处理后的图像具有均匀的阶调分布 $p(g_1)=1$。

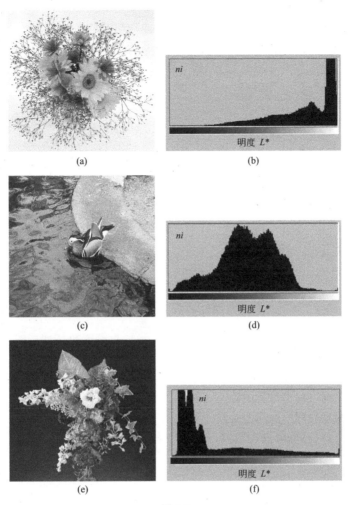

(a)

(b) 明度 L^* / ni

(c)

(d) 明度 L^* / ni

(e)

(f) 明度 L^* / ni

图 3-7

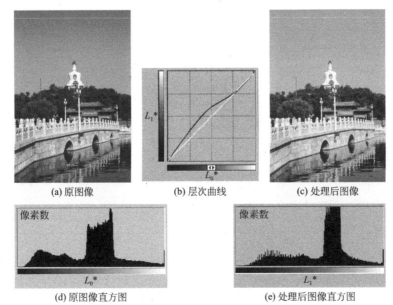

(a) 原图像

(b) 层次曲线

(c) 处理后图像

(d) 原图像直方图

(e) 处理后图像直方图

图 3-8

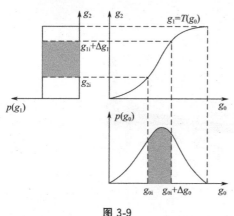

图 3-9

在阶调数值 $g \in [0,1]$ 的范围内,阶调转换关系 $T(g)$ 是单调递增函数,且 $T(g) \in [0,1]$。考虑到图像阶调变换不影响像素的位置,也不会增加像素的数量,则

$$\int_{g_{0i}}^{g_{0i}+\Delta g_0} p(g_0) \mathrm{d}g_0 = \int_{g_{1i}}^{g_{1i}+\Delta g_1} p(g_0) \mathrm{d}g_1$$

用矩形法近似求面积,有

$$p(g_0)\Delta g_0 \approx p(g_1)\Delta g_1$$

在 $\Delta g_0 \to 0$ 时,$\Delta g_1 \to 0$,可得 $p(g_0)\mathrm{d}g_0 = p(g_1)$ $\mathrm{d}g_1$,即

$$\mathrm{d}g_1 = \frac{p(g_0)}{p(g_1)}\mathrm{d}g_0$$

按阶调转换函数 $g_1 = T(g_0)$,有

$$\frac{\mathrm{d}[T(g_0)]}{\mathrm{d}g_0} = \frac{p(g_0)}{p(g_1)}$$

$$g_1 = T(g_0) = \int_0^{g_0} \frac{p(g_0)}{p(g_1)}\mathrm{d}g_0 \tag{3-8}$$

从式(3-8)可以看出,阶调转换函数(曲线)$T(g)$ 与原稿和处理后图像阶调分布 $p(g_0)$ 和 $p(g_1)$ 的关系十分紧密,原稿图像具有某种阶调分布,通过某种阶调转换函数的处理,就能够获得相应阶调分布的图像。反之,如果在已知原稿阶调分布的情况下,又规定(或设置)处理后图像的阶调分布,则可以求得阶调转换函数曲线。

特别地,如果规定处理后图像的阶调分布 $p(g_1)$ 是均一一致的,即 $p(g_1)=1$,称为"直方图均衡化"(histogram equalization)处理,按式(3-8),此时的阶调转换函数为

$$g_1 = T(g_0) = \int_0^{g_0} p(g_0)\mathrm{d}g_0 \tag{3-9}$$

图 3-10 为对一幅夜景图像进行"直方图均衡化"处理前后的效果,从图 3-10 中可以看出,由于阶调分布范围扩展,被均匀化,原稿中几乎难以分辨的暗调层次被清晰地展现出来,但其亮调层次有较多损失。

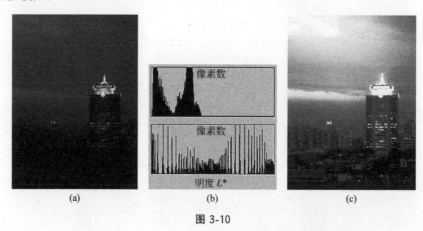

图 3-10

在当今的数字图像处理技术中,图像处理软件对阶调/层次的转换功能较多,如"曲线调节""色阶变换""亮度/对比度调整"等,归结起来,其核心都与阶调转换函数紧密相关。通过软件界面设置阶调转换函数,就可以将图像的阶调层次处理到需要的状态。

复习思考题

1. 解释图像"阶调"与"层次"的相同点和差异。

2. 在某种图像处理软件中，对一幅图像进行曲线转换，观察曲线状态与图像层次的对应关系。

3. 在拉开亮调层次的时候，为什么图像一般会变暗些？

4. 一幅 1000 个像素的灰度模式数字图像，共有 8 个灰度等级（$i = 0,1,\cdots,7$），灰度级与 $L*$ 成线性关系，第 7 号灰度级对应 $L* = 100$。各个灰度级的像素数见下表。绘出该图像的亮度分布直方图（$L*_{i-p_i}$ 关系），该图像属于何种阶调分布类型？如果对此图像进行直方图均衡化处理，求出（离散的）灰度转换曲线。

灰度级	0	1	2	3	4	5	6	7
$L*$	0	14.3	28.6	42.9	57.2	71.5	85.8	100
归一灰度值	0	0.14	0.29	0.43	0.57	0.72	0.86	1.0
像素数	20	300	530	70	45	20	10	5

第四章

图像颜色复制原理

在图文印刷复制中，颜色再现的质量具有举足轻重的意义。在印前处理和制版过程中，针对印刷颜色传递的特征对原稿颜色进行正确的转换，这样才有可能准确地再现原稿的颜色。本章以颜色空间转换为基础，重点讨论印刷分色和颜色复制的原理。

第一节　印前与印刷过程的颜色传递和转换

一、印前与印刷的颜色传递

在印刷复制中，原稿颜色经过图 4-1 所示的过程传递到印刷品上。

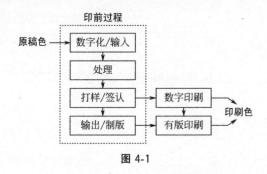

图 4-1

二、原稿的颜色

印刷颜色复制的起点是原稿的颜色。由于信息记录介质、呈色方式等方面存在的多样性，原稿图像所占据的颜色空间范围（"色域"）可以具有不同的大小和多种多样的特点。

例如，对同一景物，分别采用彩色反转片和彩色负片拍摄，经显影加工，分别获得彩色反转片原稿和彩色照片原稿，两张原稿所占据的色域是不同的。其中，彩色反转片的色域要比彩色照片宽广。

如果用数字照相机对该景物进行拍摄，则所获得"数字图像原稿"的色域决定于数字照相机的成像系统、感色系统和图像处理系统，即光学镜头、滤色片、光电转换器件等的光谱特性、图像处理器的颜色处理等。不同的数字照相机，其色域和颜色采集特性是不同的，因此，对同一被摄体，不同照相机所采集的"数字图像原稿"的颜色大多存在差异。

此外，客户可能会提供一些颜色样品，如色卡、色谱数据、实物等作为复制的基准，可以作为原稿样品使用。为了颜色复制的准确性，这些都是需要在复制中认真对待的。

三、颜色的输入转换

将模拟式原稿（照片、反转片、绘画、印刷品等）或实际景物转换成计算机能够接收和处理的数字信号，这一数字化步骤是印前过程中不可或缺的。

颜色的输入转换是指在上述电子数字化转换过程中发生的颜色变换。通常，这种转换是在彩色扫描仪和数字照相机中完成的。

彩色扫描仪和数字照相机都具备光学成像、分光、光电转换、模/数转换和图像信号处理等单元，显然，这些单元对其颜色响应和特性决定了颜色输入转换的状况。

一般而言，图像输入设备所产生的原始信号是红/绿/蓝信号 $[R_0, G_0, B_0]$，通常，在获得 $[R_0, G_0, B_0]$ 信号后，扫描仪和数字照相机要对其进行一些转换和处理，如颜色转换、层次曲线转换、清晰度处理等。设经过 N 种处理后的图像信号是 $[R_N, G_N, B_N]$。

如果把颜色转换函数设为 $T_{COLOR}(\cdot)$，层次处理为转换函数 $T_G(\cdot)$，清晰度处理为 $T_S(\cdot)$，又假定未知的某种转换处理为 $T_X(\cdot)$，则可以简写成输入信号处理链（图 4-2）

$$[R_1, G_1, B_1] = T_G[R_0, G_0, B_0]$$
$$[R_2, G_2, B_2] = T_{COLOR}[R_1, G_1, B_1]$$
$$[R_3, G_3, B_3] = T_S[R_2, G_2, B_2]$$
$$\cdots$$
$$[R_N, G_N, B_N] = T_X[R_{N-1}, G_{N-1}, B_{N-1}]。$$

其中，$T_{COLOR}(\cdot)$ 所代表的颜色转换有多种类型和方法。例如，将 $[R_1, G_1, B_1]$ 进行色度转换，使获得的信号 $[R_2, G_2, B_2]$ 与原稿三刺激值 $[X, Y, Z]$ 或色度值 $[L*, a*, b*]$ 成线性关系；也可以对 $[R_1, G_1, B_1]$ 进行矩阵线性转换，使信号 $[R_2, G_2, B_2]$ 具有某种不同于 $[R_1, G_1, B_1]$ 的特性。

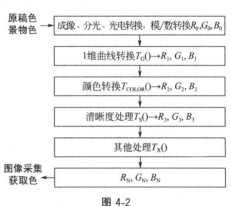

图 4-2

四、印前颜色处理

在印前处理中，对颜色的处理有三类。第 1 类是针对图像本身进行的颜色处理（修正和更改等）；第 2 类是"设色"，即按照客户的要求，依据印刷色卡、色谱或其他材料，对文字、图形等信息的颜色进行设置；第 3 类是面向印刷的图像分色处理。

常用的图像处理软件提供了丰富的颜色处理功能，如色相/饱和度/亮度处理、按色相进行选择性校色、颜色平衡、颜色反转、颜色替换等。对进入计算机的图像信号 $[R_N, G_N, B_N]$ 进行分色以外的颜色处理，可以写成

$$[R_{N+i}, G_{N+i}, B_{N+i}] = T_{Pi}[R_N, G_N, B_N]$$

其中，i 表示第 i 种颜色处理，$i = 1, \cdots, M$。

在印刷复制中，面向印刷的分色处理十分关键。

印刷分色是指将原稿颜色或用户设定的目标色，分解（转换）成按印刷油墨区分的分量，相应的过程和技术称为"分色过程"和"分色技术"。

在分色技术的发展过程中，曾经出现的照相分色和电子分色都是基于光学密度空间的分色转换。当今常用的分色技术大多以色度空间为基础。

由图像输入设备进入计算机的图像信号 $[R_N, G_N, B_N]$，经过多种处理，进而得到 $[R_{N+i}, G_{N+i}, B_{N+i}]$（$i = 1, \cdots, M$），随后将其进行分色转换，获得分色后的图像信号，其中最为常见的是青、品红、黄、黑四色分色信号 $[C, M, Y, K]$，$T_{SP}(\cdot)$ 表示分色转换，X, Y, Z 和 $L*, a*, b*$ 分别为三刺激值和色度值。

$$[C, M, Y, K] = T_{SP}[R_{N+i}, G_{N+i}, B_{N+i}]$$

或针对原稿三刺激值 $[X, Y, Z]$ 或色度值 $[L*, a*, b*]$ 进行分色处理

$$[C, M, Y, K] = T_{SP}[X, Y, Z]$$

及

$$[C, M, Y, K] = T_{SP}[L*, a*, b*]$$

一般地，如果有 M 种油墨分量 $[S_1,S_2,\cdots,S_M]$，则可以写成

$$[S_1,S_2,\cdots,S_M]=T_{SP}[R_{N+i},G_{N+i},B_{N+i}]$$

或

$$[S_1,S_2,\cdots,S_M]=T_{SP}[X,Y,Z]$$

及

$$[S_1,S_2,\cdots,S_M]=T_{SP}[L*,a*,b*]$$

五、记录、制版和印刷过程的颜色传递

通常，分色转换获得的印刷颜色分量 $[S_1,S_2,\cdots,S_M]$ 是印刷品上的网点面积率。由于印刷过程会导致网点面积率的增大及缩小，因此，必须事先对印刷颜色分量 $[S_1,S_2,\cdots,S_M]$ 进行"网点扩大补偿"，得到记录输出胶片或印版上的网点面积率（T_{DOTG} 表示印刷网点扩大的补偿函数）为

$$S_{R1}=T_{DOTG1}[S_1]$$
$$S_{R2}=T_{DOTG2}[S_2]$$
$$\cdots$$
$$S_{RM}=T_{DOTG1}[S_M]$$

在胶片或印版上记录输出网点时，大多存在网点面积率误差，同样需要事先对网点面积率进行补偿 $[T_{REC}(\cdot)$ 表示记录输出网点补偿函数，一般为记录网点扩大函数的反函数]。

$$S_{REC1}=T_{REC1}[S_{R1}]$$
$$S_{REC2}=T_{REC1}[S_{R2}]$$
$$\cdots$$
$$S_{RECM}=T_{RECM}[S_{RM}]$$

其中，$S_{REC1},S_{REC2},\cdots,S_{RECM}$ 分别为用于记录的网点面积率数据；$S_{R1},S_{R2},\cdots,S_{RM}$ 为记录后胶片或印版上的网点面积率。

采用上述 $[S_{REC1},S_{REC2},\cdots,S_{RECM}]$ 驱动记录输出设备，记录后在胶片或印版上得到 $[S_{R1},S_{R2},\cdots,S_{RM}]$ 的网点面积率，经过随后的印刷过程，网点面积率 $[S_{R1},S_{R2},\cdots,S_{RM}]$ 又变化为 $[S_1,S_2,\cdots,S_M]$，这恰好是分色预期的网点面积率，在印刷品上叠印呈现预期的颜色。

第二节　面向印刷分色的颜色转换原理

本节将分别分析光学密度空间和色度空间下的印刷分色原理，并讨论相关的分色技术问题。

一、光学密度空间下的印刷分色原理

用光学密度对图像的阶调和颜色进行描述，在印刷和摄影等领域具有很长的历史。

在密度空间下进行印刷分色的基础是建立原稿颜色密度 $[D_R,D_G,D_B]$ 与青/品红/黄印刷密度之间的关系，而这种关系的建立必须考虑青、品红、黄三种彩色油墨所"携带"的颜色误差，这些误差需要通过密度空间下的转换进行补偿。

1. 密度空间下颜色误差的表示

一般认为，青、品红、黄三种彩色油墨应该分别 100％ 吸收红光区、绿光区、蓝光区的色光，而应分别 100％ 反射其他两个光谱区域的色光。但实际应用的青、品红、黄油墨，其光谱反射和吸收特性并未达到人们预期的状况，由此造成彩色油墨存在不同程度的颜色偏差。图 4-3 为某实际印刷油墨的光谱反射率曲线。

用密度计在红/绿/蓝滤色片下分别测量青、品红、黄油墨的密度，会发现一种彩色油墨在其补色滤色片下的密度并没有达到很高的数值，而在其他两种滤色片下的密度又未达到 0。表 4-1

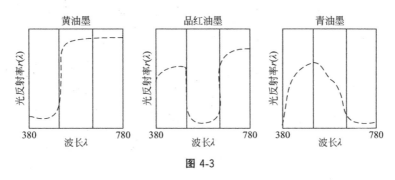

图 4-3

是一组青、品红、黄油墨在红、绿、蓝绿色片下的密度实测数值。

表 4-1　青、品红、黄油墨在红/绿/蓝滤色片下的密度

	红滤色片	绿滤色片	蓝滤色片
青油墨	1.54	0.51	0.16
品红油墨	0.20	1.40	0.74
黄油墨	0.04	0.09	1.06

　　基于实际油墨的光谱特性，可以得知每种彩色油墨没有完全吸收其补色区域的色光，也没有完全反射补色以外的其他色光，由此引起油墨的颜色偏差。

　　不妨对此种颜色误差做这样一种描述，即彩色油墨存在的颜色误差相当于在一种彩色油墨中混入了少量另外两种彩色油墨成分。

　　例如，青色油墨的颜色偏差相当于在青色油墨中混入少量黄、品红油墨的成分，导致其对蓝光、绿光的反射不足（密度值未达到 0），同时又引起对红光的残余反射（密度值不够大）。

　　基于这种简化的假设，可以对密度空间下的颜色校正和分色原理进行分析。

2. 密度空间下的分色原理

　　可以把表 4-1 中每种油墨的 3 个密度值进行代数表示，得到表 4-2。其中，除补色滤色片下的密度以外，另外两个较小密度值表示为——补色滤色片密度与一个比例系数乘积的形式。在比例系数中，c_g、c_b、m_r、m_b、y_r、y_g 分别表示青墨在绿滤色片/蓝滤色片下、品红墨在红滤色片/蓝滤青、品红、黄油墨色片下、黄墨在红滤色片/绿滤色片下的系数。D_{CS}、D_{MS}、D_{YS} 分别表示青、品红、黄油墨的实地密度。

　　注意：这种表示方法隐含着一种意义，即油墨在补色滤色片下的密度与其他两种滤色片下的密度成线性比例变化（符合"比例性"）。这种线性模型与实际情况有一定偏离。

表 4-2　表 4-1 中每种油墨的 3 个密度值进行代数表示

	红滤色片	绿滤色片	蓝滤色片
青油墨	D_{CS}	$c_g D_{CS}$	$c_b D_{CS}$
品红油墨	$m_r D_{MS}$	D_{MS}	$m_b D_{MS}$
黄油墨	$y_r D_{YS}$	$y_g D_{YS}$	D_{YS}

　　将三种彩色油墨（实地）叠印在纸张上，在红、绿、蓝绿色片下测量叠印后的密度值。假如叠印后，某种滤色片下测到的密度值恰好等于叠印前分别测量的密度值之和（满足"密度叠加性"），则可以写成式(4-1)。

$$D_R = D_{CS} + m_r D_{MS} + y_r D_{YS}$$
$$D_G = c_g D_{CS} + D_{MS} + y_g D_{YS} \qquad (4\text{-}1)$$
$$D_B = c_b D_{CS} + m_b D_{MS} + D_{YS}$$

式中，D_R、D_G、D_B 为红/绿/蓝滤色片下的密度。

　　如果上述 6 个比例系数与网点面积率无关，则表示实地密度值的下标"S"可以去掉，写成

式(4-2)，得到印刷密度与红、绿、蓝绿色片下密度值之间的关系。

$$D_R = D_C + m_r D_M + y_r D_Y$$
$$D_G = c_g D_C + D_M + y_g D_Y \qquad (4-2)$$
$$D_B = c_b D_C + m_b D_M + D_Y$$

解此方程组，可以得到

$$\begin{pmatrix} D_C \\ D_M \\ D_Y \end{pmatrix} = \frac{1}{\Delta} \begin{pmatrix} a_{11} & a_{12} & a_{13} \\ a_{21} & a_{22} & a_{23} \\ a_{31} & a_{32} & a_{33} \end{pmatrix} \cdot \begin{pmatrix} D_R \\ D_G \\ D_B \end{pmatrix} \qquad (4-3)$$

式中

$a_{11} = 1 - y_g m_b$；$a_{12} = y_r m_b - m_r$；$a_{13} = y_g m_r - y_r$；

$a_{21} = y_g c_b - c_g$；$a_{22} = 1 - y_r c_b$；$a_{23} = c_g y_r - y_g$；

$a_{31} = c_g m_b - c_b$；$a_{32} = c_b m_r - m_b$；$a_{33} = 1 - c_g m_r$；

$\Delta = 1 + m_r y_g c_b + y_r c_g m_b - y_r c_b - m_r c_g - y_g m_b$

式(4-3) 即为密度空间下分色的方程组，在照相/电子分色技术中，它称为"蒙版校色方程组"。由表 4-1 数据并按式(4-3) 得到的分色转换方程组如下。

$$D_C = 1.047 D_R - 0.135 D_G - 0.028 D_B$$
$$D_M = -0.353 D_R + 1.092 D_G - 0.079 D_B \qquad (4-4)$$
$$D_Y = -0.078 D_R - 0.564 D_G + 1.045 D_B$$

由此，可从原稿的彩色密度值 $[D_R, D_G, D_B]$ 获得分色后密度值 $[D_C, D_M, D_Y]$，并根据 Murray-Davis 公式（或 Yule-Nielsen 公式）求得相应的网点面积率 $[\varphi_C, \varphi_M, \varphi_Y]$。还可以根据 $[D_C, D_M, D_Y]$ 计算获得黑版密度 D_K。

密度空间下的分色方程组是照相/电子分色的基础，在较大程度上满足了分色的需要。但因为密度叠加性和比例性条件并非完全满足，由分色方程组计算获得的分色并非理想，需要附加其他的色彩校正才能达到满意的效果。

二、色度空间下的印刷分色原理

在色度空间下进行印刷分色计算是分色软件和色彩管理常用的方法。这种方法需要将印刷颜色分量与色度空间紧密联系起来。Neugebauer 方程组阐明了色度值与印刷网点面积率之间的关系。

1. Neugebauer 方程组及其对印刷分色的意义

Neugebauer 方程组是将色元面积率、色元三刺激值与印刷色三刺激值联系起来的纽带。其形式为

$$X = \sum_{i=1}^{M} f_i \times X_i$$

$$Y = \sum_{i=1}^{M} f_i \times Y_i \qquad (4-5)$$

$$Z = \sum_{i=1}^{M} f_i \times Z_i$$

式中，$[X, Y, Z]$ 为印刷色三刺激值；$[X_i, Y_i, Z_i]$ 为色元三刺激值；f_i 为色元面积率。

所谓"色元"是指在承印材料上，由印刷油墨的网点自身以及叠印所形成的微小面积单元。显然，参与印刷的油墨种数不同，每种油墨网点的密度级数不同，则印刷产生的色元总数也就不同。

对印刷分色而言，已知条件是待复制颜色的三刺激值 $[X, Y, Z]$，而式(4-5) 右侧的为色元三刺激值 $[X_i, Y_i, Z_i]$ 也是可以测到的，所要求得的是印刷油墨的网点面积率，若采用青品黄黑4 色复制，则不妨写为 $[\varphi_C, \varphi_M, \varphi_Y, \varphi_{BK}]$。

在式(4-5)右侧，f 是色元面积率，而并非网点面积率 φ。事实上，色元面积率与网点面积率密切相关，在下一部分中将给出两者之间的关系。由此，从理论上，在已知色元三刺激值、待复制色三刺激值的条件下，通过 Neugebauer 方程组求解，可以获得印刷网点面积率，从而实现印刷分色。

2. 叠印色元及其面积率计算

不同的加网类型和特征，其叠印色元的状况也各不相同。现分别以二值及多值加网为基础进行讨论。

(1) 二值加网条件下的色元

在采用二值加网的前提下，N 种原色可以发生各种不同叠印状况，其产生的色元有承印物色元（无网点）、单色色元、双色叠印色元、…、N 色叠印色元。

设 P_i 为第 i 种叠印状况下的色元种类数，$i=0,1,\cdots,N$，则

$$P_i = C_N^i \tag{4-6}$$

举例而言，按式(4-6)，在二值加网的四色印刷中，共有 5 类叠印状况的色元，其中有承印物色元、单色、双色、三色、四色叠印色元，即承印物色元数 $P_0=C_4^0=1$，单色色元数 $P_1=C_4^1=4$，双色叠印色元数 $P_2=C_4^2=6$，三色叠印色元数 $P_3=C_4^3=4$，四色叠印色元 $P_4=C_4^4=1$，总色元数为 16。

色元总数 M 与印刷色数 N 的关系为

$$M = \sum_{i=0}^{N} C_N^i = 2^N \tag{4-7}$$

表 4-3 给出了单色、双色、三色和四色印刷的色元数及其具体细节。彩图 4-1 为二值加网四色网点叠印的微观色元状况。

表 4-3　二值加网条件下单色/双色/三色/四色色元

	色元数	色元			
单色	2	原色 1		承印物	
双色	4	原色 1	原色 2	原色 1/2 叠印	承印物色
三色	8	原色 1	原色 2	原色 3	原色 1/2 叠印
		原色 1/3 叠印	原色 2/3 叠印	原色 1/2/3 叠印	承印物色
四色	16	原色 1	原色 2	原色 3	原色 4
		原色 1/2 叠印	原色 1/3 叠印	原色 2/3 叠印	原色 1/4 叠印
		原色 2/4 叠印	原色 3/4 叠印	原色 1/2/4 叠印	原色 1/3/4 叠印
		原色 2/3/4 叠印	原色 1/2/3 叠印	原色 1/2/3/4 叠印	承印物色

注意：式(4-7)计算的色元总数仅代表最大可能性，当油墨种数较多时，由于可采用颜色替代处理，实际色元总数有可能少于按此公式计算的数量。例如，在超四色高保真七色复制中，采用颜色替代后，印刷色元总数并非一定要达到 $2^7=128$ 种。

(2) 多值加网条件下的色元

在多值加网的条件下，色元的总数（M）不仅与原色数（N）有关，还与每种原色网点的密度等级数（Q）有关。

以四色印刷、每个原色 3 个密度等级为例，即 $N=4$，$Q=3$。

与二值加网类似，按印刷原色叠印，仍可分为单色、双色、三色、四色叠印以及无墨承印物 5 大类。与二值加网的不同之处是在每个类别中，每种原色各有 3 级不同密度。

单色：有 $C_4^1=4$ 类，每类有 3 级密度，共有色元 $4 \times 3=12$ 种。

双色叠印：有 $C_4^2=6$ 类，每类有 3 级密度，其相互交叠共有 3^2 种可能性，故产生色元 $6 \times 3^2=54$ 种。

三色叠印：有 $C_4^3=4$ 类，每类有 3 级密度，共有色元 $4 \times 3^3=108$ 种。

四色叠印：有 $C_4^1 = 1$ 类，每类有 3 级密度，共有色元 $1 \times 3^4 = 81$ 种。

无墨承印物：有 $C_4^0 = 1$ 类，色元 $1 \times 3^0 = 1$ 种。

总色元数为 $12 + 54 + 108 + 81 + 1 = 256$ 种。

由此实例，可归纳出多值加网下的色元数计算公式为

$$M = \sum_{i=0}^{N} (C_N^i \times Q^i) \tag{4-8}$$

按式(4-8)可计算出 3 个密度等级的多值加网下，单色、双色、三色、四色印刷的色元总数分别为 4、16、64 和 256 种，而二值加网、相同色数复制的色元数仅为 2、4、8、16 种。多值加网在色元数量上的优势是明显的。

（3）二值及多值色元面积率与网点面积率之间的关系

在二值加网复制条件下，色元面积率（f）与网点面积率（φ）之间的关系可以用式(4-9)的 N 项乘积表示（N 为油墨种数）。

$$f = \prod_{i=1}^{N} \alpha_i \tag{4-9}$$

式中，$\alpha_i = \begin{cases} \varphi_i & \text{，第 } i \text{ 种原色网点参与构成色元} \\ 1 - \varphi_i & \text{，第 } i \text{ 种原色网点未参与构成色元} \end{cases}$

上述关系由 Demichel 于 1924 年提出，故式(4-9) 称为 "Demichel 公式"。按此式，以 CMYK 四色二值加网复制为例，其 16 种色元的面积率与各原色网点面积率的关系式为

$$
\begin{aligned}
f_W &= (1-\varphi_C)(1-\varphi_M)(1-\varphi_Y)(1-\varphi_K) \\
f_C &= \varphi_C(1-\varphi_M)(1-\varphi_Y)(1-\varphi_K) \\
f_M &= \varphi_M(1-\varphi_C)(1-\varphi_Y)(1-\varphi_K) \\
f_Y &= \varphi_Y(1-\varphi_C)(1-\varphi_M)(1-\varphi_K) \\
f_K &= \varphi_K(1-\varphi_C)(1-\varphi_M)(1-\varphi_Y) \\
f_{CM} &= \varphi_C\varphi_M(1-\varphi_Y)(1-\varphi_K) \\
f_{CY} &= \varphi_C\varphi_Y(1-\varphi_M)(1-\varphi_K) \\
f_{MY} &= \varphi_M\varphi_Y(1-\varphi_C)(1-\varphi_K) \\
f_{CK} &= \varphi_C\varphi_K(1-\varphi_M)(1-\varphi_Y) \\
f_{MK} &= \varphi_M\varphi_K(1-\varphi_C)(1-\varphi_Y) \\
f_{YK} &= \varphi_Y\varphi_K(1-\varphi_C)(1-\varphi_M) \\
f_{CMK} &= \varphi_C\varphi_M\varphi_K(1-\varphi_Y) \\
f_{CYK} &= \varphi_C\varphi_Y\varphi_K(1-\varphi_M) \\
f_{MYK} &= \varphi_M\varphi_Y\varphi_K(1-\varphi_C) \\
f_{CMY} &= \varphi_C\varphi_M\varphi_Y(1-\varphi_K) \\
f_{CMYK} &= \varphi_C\varphi_M\varphi_Y\varphi_K
\end{aligned}
\tag{4-10}
$$

多值加网条件下，色元面积率与网点面积率的关系稍显复杂，但基本思路是相通的。

现以双色印刷，每色 3 个密度级为例予以说明。

按原色数 $N=2$，密度级数 $Q=3$，可知总的色元数为

$$M = \sum_{i=0}^{2} (C_2^i \times 3^i) = C_2^0 \times 3^0 + C_2^1 \times 3^1 + C_2^2 \times 3^2 = 1 + 6 + 9 = 16$$

两种不同原色、各 3 种不同密度的所产生的色元面积率可分为三类，即单色类、双色类、承印物类。

单色类色元的面积率为原始网点面积率减去两色叠印部分的面积率，共 6 种。设变量下标第 1 个数字为原色，第 2 个数字为密度等级号，则

$$f_{11} = \varphi_{11} - \varphi_{11}\varphi_{21} - \varphi_{11}\varphi_{22} - \varphi_{11}\varphi_{23} = \varphi_{11} \times \left(1 - \sum_{k=1}^{3}\varphi_{2k}\right)$$

$$f_{12}=\varphi_{12}-\varphi_{12}\varphi_{21}-\varphi_{12}\varphi_{22}-\varphi_{12}\varphi_{23}=\varphi_{12}\times\Big(1-\sum_{k=1}^{3}\varphi_{2k}\Big)$$

$$f_{13}=\varphi_{13}-\varphi_{13}\varphi_{21}-\varphi_{13}\varphi_{22}-\varphi_{13}\varphi_{23}=\varphi_{13}\times\Big(1-\sum_{k=1}^{3}\varphi_{2k}\Big)$$

$$f_{21}=\varphi_{21}-\varphi_{21}\varphi_{11}-\varphi_{21}\varphi_{12}-\varphi_{21}\varphi_{13}=\varphi_{21}\times\Big(1-\sum_{k=1}^{3}\varphi_{1k}\Big)$$

$$f_{22}=\varphi_{22}-\varphi_{22}\varphi_{11}-\varphi_{22}\varphi_{12}-\varphi_{22}\varphi_{13}=\varphi_{22}\times\Big(1-\sum_{k=1}^{3}\varphi_{1k}\Big)$$

$$f_{23}=\varphi_{23}-\varphi_{23}\varphi_{11}-\varphi_{23}\varphi_{12}-\varphi_{23}\varphi_{13}=\varphi_{23}\times\Big(1-\sum_{k=1}^{3}\varphi_{1k}\Big)$$

双色叠印类色元的面积率为参与叠印两色的面积率之积，共9种。下面式子中，色元变量下标分为两组，以逗号隔开，代表2种不同原色及密度等级的网点叠印。

$$f_{11,21}=\varphi_{11}\varphi_{21},f_{11,22}=\varphi_{11}\varphi_{22},f_{11,23}=\varphi_{11}\varphi_{23}$$
$$f_{12,21}=\varphi_{12}\varphi_{21},f_{12,22}=\varphi_{12}\varphi_{22},f_{12,23}=\varphi_{12}\varphi_{23}$$
$$f_{13,21}=\varphi_{13}\varphi_{21},f_{13,22}=\varphi_{13}\varphi_{22},f_{13,23}=\varphi_{13}\varphi_{23}$$

承印物色元面积率为从网格面积率100%中，减除上述所有色元面积率，即

$$f_0=1-f_{11}-f_{12}-f_{13}-f_{21}-f_{22}-f_{23}-f_{11,21}-f_{11,22}-f_{11,23}-f_{12,21}-f_{12,22}-f_{12,23}-f_{13,21}$$
$$-f_{13,22}-f_{13,23}$$

$$=1-\Big[\varphi_{11}\times\Big(1-\sum_{k=1}^{3}\varphi_{2k}\Big)\Big]-\Big[\varphi_{12}\times\Big(1-\sum_{k=1}^{3}\varphi_{2k}\Big)\Big]-\Big[\varphi_{13}\times\Big(1-\sum_{k=1}^{3}\varphi_{2k}\Big)\Big]$$
$$-\Big[\varphi_{21}\times\Big(1-\sum_{k=1}^{3}\varphi_{1k}\Big)\Big]-\Big[\varphi_{22}\times\Big(1-\sum_{k=1}^{3}\varphi_{1k}\Big)\Big]-\Big[\varphi_{23}\times\Big(1-\sum_{k=1}^{3}\varphi_{1k}\Big)\Big]$$
$$-\varphi_{11}\varphi_{21}-\varphi_{11}\varphi_{22}-\varphi_{11}\varphi_{23}-\varphi_{12}\varphi_{21}-\varphi_{12}\varphi_{22}-\varphi_{12}\varphi_{23}$$
$$-\varphi_{13}\varphi_{21}-\varphi_{13}\varphi_{22}-\varphi_{13}\varphi_{23}$$

经化简可得

$$f_0=\Big(1-\sum_{k=1}^{3}\varphi_{1k}\Big)\times\Big(1-\sum_{k=1}^{3}\varphi_{2k}\Big) \tag{4-11}$$

由此推导，与二值加网色元面积率公式进行比较，可将多值加网复制条件下，色元面积率与网点面积率的关系写为

$$f=\prod_{i=1}^{N}\alpha_i \tag{4-12}$$

式中，$\alpha_i=\begin{cases}\varphi_{i,j} & \text{，第 }i\text{ 种原色、第 }j\text{ 级密度的网点参与构成色元}\\1-\sum_{j=1}^{Q}\varphi_{i,j} & \text{，第 }i\text{ 种原色、第 }j\text{ 级密度的网点未参与构成色元}\end{cases}$

比较二值和多值加网复制，可以看出在网点密度只有1个等级（二值加网复制）时，式(4-12)可以简化为式(4-9)。

3. Neugebauer 方程组的分色求解

如果给定或已知印刷色三刺激值 $[X,Y,Z]$，且印刷油墨数 $N\leqslant3$，则可以通过求解 Neugebauer 方程组得到印刷网点面积率；如果印刷油墨数 $N>3$，则方程组的解不定，需要先确定其中某些油墨颜色分量，再对方程组进行求解。

典型的例子是二值加网的四色印刷复制。

如果原稿色的三刺激值 $[X_0,Y_0,Z_0]$ 和色元三刺激值 $[X_i,Y_i,Z_i]$（$i=1,\cdots,16$）都已知，要求印刷复制的三刺激值 $[X_P,Y_P,Z_P]$ 与原稿颜色的三刺激值 $[X_0,Y_0,Z_0]$ 相等，则需要获得的网点面积率是4个，故必须先设定某种色版（通常是黑版）网点面积率的变化规律，依照此规律确定其该色版的网点面积率，再求解出另外3种网点面积率。

可以利用数值迭代方法完成 Neugebauer 方程组的求解。青、品红、黄三色分色求解的大致

步骤如下。

① 给定原稿颜色三刺激值 $[X_0, Y_0, Z_0]$、色元三刺激值 $[X_i, Y_i, Z_i]$ $(i=1,\cdots,16)$、分色允差 ΔE_0。

② 将 $[X_0, Y_0, Z_0]$ 转换成 $[L_0, a_0, b_0]$，以备色差计算。

③ 按照事先确定的黑版特性，给出与原稿颜色 $[X_0, Y_0, Z_0]$ 对应的黑版网点面积率 φ_K。

④ 首次计算时，给定网点面积率 $[\varphi_{C0}, \varphi_{M0}, \varphi_{Y0}]$，后续计算时，进行网点面积率的修正计算：$\varphi_C = \varphi_C + \Delta\varphi_C$，$\varphi_M = \varphi_M + \Delta\varphi_M$，$\varphi_Y = \varphi_Y + \Delta\varphi_Y$。

⑤ 将 $[\varphi_C, \varphi_M, \varphi_Y, \varphi_K]$ 代入 Neugebauer 方程组，计算出 $[X, Y, Z]$ 并转换成 $[L, a, b]$。

⑥ 计算原稿色 $[L_0, a_0, b_0]$ 与 $[L, a, b]$ 之间的色差 ΔE。

⑦ 如果 $\Delta E \leqslant \Delta E_0$，则分色完毕，给出 $[\varphi_C, \varphi_M, \varphi_Y, \varphi_K]$，进入⑧。否则，进行网点面积率修正量 $[\Delta\varphi_C, \Delta\varphi_M, \Delta\varphi_Y]$ 的求解，返回④继续迭代。

⑧ 如果 $[\varphi_C, \varphi_M, \varphi_Y, \varphi_K]$ 有超界（$100\% < \varphi < 0\%$），进行色域超界压缩处理。

⑨ 输出最终印刷网点面积率 $[\varphi_{CP}, \varphi_{MP}, \varphi_{YP}, \varphi_{KP}]$。

⑩ 按网点扩大函数的反函数 $T^{-1}(\cdot)$ 进行补偿转换，求得记录网点面积率 $[\varphi_{C\_Rec}, \varphi_{M\_Rec}, \varphi_{Y\_Rec}, \varphi_{K\_Rec}]$。

采用迭代法进行 Neugebauer 方程组的求解时，迭代次数较多，相对较为费时，而且有时会出现奇异解，因此，实际的软件分色处理一般采用"多维查表法"，这种方法的具体实现将在第十章中叙述。

4. 黑版的分色

黑版在彩色印刷复制中占有特殊地位。

首先，黑版承担了版面内黑色文字、图形的复制任务；另外，对彩色图像复制而言，黑版的加入有利于提高最大印刷密度，增加图像反差；还可以用黑版替代彩色油墨叠印产生的灰色成分，以降低印刷总墨量，有利于减少印刷故障，相对降低成本。

毋庸置疑，青、品红、黄三色油墨叠印会产生灰色成分。用黑版替代这一灰色成分有两种方法，即"底色去除（Under Color Removal，UCR）"和"灰成分替代（Gray Component Replacement，GCR）"。

UCR 和 GCR 都可以对颜色中的灰成分进行部分或全部予以去除，并以黑墨补偿之。但两者在去除的阶调范围和颜色范围上存在差异。

一般而言，UCR 作用于图像的中间调及暗调范围；而且，随颜色饱和度升高，去除彩色油墨的作用降低，对图像中特别鲜艳的颜色，几乎没有灰色成分的去除和替换。GCR 则可以在整个阶调范围内发挥作用，且不对颜色饱和度进行区分。

彩图 4-2 为同一幅图像分别进行三色分色、UCR、GCR 四色分色的状况。

在黑版分色方面，同样存在密度空间和色度空间的区别。

密度分色法中，黑版的生成与原稿颜色 $[D_R, D_G, D_B]$ 包含的灰成分有关。其计算方法为对 $[D_R, D_G, D_B]$ 进行"择小"[即 $\text{Min}(\cdot)$] 处理，即

$$D_{BK0} = \text{Min}(D_R, D_G, D_B) \tag{4-13}$$

为了在高饱和度颜色中降低黑版量，也可以采用

$$D_{BK0} = \text{Min}(D_R, D_G, D_B) - \frac{\text{Max}(D_R, D_G, D_B) - \text{Min}(D_R, D_G, D_B)}{k} \tag{4-14}$$

式中，$k(>1)$ 为调节系数，$\text{Max}(D_R, D_G, D_B) - \text{Min}(D_R, D_G, D_B)$ 可以代表颜色的饱和程度。

采用 Neugebauer 方程组进行四色分色求解时，应根据 UCR 或 GCR 的设置以及黑版总量的多少，事先确定黑版在色空间内的作用范围和最大网点面积率。

由于 CIE 1976 $L^*a^*b^*$ 色度空间具有色差均匀的特性，可以根据该空间下色彩的亮度、色相和饱和度，由此决定黑版的状态。举一个简化的例子，假如在 CIE 1976 $L^*a^*b^*$ 色空间中，

随亮度 L^* 增加，黑版的面积率 φ_{K1} 线性下降，有

$$\varphi_{K1} = -0.01L^* + 1 \tag{4-15}$$

随饱和度 $S = \sqrt{a^{*2} + b^{*2}}$ 上升，黑版网点面积率 φ_{K2} 线性下降（S_{MAX} 为色空间中的最大饱和度值）

$$\varphi_{K2} = -\left(\frac{1}{S_{MAX}}\right) \times S + 1 \tag{4-16}$$

最终的黑版网点面积率为

$$\varphi_K = \varphi_{K1} \varphi_{K2} \tag{4-17}$$

当然，黑版面积率曲线可以设置成非线性，且曲线随 UCR、GCR 的设置不同而变化。从原理上，在给定黑版网点面积率的前提下，按照迭代法进行青、品红、黄三色网点面积率的求解。

第三节　中性灰平衡

一、中性灰平衡的意义

中性灰平衡是指利用彩色油墨，以恰当的比例叠印达到视觉非彩色的状态。在常用的四色复制当中，灰色平衡建立在青、品红、黄油墨按合适比例叠印的基础上。

使用实际的青、品红、黄油墨，达到灰色平衡时，青、品红、黄油墨的网点面积率一般并不相等，通常，青版的网点面积率 φ_C 高于品红/黄的网点面积率 φ_M 和 φ_Y。换言之，网点面积率相等的青、品红、黄油墨叠印产生的颜色往往是偏向暖色调的灰色。

如果图像中包含非彩色，达到灰色平衡对复制当然是十分必要的。但是，假如图像中不存在非彩色，而灰色平衡未达到，则也会出现附加的偏色。显然，灰色平衡发挥的是把握印刷复制中颜色相对比例关系，防止出现附加偏色的作用。

二、中性灰平衡数据的获取

为了把握正确的灰色平衡，需要获取达到灰色平衡的网点面积率数据。其方法分实验法和计算法两类。

1. 实验法

在实验法中，可以按照一定的间隔选取青、品红和黄的网点面积率，将其排列组合形成多个色块构成的测试区，通过符合实际条件的制版和印刷，获得小型灰平衡色谱。

得到色谱样张后，用目视和色度测量法找到呈现非彩色的色块，其网点面积率 $[\varphi_C, \varphi_M, \varphi_Y]$ 即为满足灰色平衡的网点面积率数据，由多个灰平衡测试区得到的多组数据可以绘制出灰色平衡曲线。

2. 等效中性密度计算法

如果印刷色的彩色密度值 $[D_R, D_G, D_B]$ 相等，则可以认为近似达到了灰色平衡。

在已知分色转换方程组 [式(4-3)] 的情况下，给定多组 $D_R = D_G = D_B$，即可求出相应的 $[D_C, D_M, D_Y]$，并根据 Murray-Davis 公式（或 Yule-Nielsen 公式）求得相应的网点面积率 $[\varphi_C, \varphi_M, \varphi_Y]$。

按式(4-4) 计算出的灰色平衡数据如图 4-4 所示。

3. 色度计算法

在 CIEXYZ 色度空间内，位于光源色度坐标（x_S, y_S）而亮度 Y 不同的颜色即为中性灰色。

在计算灰色平衡数据时，首先选择某种光源，根据其色度坐标（x_S, y_S）和亮度 Y 计算出中性灰色的三刺激值 $[X, Y, Z]$，再通过三色 Neugebauer 方程组的求解，即可获得灰色平衡数据 $[\varphi_C, \varphi_M, \varphi_Y]$。

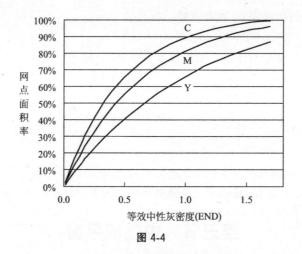

图 4-4

复习思考题

1. 印刷制作青、品红、黄三个单色的网点梯尺，每个梯尺的网点面积率分若干等级，分别在红绿蓝三种滤色片下测量各梯级的密度，计算出不同网点面积率下的比例系数 c_g、c_b、m_r、m_b、y_r、y_g，用计算结果绘制出比例系数随网点面积率变化的关系曲线，体会彩色油墨的偏色特性。

2. 如果确定了青、品红、黄、黑的网点面积率，而采用不同形状的网点进行复制，印刷色是否一致？为什么？

3. 多值加网的双色印刷复制，网点密度等级数为 4，色元总数为多少？请分别指出各色元的构成，求出色元面积率。

4. 在某种编程环境下，编写用 Neugebauer 方程组分色的程序。操作者可以设定色元三刺激值、允许的色差和黑版状态。输入 $[L*, a*, b*]$ 或 $[X, Y, Z]$ 色度数值，由程序求解出网点面积率。

5. 在 Photoshop 软件中，制作一幅青/品红/黄三个通道完全相同、黑版通道空白的四色图像，图像色彩是中性灰吗？为什么？

第五章

图像的频率域变换原理

图像最常见的存在形式是：在二维平面或三维立体空间内，不同空间位置上具有不同数值的集合体。以此为基础，人们是站在平面空间及立体空间内认识并研究图像的。这类形式的图像称为"空间域图像"。

除空间域图像外，如果图像的数值随频率不同而发生变化，称为"频率域图像"，它是在频率空间下的图像信息的表达方式。

广而言之，如果存在某种数学意义上的空间（可称为"变换域"），在这一空间下，图像的数值随着构建该空间的自变量发生变化，则可将图像称为某种"变换域图像"。

在数学上，满足一定条件的前提下，可以将某种"域"下的函数转换成另一种"域"下的函数。例如：随时间或空间位置变化的函数，即"时间域函数"或"空间域函数"，可以表示/转换成随不同频率变化的某种函数形式，即变换为频率域函数。显然，图像作为一种信号函数，也可以进行这样的变换。

在图像分析、图像数据压缩、图像特征提取等领域，这种从空间域向频率域的图像变换具有实际意义。本章先介绍图像的傅里叶变换和离散余弦变换原理，随后给出采样定理，并对印前过程图像频率的传递进行讨论。

第一节 傅里叶变换原理

一、傅里叶变换（Fourier Transformation/FT）的数学表述

在高等数学中，读者已对傅里叶级数有了认识。若满足 Dirichlet 条件，即可借助傅里叶级数，将周期为 T 的函数 $f(t)$ 表示成多项正弦及余弦之和。

$$f(t) = \frac{a_0}{2} + \sum_{k=1}^{\infty}\left(a_k\cos\frac{2\pi}{T}kt + b_k\sin\frac{2\pi}{T}kt\right) \tag{5-1}$$

式中，傅里叶系数为

$$a_k = \frac{2}{T}\int_{-T/2}^{T/2} f(t)\cos\frac{2\pi}{T}kt\,\mathrm{d}t \quad (k=0,1,2,\cdots)$$

$$b_k = \frac{2}{T}\int_{-T/2}^{T/2} f(t)\sin\frac{2\pi}{T}kt\,\mathrm{d}t \quad (k=1,2,\cdots)$$

实际上，傅里叶系数表明了某一频率对构成函数 $f(t)$ 所做出的贡献。

更一般地，针对非周期函数 $f(t)$，可以将其看作周期无限大的周期函数，从而将函数的傅里叶变换表述为

$$F(u) = \int_{-\infty}^{\infty} f(t)\exp(-\mathrm{j}2\pi ut)\,\mathrm{d}t \tag{5-2}$$

式中，根据欧拉（Euler）公式，有

$$\exp(-j2\pi ut) = \cos(2\pi ut) - j\sin(2\pi ut)$$

而 $j = \sqrt{-1}$

式(5-2) 中的 u 称为"频率变量"。

若将式(5-2) 解释为离散项和的极限，则函数 $f(t)$ 经傅里叶变换后获得的 $F(u)$ 包含无限个正弦项及余弦项，u 确定了所对应的正弦及余弦项的频率。$F(u)$ 表达了不同频率成分的多少。由此，经过傅里叶变换，时间域函数 $f(t)$ 便可以转换为频谱函数 $F(u)$。

同时，如果 $F(u)$ 已知，则可以借助傅里叶反变换重新获得函数 $f(t)$：

$$f(t) = \int_{-\infty}^{\infty} F(u)\exp(j2\pi ut)\,\mathrm{d}u \tag{5-3}$$

式(5-2) 和式(5-3) 合称"傅里叶变换对"。

一般地，实函数傅里叶变换的结果大多是复函数，即 $F(u)$ 由实部 $R(u)$ 和虚部 $I(u)$ 组成

$$F(u) = R(u) + jI(u)$$

幅度函数 $|F(u)| = \sqrt{R^2(u) + I^2(u)}$ 被称为"傅里叶谱"；$|F(u)|^2 = R^2(u) + I^2(u)$ 被称为"能量谱"。

图 5-1 为某一随时间变化的函数 $f(t)$ 以及经傅里叶变换后的傅里叶谱 $|F(u)|$。

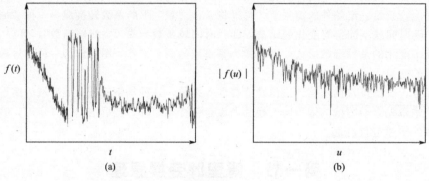

(a)   (b)

图 5-1

二、图像的傅里叶变换

如第一章所述，平面图像是占据二维空间的函数，可将其描述为 $S = f(x,y)$。其中的 (x,y) 为平面坐标，S 为图像函数值（可以是密度、色度或灰度数值）。

对平面图像进行的傅里叶变换称为"二维傅里叶变换"，表述为

$$F(u,v) = \iint_{\Omega} f(x,y)\exp[-j2\pi(ux+vy)]\,\mathrm{d}x\mathrm{d}y \quad (\Omega \in -\infty, +\infty) \tag{5-4}$$

其反变换为

$$f(x,y) = \iint_{\Omega} F(u,v)\exp[j2\pi(ux+vy)]\,\mathrm{d}u\mathrm{d}v \quad (\Omega \in -\infty, +\infty) \tag{5-5}$$

式中，u,v 为空间频率变量。

对应地有

傅里叶谱 $|F(u,v)| = \sqrt{R^2(u,v) + I^2(u,v)}$

能量谱 $|F(u,v)|^2 = R^2(u,v) + I^2(u,v)$

作为一个简单的例子，如图 5-2(a) 所示的"方盒子形"图像函数 $f(x,y) = A$，其中 $0 \leqslant x \leqslant X$，$0 \leqslant y \leqslant Y$，$A < \infty$，对其进行二维傅里叶变换，得到如图 5-2(b) 所示的频谱函数 $|F(u,v)|$。

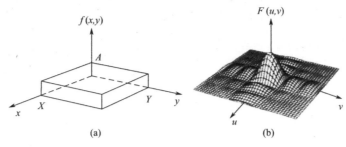

图 5-2

$$F(u,v) = \int\limits_{-\infty}^{+\infty}\!\!\int f(x,y)\exp[-j2\pi(ux+vy)]\,dx\,dy$$

$$= A\int_0^X \exp(-j2\pi ux)\,dx\int_0^Y \exp(-j2\pi vy)\,dy$$

$$= A\left[\frac{e^{-j2\pi ux}}{-j2\pi u}\right]_0^X \left[\frac{e^{-j2\pi ux}}{-j2\pi u}\right]_0^Y$$

$$= \frac{A}{-j2\pi u}\left[e^{-j2\pi uX}-1\right]\times\frac{1}{-j2\pi u}\left[e^{-j2\pi vY}-1\right]$$

$$= AXY\left[\frac{\sin(\pi uX)}{\pi uX}\right]\times\left[\frac{\sin(\pi vX)}{\pi vY}\right]$$

相应的傅里叶谱为

$$|F(u,v)| = AXY\left|\frac{\sin(\pi uX)}{\pi uX}\right|\times\left|\frac{\sin(\pi vX)}{\pi vY}\right|$$

三、离散傅里叶变换

如果以 Δt 为间隔，把连续函数 $f(t)$ 离散化成一个 N 个数据组成的序列（$t=0,1,2,\cdots,N-1$）：

$$f(t) = f(t_0+t\Delta t)$$

则其傅里叶变换和反变换可以表示为如下离散形式。

$$F(u) = \frac{1}{N}\sum_{t=0}^{N-1} f(t)\exp(j2\pi ut/N) \tag{5-6}$$

$$f(t) = \sum_{u=0}^{N-1} F(u)\exp(j2\pi ut/N) \tag{5-7}$$

其积分求和的增量 $\Delta t = \dfrac{1}{N}$，$\Delta u = \dfrac{1}{N\Delta t}$。

离散傅里叶变换的求和式可以写成其他形式，但只要两式系数的乘积等于 $\dfrac{1}{N}$ 即可；也即系数可以是 $\dfrac{1}{N}$ 而单独出现在式(5-6) 或者式(5-7) 中，也可以按 $\dfrac{1}{\sqrt{N}}$ 的形式同时出现在上述两式中。

针对二维的情况，如果平面图像已分割成像素阵列，由 M 列、N 行像素构成（M 和 N 为整数，$\Delta x=1/M$，$\Delta y=1/N$），则二维傅里叶变换对的离散形式为

$$F(u,v) = \frac{1}{MN}\sum_{x=0}^{M-1}\sum_{y=0}^{N-1} f(x,y)\exp[-j2\pi(ux/M+vy/N)] \tag{5-8}$$

$$f(x,y) = \sum_{u=0}^{M-1}\sum_{v=0}^{N-1} F(u,v)\exp[j2\pi(ux/M+vy/N)] \tag{5-9}$$

积分求和的频率增量 $\Delta u = \dfrac{1}{M\Delta x}$，$\Delta v = \dfrac{1}{N\Delta y}$。

类似地，上述两式中的系数$\frac{1}{MN}$既可以单独出现在式(5-8)或者式(5-9)中，也可以按$\frac{1}{\sqrt{MN}}$的形式同时出现在上述两式中。

离散傅里叶变换具有多种性质，如可分离、线性叠加、共轭对称、旋转、尺度变换、空间和频率平移、卷积、相关等。读者可以参阅相关书籍了解详细内容。

对离散数字图像进行傅里叶变换，其计算量较大。1965年，由库利（Cooley）和图基（Tukey）发明了快速傅里叶变换（Fast Fourier Transform，FFT）后，大大降低了其计算量，缩短了处理时间，傅里叶变换才得以较广泛地实用。

图5-3和图5-4给出了两幅数字图像及其傅里叶谱。在图中频域坐标的中心位置，其空间频率为$[0,0]$，属于"直流成分"，而距离该零点越远，所对应的空间频率越高。

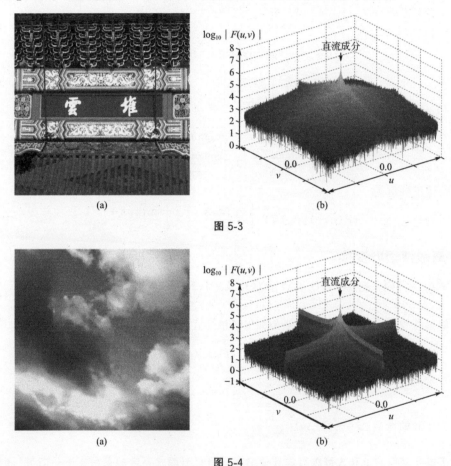

图 5-3

图 5-4

比较两幅图像可以看出，两幅图像在频率域内的特性差异明显。

图5-3(a)包含丰富的细节信息，在图5-3(b)所示的傅里叶频谱函数中，距中心点较远的高频区域内数值较高，最远端角点处的值大约为3；而图5-4(a)的图像灰度变化较为柔和，而在5-4(b)的傅里叶频谱中，距中心点较近的低频区域（坐标轴上及附近）的函数值较高，而远端的高频区域内的数值较低，最远端角点处的值大约为2.5。

第二节　余弦变换原理

余弦变换是从傅里叶变换演化而来的一种正交变换。离散形式的余弦变换（Discrete Cosine Transform，DCT）在图像压缩、编码中得到了广泛应用。

1. 连续实偶函数的傅里叶变换

从有关傅里叶变换的讨论中可以推论，如果对实偶函数进行傅里叶变换，则傅里叶变换的结果将只包含余弦项（实函数项）。由此，可以将函数进行延拓，使其变为偶函数，再对其进行频域变换，可以达到相关的目标。

假设连续函数 $f_1(t_1)$ 在 $t_1 \in [0, +\infty)$ 上有定义，按函数轴对称，将其延拓出 $f_2(t_2)$，且 $t_2 \in (-\infty, 0]$，$f_1(t_1)$ 和 $f_2(t_2)$ 构成偶函数 $f(t)$，$t \in (-\infty, \infty)$。按式(5-2)的定义，有

$$F(u) = \int_{-\infty}^{\infty} f(t)\exp(-j2\pi ut)\,dt$$

$$= \int_{-\infty}^{0} f_2(t_2)\exp(-j2\pi ut_2)\,dt_2 + \int_{0}^{\infty} f_1(t_1)\exp(-j2\pi ut_1)\,dt_1$$

$$= \left[\int_{-\infty}^{0} f_2(t_2)\cos(2\pi ut_2)\,dt_2 - j\int_{-\infty}^{0} f_2(t_2)\sin(2\pi ut_2)\,dt_2\right]$$

$$+ \left[\int_{0}^{+\infty} f_1(t_1)\cos(2\pi ut_1)\,dt_1 - j\int_{0}^{+\infty} f_1(t_1)\sin(2\pi ut_1)\,dt_1\right]$$

由偶函数的对称性进行变量替换，可以消去虚部，得到

$$F(u) = \int_{-\infty}^{0} f_2(t_2)\cos(2\pi ut_2)\,dt_2 + \int_{0}^{+\infty} f_1(t_1)\cos(2\pi ut_1)\,dt_1 = 2\int_{0}^{\infty} f_1(t_1)\cos(2\pi ut_1)\,dt_1$$

可见，函数经延拓后进行的傅里叶变换只包含余弦形式的实函数部分。

2. 离散余弦变换

若将一维函数 $f_1(t_1)$ 表示为离散序列：

$$f_1(0), f_1(1), \cdots, f_1(N-1), t_1 = 0, 1, 2, \cdots, N-1$$

与其对称的函数为

$$f_2(t_2), f_2(t_2) = f_1(-t_1-1), t_2 = -1, -2, \cdots, -N$$

将两个函数组成一个离散序列 $f(t)$，共包含 $2N$ 个数据：$f_1(-N), \cdots, f_1(-1), f_1(0), \cdots, f_1(N-1)$，且 $t = -N, \cdots, -1, 0, 1, 2, \cdots, N-1$。离散序列 $f(t)$ 是关于 $t_1 = 1/2$ 对称的序列，取此对称点的傅里叶变换，得到

$$F(u) = \frac{1}{\sqrt{2N}}\sum_{t=-N}^{N-1} f(t)\exp\left[-j2\pi u\left(t+\frac{1}{2}\right)/(2N)\right]$$

$$= 2 \times \frac{1}{\sqrt{2N}}\sum_{t=0}^{N-1} f_1(t)\cos\left[2\pi u\left(t+\frac{1}{2}\right)/(2N)\right]$$

由上式得

$$F(u) = \sqrt{\frac{2}{N}}\sum_{t=0}^{N-1} f_1(t)\cos\left[\frac{\pi u(2t+1)}{2N}\right]$$

归一化的离散余弦变换式如下。

正变换：
$$G(u) = \sqrt{\frac{2}{N}}C(u)\sum_{t=0}^{N-1} f(t)\cos\left[\frac{\pi u(2t+1)}{2N}\right] \tag{5-10}$$

反变换：
$$f(t) = \sqrt{\frac{2}{N}}C(u)\sum_{u=0}^{N-1} G(u)\cos\left[\frac{\pi u(2t+1)}{2N}\right] \tag{5-11}$$

其中：$C(u) = \dfrac{1}{\sqrt{2}}$　　　$(u=0)$

　　　　　$=1$　　　（其他）

在二维情况下，空间离散图像由 MN 个像素组成，其余弦变换表示为

正变换：

$$G(u,v) = \frac{2}{\sqrt{MN}} \sum_{x=0}^{M-1} \sum_{y=0}^{N-1} C(u)C(v) f(x,y) \cos\left[\frac{\pi u(2x+1)}{2M}\right] \cos\left[\frac{\pi v(2y+1)}{2N}\right] \quad (5\text{-}12)$$

反变换：

$$f(x,y) = \frac{2}{\sqrt{MN}} \sum_{u=0}^{M-1} \sum_{v=0}^{N-1} C(u)C(v) G(u,v) \cos\left[\frac{\pi u(2x+1)}{2M}\right] \cos\left[\frac{\pi v(2y+1)}{2N}\right] \quad (5\text{-}13)$$

式中，$C(u)$、$C(v) = \dfrac{1}{\sqrt{2}}$　　　　　$(u=0;\ v=0;)$

　　　　　　　　$=1$　　　　　　　　　（其他）

图 5-5（a）和（b）分别给出了对图 5-3（a）和图 5-4（a）进行离散余弦变换的结果。图中较暗的颜色代表频谱函数值较高，反之，较明亮的颜色则代表函数值较低。从图中可见，在中频及部分高频区域内，图 5-3（a）的频谱值明显高于图 5-4（a）；图 5-4（a）仅在低频区域内具有较高的数值。由此可知图 5-3（a）的高频成分（细节）较丰富，而图 5-4（a）的低频成分（渐变色）较强。

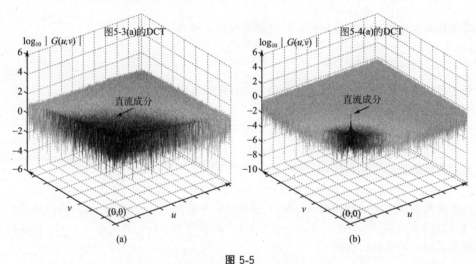

图 5-5

作为一种重要的分析手段，对一维或二维信号进行频率域的变换得到了广泛的应用。在图像数据压缩和编码方面，利用 DCT 将图像表示成频率域数据，然后根据压缩以及图像品质的需求，忽略一部分高频数据，可以使图像数据量减小，达到压缩的目的，这种方法在 JPEG 图像文件格式中得到应用。

第三节　采样定理

一、对模拟信号的采样

在模拟信号转换成数字信号的过程中，需要进行三个步骤，即采样（Sampling）、量化（Quantizing）和编码（Encoding）。

采样是指按照某种时间或空间间隔，采集模拟信号的过程。

随时间变化的一维模拟信号，采样是按照某种时间间隔采集模拟信号，而随空间位置变化的二维图像模拟信号，采样过程需要按照某种空间位置间隔获取模拟信号。图 5-6 是对一维时间信号 $u=f(t)$ 和二维图像信号 $v=g(x,y)$ 进行采样的图示，图中的虚线为采样时刻（t）或位置（x,y），小圆圈标示采样点处的模拟信号值。

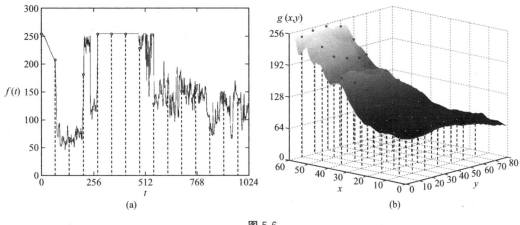

图 5-6

二、采样定理讲解

在信号处理领域中，采样定理具有十分重要的作用。对模拟信号数字化中的采样过程具有明确的指导意义。

对模拟信号进行采集时，采样的时间间隔或空间间隔越小（采样频率越高），从原始模拟信号中捕捉到细微变化的能力就越强，因错过而遗漏信号微小变化的可能性就越少。从图 5-6(a) 可以看出，由于采样频率低，信号的一些迅激的突变没有被采集到。

由此，问题的关键在于——应该以怎样的采样频率采集模拟信号，才能用采样信号不失真地恢复原始信号。

采样定理给出的答案是采样频率应大于原信号最高频率的 2 倍。若原信号的最高频率为 f_{MAX}，则采样频率 $f_S > 2f_{MAX}$。这一临界采样频率 $2f_{MAX}$ 亦称为"奈奎斯特频率"（Nyquist frequency）。如果采样频率低于原信号最高频率的 2 倍，则恢复的信号中会包含原信号中不存在的低频成分，称为"混淆"，它会对信号造成干扰。

采用傅里叶变换可以获得信号的频谱，并从中得知信号最高频率的数值。图 5-7 给出了一个时间信号 $f(t)$ 及其傅里叶谱［图 5-7(b)］，从中可以看到，信号的最高有效峰值频率为 120Hz（超过此频率的频谱成分能量很小）。采用高于 240Hz 的采样频率对该信号进行采样，即可由采样得到的离散信号还原原始信号。

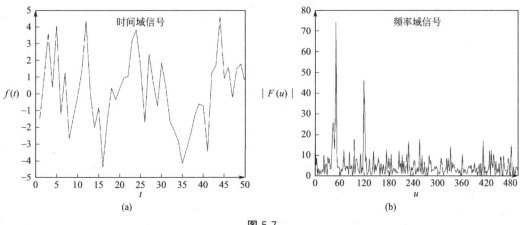

图 5-7

在印前图像处理采集、处理和传递过程中，图像频谱成分的传递受到多种因素的影响。例如，原稿的扫描分辨率设置、图像扫描设备和数码摄影设备的分辨能力、加网的类型和参数设置

（调幅加网线数、调频网点尺寸等）、网点在记录输出、晒版、印刷等传递过程中的完整准确性等。各种图像处理算法对图像频谱也有相当的影响。

在图像的印刷传递过程中，依据原稿特点和采样定理进行适当的分辨率设置是很重要的，因为这一步骤决定了从原稿上采集到的原始图像频谱状况。在此，采样定理的指导意义是很明显的。

复习思考题

1. 若 $x \in [0,1]$，$y \in [0,1]$，对图像函数 $z = 2 - x - y$ 进行傅里叶变换，给出频谱函数 $|F(u,v)|$。

2. 在某种编程环境下，编写 1 个程序，对下列 8×5 像素群体进行离散余弦变换，给出变换结果。

$$
\begin{bmatrix}
100 & 255 & 3 & 12 & 80 & 66 & 0 & 2 \\
80 & 127 & 23 & 56 & 121 & 10 & 6 & 12 \\
70 & 50 & 30 & 10 & 0 & 10 & 30 & 50 \\
66 & 46 & 26 & 6 & 0 & 6 & 26 & 46 \\
22 & 12 & 2 & 1 & 0 & 2 & 12 & 22
\end{bmatrix}
$$

3. 定性说明如下两幅图像在频谱上的差异。

 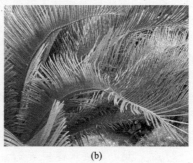

(a)　　　　　　　　　　　　(b)

第六章

页面的组成和页面描述

印刷复制的大量图文信息一般是按页面组织的。为了图文信息的成像和信息传递，页面的结构组成、各种页面信息元素的特征等需要进行细致的描述。

本章将讨论图文信息元素的基本特征、页面描述语言 PostScript、便携文档格式 PDF 及其对数字图文复制的影响。

第一节　页面信息元素及其基本特征

组成页面的基本信息单元称为"页面元素"。面向印刷的页面元素有静止的文字、图形和图像三种。在电子媒体的页面当中，除静止的图文以外，还可以包括动态的文字、图形、图像、音频、视频等信息元素。

一、页面元素的基本特征

以印刷页面为主要对象，其页面元素自身所具备的特征如下。

1. 文字特征

文字自身的基础特征有所属的语种和字符集、字符本身的笔画构造、字符或单词的语音、字符或单词的语义等。

文字的页面特征有字体、字号（尺寸）、附加符号（下划线、着重号、上/下标等）、附加装饰（阴影、衬底、加框等）、颜色模式、轮廓内填颜色及图案、轮廓颜色及图案、文字和文字块和段落安排、文字的排列方向及方式、字间距、行间距、对齐方式、文字块和段落的边界形状等。

2. 图形特征

图形占据空间维数、图形的形状、尺寸、位置、内填颜色及图案、轮廓颜色及图案、颜色模式等。

3. 图像特征

图像尺寸、分辨率、像素行列数、颜色模式、各分量/通道的位数、图像的位置、图像的剪裁形状和方式等。

二、图文页面元素的相互关系

在页面中，各种图文元素之间存在某种相互关系，如相交、遮盖、交叠部分的透明度等。图6-1 显示了页面文字、图形、图像元素的相交和透明度。

图 6-1

第二节　页面描述语言

一、页面描述语言

页面描述语言（Page Description Language，PDL）是对页面内的各种信息元素的属性、特征、行为以及页面元素之间的相互关系进行描述的计算机语言。

页面描述语言所提供的是页面内容的一种高层次描述信息。总体上，它一般并不直接针对某种具体的设备。同一个由页面描述语言构成的文件可以在不同的记录设备上输出成像。记录输出的页面在分辨力、颜色模式和质量上有差异，但在页面的幅面、结构和内容上是完全相同的。

常见的页面描述语言有 Adobe 公司的 PostScript、HP 公司的 PCL 以及方正公司的 BD 排版语言等。在图文信息处理和印刷复制领域中，这些页面描述语言曾经或正在发挥着重要作用。

二、页面描述语言的特性

1. 页面描述语言的设备无关性

页面描述语言的基本任务是以计算机语言形式表示页面信息。

构建和描述页面的基础之一是建立页面坐标系，以表明页面元素的位置、尺寸等参数。页面坐标系可以建立在与设备坐标相关的坐标系上，也可以建立在设备无关的数学坐标系上。

建立数学直角坐标系，给定坐标原点、坐标轴方向、尺寸单位，以数学坐标系为基础，所标明的位置和尺寸等参数是与设备无关的。

Adobe 公司的 PostScript 语言就以设备无关的直角坐标系为基础，以 1/72 英寸（磅）作为尺寸单位。显然，其位置坐标与设备分辨率等特性无关，页面元素的位置、尺寸不会随设备分辨率变化。与此相反，如果按某种记录成像设备的记录行/列数给出尺寸、以行/列号表明某一位置点的坐标，这样的参数是设备相关的，页面元素的位置、尺寸与分辨率设置有关，其通用性较差。

图 6-2

图 6-2 显示了页面中的一个文字元素起点位置在各种坐标系下的描述，以及在不同的设备分辨率下的状况。图中，坐标系的原点为左下角点，在一个 A4 幅面尺寸的页面上，数学坐标系下，距离左下角点（1 英寸，10 英寸）即（72 磅，720 磅）的位置上出现约 58 磅的隶书字体"页面描述语言"。如果采用设备坐标系，设备的记录分辨率分别为 2400dpi 和 600dpi。对同样的输出位置，相关的描述分别为：在距离左下角原点（2400，24000）或（600，6000）像素行列的位置上出现该字符串。如果设备的坐标原点位置改变，则同一位置的坐标数据也会随之变化，由此可见两类描述方式的差异。

除坐标体系与设备无关以外，在颜色的描述上，高层次的页面描述语言支持"设备无关颜色空间"，可以用色度数据对信息元素的色彩进行描述，达到色彩传递与设备无关的目标。

2. 页面元素描述方式

对页面内各种图文信息的特征进行描述时，有两种方式。

① 静态描述方式（"静态格式"）：给出一些较为固定的描述和操作语句，采用这些语句明确给定某一图文元素的位置坐标、尺寸、形状、颜色等参数，完成对信息元素的描述。

② 编程描述方式（"动态格式"）：给出一些编程语句，通过赋值、计算、循环、条件判别

等多种运算，以基础数据作为基础，通过程序运行逐步获得页面元素的具体参数而完成描述。

第一种方式具有简单明确、便于处理的优点，但对某些复杂对象的描述能力不足或较为烦琐。第二种方式的优点是描述能力强，但页面对象的具体描述需要通过运算逐步获得，增加了解释和还原成像的复杂度。

如果页面中需要出现大量同类元素（如大量圆形错位排列），静态方式必须对每个元素进行描述，需要较多语句，而编程模式则可以通过循环、计算等少量语句完成描述。

在页面描述语言中，一般都包含很多静态方式的描述指令，在 PostScript 页面描述语言中具有静态和动态两种方式的描述指令。

3. 页面描述语言的操作指令概述

页面描述语言具有大量描述指令。总体上，页面描述语言可以具有四大类指令，即计算和处理指令、图形处理操作指令、资源操作指令、其他指令。

以典型的页面描述语言 PostScript 为例，其指令类型有如下 22 种子类型。

（1）计算和处理指令

a. 算术和数学操作符：各种数学计算。

b. 关系、逻辑、位操作符：用于变量间的关系判断、与或非等逻辑判别、数据按位操作等。

c. 堆栈控制操作符：负责数据在堆栈中的各种操作。

d. 数组操作符：对数组的各种处理。

e. 串操作符：负责对符号串进行组合、拆分、查找等多种处理。

f. 程序流程控制操作符：负责页面描述程序的循环、跳转等。

g. 字典操作符：字典是一种数据对应表，可由表项索引数据查找到需要的数据。字典操作符负责对字典数据进行处理。

h. 类型、属性设置和转换操作符：对各种类型数据进行设置、转换。

i. 文件操作符：对文件进行的各种处理。

（2）图形处理操作指令

a. 坐标和矩阵操作符：进行坐标平移、转动、缩放等转换，利用矩阵或对矩阵进行多种转换。

b. 路径构造操作符：对路径进行构造、控制、描绘等各种处理。

c. 绘图操作符：填充、绘制各种图形，生成采样像素图像。

d. 内点测试操作符：为填充图形而进行测试的操作。

e. 图案、图文组合体操作符：生成、安装、显示图案或图文元素组合体。

f. 图形状态操作符：图形状态是图形（颜色、加网、路径等）参数设置和状态的组合。这些操作符可以对图形状态进行管理。

（3）资源操作指令

a. 资源操作符：字形、图案、色彩还原字典等许多图文对象作为"资源"可以利用。资源操作符负责对资源进行登记、清除、查找等多种操作。

b. 虚拟存储器操作符：虚拟存储器用来存储复合对象。这些操作符负责虚拟存储器的管理。

c. 字形、字库操作符：对字形、字库进行管理、处理。

（4）其他指令

a. 解释器参数操作符：对页面描述语言解释器的参数进行设置。

b. 设备和输出操作符：返回设备参数、对设备进行设置、输出页面。

c. 错误处理操作符：错误信息显示。

d. 其他操作符：返回语言等级/解释器版本号/序列号/运行时间、程序过程替代、调用交互式操作、打开或关闭命令提示行操作等。

4. 页面描述相关的其他技术

对页面的成像而言，与页面描述相关的一些技术也是不可或缺的。这些技术包括字形描述和存储格式、加网技术、图像/文字数据压缩技术、颜色转换和管理技术等。这些技术将在后续章节中详细讨论。

第三节　页面描述语言的解释和还原成像

一、页面描述语言与页面成像

页面描述语言是一种针对页面图文对象的高层次描述，它阐明了页面中的信息元素所应具有的状态和属性。简言之，页面描述语言说明了页面元素"应该是什么模样""应该具有哪些特性""利用哪些信息资源可以将其显现出来"。一般而言，页面描述语言并不能直接进行面向具体设备的页面成像，亦即页面描述语言并不能直接将最终页面输出到记录设备上。

将页面信息显示或记录输出到某种成像介质上，这是显示设备或记录设备的任务。这些设备具有自身特定的工作原理和方式，接收某种特定格式的数据。例如，CRT彩色显示器的屏幕需要红/绿/蓝三种信号数据驱动电子枪发射电子流轰击荧光粉成像；胶印直接制版机和激光照排机则需要1位（bit）的数据控制其激光束的"通/断"而在胶片或印版上曝光成像；凹版电子雕刻机需要多位数据（multi-bits/multilevel）控制其对不同深浅网穴的雕刻等。

可见，在页面描述语言与页面成像之间必须具备一种信息转换机制，即将页面描述语言转换成设备能够用以成像的数据。承担这一转换任务的是"栅格图像处理器"（Raster Image Processor，RIP）。

RIP接收页面描述语言信息流，将其"翻译"成可以用来成像的各种页面对象，再将这些对象转换成可以成像的数据流，送到设备上完成成像的工作。

二、栅格图像处理器及其工作方式

栅格图像处理器（Raster Image Processor，RIP）是对页面描述语言进行处理，将其转换为成像信息的系统。数字化成像设备大多是将成像介质按照行/列划分成阵列进行成像的，故形成成像数据的处理称为"栅格处理"。

RIP承担的任务有以下三项。

- 解释：将页面描述语言转换成页面信息对象（object）。
- 栅格化：按照成像设备的属性、参数、状态及数据格式，将页面信息对象转换成可以直接用来成像的数据。
- 输出：将成像数据送往成像记录设备。

第1项任务也称为"解释（interpretation）"或"翻译（translation）"页面描述语言，形成页面信息对象。例如，页面中的一幅CMYK模式图像、一颗红色五角星的图形、一行字符就分别是一个页面对象。对于采用动态编程格式描述的语言，一个页面对象可能需要执行一段程序才能形成。经过"翻译"过程，才能获得页面对象的各种属性、参数等信息。

第2项任务是"栅格化（rasterization）"，具体而言是按照记录设备的记录分辨率、记录介质的尺寸等参数，生成页面的记录成像数据。

在栅格化过程中，对文字对象，从字库中取出文字的轮廓信息，缩放到合适的尺寸，在文字笔画的轮廓线内，按照内填颜色数据和加网参数，进行各色版的加网；如果文字轮廓线有颜色或图案，则也要对轮廓线进行描绘或加网。对图形对象，同样需要进行轮廓内的加网和轮廓线的栅格化处理。对图像，则按照分色网点面积率进行加网处理。

第3项任务是"数据传输（data transmission）"，即通过某种数据通道，将成像数据输送到信息记录设备上。

PostScript RIP工作的一般过程如图6-3所示，RIP从图文处理应用程序或其他来源接收页面描述语言的信息流，对页面描述语言进行解释，形成图文对象的"显示列表（Display List）"，根据图文对象的相互之间的遮盖和让空，决定还原成像（Rendering）的顺序，然后对每个对象进行栅格化处理，获得成像数据并送往记录成像设备。

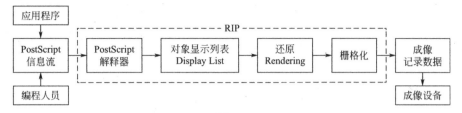

图 6-3

在 RIP 技术的发展进程中，为了整体提高效率，一些厂商提出自己的 RIP 流程。在 Hyphen 公司的"GList（几何列表）"技术中（图 6-4），生成显示列表后，对栅格化任务进行分类，生成多个任务列表，则可在多处理器的环境下，可分别由不同处理器进行并行的栅格化处理。Heidelberg 公司的"Delta List"技术（图 6-5）则对显示列表进行处理，将多层图文对象重叠的部分合并，同时还可以进行"RIP 内补漏白（In RIP Trapping）"处理，优化了栅格化处理过程。

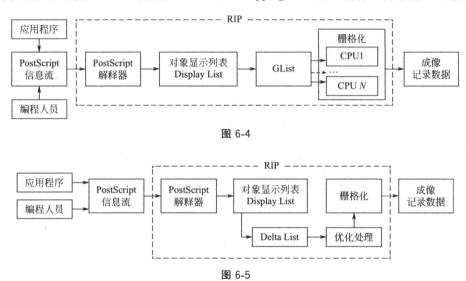

图 6-4

图 6-5

三、页面描述语言、RIP 与打印驱动程序的关系

通常，通过计算机操作系统的打印驱动程序打印一个页面时，图文处理应用程序会调用打印函数，通知操作系统的 GDI 模块（Graphic Device Interface，图形设备接口）启动打印过程。GDI 则"告诉"打印驱动程序准备打印，并把应用程序中生成页面图文的一些指令传给 GDI，最后调用结束页面指令完成页面打印。随后，由打印驱动程序把接收到的页面图文指令转换成记录输出成像数据（栅格化），栅格化转换完成后，就将页面成像数据送到设备上，完成页面的成像输出。

在印前图文信息输出过程中，应用程序的"打印"过程分为生成页面描述语言（如 PostScript）、栅格图像处理、记录输出成像三步。由于印前图文的复杂性和记录分辨率高、输出幅面和数据量大，依靠发送绘图指令给驱动程序难以高效而优质地完成页面成像的任务，甚至造成系统崩溃。因此，这一复杂任务由 RIP 承担，驱动程序不再负责页面的栅格化处理而仅完成栅格数据传送的任务。RIP 处理完成后，通过打印驱动程序或专门的高速数据通道，将记录成像数据送往输出设备。

第四节　PostScript 语言与 PDF 格式

一、PostScript 语言的特点

Adobe 公司的 PostScript 语言公布于 1985 年，它迅速成为桌面出版乃至整个数字化印前系统的主要基石之一，成为"事实上的标准"。在随后几十年中，在数字化出版印刷及相关领域内发挥了重要作用。

PostScript 语言进行页面描述时遵循一些基本原则，这些基本原则称为"Adobe 成像模型"。

- 采用在所选择的区域内放置"颜料"的方法"绘制"一个页面。
- 所"绘制"的图像可以是字形、由直线和曲线组合而成的区域（图形）、数字化采样图像。
- 所用"颜料"可以是任意颜色。
- 任何轮廓可以剪裁成另外的形状。
- 页面描述开始时，页面完全是空的，描述页面的各种操作符将多种图文对象放置在页面上，任何一个新对象都会遮盖住它下面（已放置）的对象。

PostScript 语言的特点如下。

① 开放性：公开语言自身的细节和相关技术。

② 设备无关性：采用设备无关的坐标体系，保证页面元素的坐标、尺寸等与成像设备无关。允许使用色度数据定义颜色，有利于设备无关的色彩转换和处理。

③ 图形处理：可以对任何页面图文元素进行图形处理。

④ 算法语言：可以进行加/减/乘/除运算、多种逻辑运算、循环/条件跳转等控制，具有动态描述格式。

⑤ 堆栈式语言：可以利用堆栈操作实现各种处理。

⑥ 字形技术：采用三次 Bezier 曲线对文字字形轮廓进行描述，相关的字形提示技术保证字体还原的质量。

⑦ 加网技术：采用足够精度的"超细胞加网"进行调幅加网。

⑧ 灵活复杂性：描述十分精细复杂，灵活性高，数据量大；对解释还原的要求高。逐步产生了非标准的"PostScript 方言"描述。

⑨ 不支持音频、视频信息，不适合多媒体出版。

二、PDF 格式

1. PDF 格式概况

PDF 是"便携文档格式（Portable Document Format）"的缩写，它是一种对页面上的文字、图像、图形、音频、视频等对象的特征和行为进行描述的一种文件格式，1993 年由 Adobe 公司推出。由于其所具备的优点，PDF 格式得到了较为广泛的应用，特别在纸媒体和电子媒体出版、印刷、电子公文交换、电子演示、文献存档等领域发挥了重要作用。

2. PDF 的特点

不妨以 PostScript 语言作为参照，从两者的相同点和差异中，认识 PDF 的特点。

PDF 与 PostScript 语言的共同点是对页面描述的基本原则相同，即以"Adobe 成像模型"作为基础。

两者的不同之处如下。

- PDF 不是一种可编程的页面描述语言，而是一种文件数据格式。对文件结构、数据格式具有较为严谨的规定，降低了页面描述的灵活性，这有利于降低解释的出错率。

实际上，可以将 PDF 文件看作一个"页面对象库"。在 PDF 文件中存储了页面中的各种对

象的完整信息；与此形成对照的是，PostScript 语言提供的是构建页面信息对象所需要的"基本建筑材料"，这些材料需要通过程序的运行和处理才能形成页面对象。解释 PDF 的过程是一个"调用"对象的过程，而不是一个通过运算获得对象信息的过程。

- PDF 文件可以包含音频、视频、三维图形等多种类型的信息，适宜进行多种数字媒体的传播。
  - 支持超文本链接、XML 等互联网信息。
  - 采用了多种数据压缩方法，使得文件数据量大为减小。
  - 支持多种数据加密安全措施。
  - 支持 ICC 色彩管理、专色、补漏白、渐变色等专业印刷特性。
  - 西文"字体描述器"可以用 1 种字体"模拟"生成另外 1 种字体，减少了携带字库的数量。

3. PDF 文件的结构

PDF 文件由文件头、文件体、交叉引用表和尾部记录四部分组成，如图 6-6 所示。其中，文件头给出 PDF 的版本号码，文件体内包含各页面对象的描述信息，交叉引用表标明了页面各个对象在文件中位置，最后的尾部记录给出了交叉引用表在文件中的位置。

文件头(Header)
文件体(Body)
交叉引用表(Cross Reference Table)
尾部(Trailer)

图 6-6

相比较而言，尽管有"文档结构约定（Document Structure Convention，DSC）"，PostScript 文件的结构仍然较为灵活，搜索页面对象在文件中的位置较为烦琐。借助于 PDF 的交叉引用表，可以十分方便地找到需要的页面对象，对其进行处理。此外，当修改了 PDF 文件后，文件原有内容不变，而将修改的对象添加在文件后部，只需修改交叉引用表即可。

4. PDF 文件的生成和成像还原

通常，生成 PDF 文件有三种途径：第 1 种是在已有 PostScript 文件的基础上产生 PDF，典型的是借助 Acrobat Distiller 软件完成；第 2 种是通过 PDFMaker 软件生成 PDF（仅限 RGB 颜色模式）；第 3 种是通过应用软件自身的专门模块生成 PDF。对印前制版的专业应用而言，采用第 1 种方式生成的 PDF 文件质量更高。

在第 1 种生成方式中，Acrobat Distiller 软件将 PostScript 页面描述解释成页面对象，生成显示列表并决定各个对象还原成像的顺序（Rendering），此时，构成页面各个对象的信息已经具备，Distiller 软件依照 PDF 格式，将这些对象信息保存到 PDF 中，PDF 文件即此生成。图 6-7 显示了这种 PDF 生成过程。

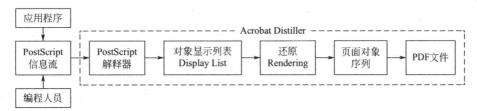

图 6-7

与图 6-3 的 PostScript 成像输出过程相比较，可以看出，PDF 文件并不包含"栅格化"的过程，亦即 PDF 文件中包含的各种页面信息对象自身的特征和信息对象之间的相互关系已经确定，可以采用各种设备（显示器、打印机、CTP 直接制版机等）、在不同介质上将页面"成像还原"出来。

对 PDF 文件的成像输出，有两种途径（图 6-8）：其一是用 Acrobat Reader 软件打开 PDF 文件，在显示器上进行较低分辨率的"还原显示"，通过软件的"打印"功能进行"栅格化"和打印输出；其二是较为专业的印前输出，利用 PDF-RIP 取出页面对象进行高分辨率的栅格化和加网，得到记录输出数据，传送到记录设备上进行胶片、印版的记录输出。

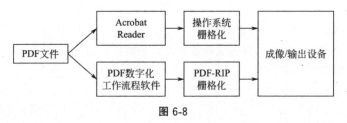

图 6-8

5. PDF 文件的用途

基于 PDF 的特点和优势，它的应用主要集中在出版、印刷、文献存档、企业、政府和银行的电子文档交换等领域。

在出版和印刷领域，PDF 作为非电子出版印刷信息的核心文档格式，已经在其数字化工作流程系统中得到广泛的认同和应用，在图文制作、校对、输出等过程中发挥作用。在电子出版领域，PDF 文件在因特网上发布、在"电子书"上、在图文音像合一的多媒体出版中都得以应用。另外，它还应用于大量文献存档的部门，如文献数据库等。

在企业中，一些需要存档的记录文档也可以保存为 PDF 文件；一些产品的样本和说明书可以用 PDF 文件发送到用户。

在一些需要保护的电子文件交换领域（如政府部门、银行等），PDF 所带的加密保护功能可以防止对文件的改动，也有其特别的应用功效。

复习思考题

1. 分别在组版软件和图像处理软件中，制作内容/尺寸/模式完全相同、图文并茂的页面，将其分别"打印"成 PostScript 文件。两个 PostScript 文件有哪些不同？

2. 在某种图文处理软件下，制作一个页面（包括文字、图形和分色图像），在系统中安装虚拟 PostScript 打印机，将图文页面"打印"成 PostScript 文件。设置最高的转换精度（如"Press"），将该 PostScript 文件转换成 PDF 文件，察看 PostScript 文件和 PDF 文件的数据量信息，解释造成数据量差别的原因。

3. 能否认为"PDF 文件就是没有栅格化的 PostScript 文件"，为什么？

4. 解释一下，通过打印驱动程序打印一个图文页面与经过"页面描述语言生成、Ripping、输出"打印一个图文页面的差异。

第七章

自由曲线及曲面造型描述原理

在印刷复制的图文信息对象中，除图像外，文字和图形信息占有重要份额。

当今，绝大多数图形是借助软件绘制成的。在图形绘制过程中，通过给定一些关键的位置坐标点（结点、控制点等）、设置一些关键的控制量（曲线类型、曲线端点切线斜率等），可以使所绘图形的造型符合设计要求。

通常，印刷所复制文字的造型信息（"字形"）存储在字库中，而数字字形大多是用其轮廓线进行描述并存储的。在字形描述上，PostScript 采用了三次 Bézier 曲线，而 TrueType 则采用了二次 B 样条曲线。

对与三维造型及立体形貌相关的印刷技术而言，如三维扫描及打印、平面图像表面凸凹形貌复制等，自由曲面的描述方法也是十分重要的基础。

本章介绍二维平面自由曲线及三维曲面数学描述原理，以期为前述相关领域的技术应用奠定基础。

第一节　平面曲线的数学描述

本节将以曲线数学描述为主线，介绍贝塞尔（Bézier）和 B 样条（B-Spline）曲线的数学描述及其特性。

一、平面曲线的一般表示

在平面直角坐标系下，曲线的一般表示形式为
$$y = f(x) \text{ 或 } F(x, y) = 0$$
例如，圆心位于原点且半径为 1 的圆形方程可以直接表示为
$$x^2 + y^2 = 1 \text{ 或 } x^2 + y^2 - 1 = 0$$
以 t 为参变量，可用参数方程表示为（f_X、f_Y 为函数对应关系）
$$x = f_X(t)$$
$$y = f_Y(t)$$
平面曲线的参数表示形式为
$$P(t) = \begin{bmatrix} f_X(t) & f_Y(t) \end{bmatrix}$$
参数方程可以有不同的形式，如前述圆形的参数方程可表示为
$$\begin{aligned} x &= \cos t \\ y &= \sin t \end{aligned} \quad (0 \leqslant t \leqslant 2\pi)$$
或
$$\begin{aligned} x &= \frac{1 - t^2}{1 + t^2} \\ y &= \frac{2t}{1 + t^2} \end{aligned} \quad (0 \leqslant t \leqslant 1)$$

或用多项式可以对圆形进行逼近

$$x = 0.43t^3 - 1.466t^2 + 0.036t + 1$$
$$y = -0.43t^3 - 0.177t^2 + 1.607t \qquad (0 \leqslant t \leqslant 1)$$

用参数方程表示曲线，使多值函数易于定义，而且可以用切线矢量代替斜率，避免出现斜率无穷大的情况。

在实际应用环境中，若曲线的形状十分复杂，用一个简单函数对其进行精确描述就很困难，因此，通常采用多条曲线段接合的方法予以实现，即每条曲线段用一个函数表示，而在曲线连接上，根据需要可以满足接合点连续、接合点曲率连续等要求。

用多项式函数表示曲线易于进行计算和处理，因而应用较广泛。

函数描述曲线的应用有两种类型，第一种是已知一些存在的点，要求函数所描述的曲线经过已知点，获得拟合函数后，可以通过插值计算得到未知点上的数值，样条插值函数属于这一类；第二种则是通过调整由一些控制点组成的多边形，使得到的函数满足设计的要求，而控制点并不一定在曲线上。Bézier 和 B 样条曲线属于此类，它们较好地满足了字形、图形设计及处理的需求。

二、Bézier 曲线

Bézier 曲线常称为"贝塞尔曲线"，是 1962 年由法国工程师皮埃尔·贝塞尔（Pierre Bézier）提出。Bézier 曲线在工业造型设计、图形描述处理等多种领域得到广泛应用。

1. 定义

n 次 Bézier 曲线定义为

$$P(t) = \sum_{i=0}^{n} Q_i B_{i,n}(t) \qquad (7-1)$$

式中，Q_i 为 $n+1$ 个控制点，$Q_i = (x_i, y_i)$，$i = 0, \cdots, n$；$B_{i,n}(t)$ 为伯恩斯坦（Bernstein）基函数，也称为"混合函数"，形式为

$$B_{i,n}(t) = \frac{n!}{i!\,(n-i)!}\, t^i (1-t)^{n-i} \qquad (7-2)$$

式中，$t \in [0,1]$。

图 7-1(a) 和 (b) 分别为二次及三次 Bézier 曲线的混合函数。

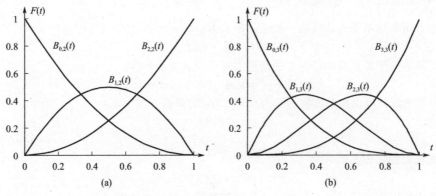

图 7-1

式(7-1) 是矢量方程，可分别写出其分量函数表达式为

$$f_X(t) = \sum_{i=0}^{n} x_i B_{i,n}(t)$$

$$\qquad (7-3)$$

$$f_Y(t) = \sum_{i=0}^{n} y_i B_{i,n}(t)$$

从定义可知，Bézier 曲线函数的次数与控制点的数量相关，使用较多控制点所建立的函数，

其阶次也较高。综合考虑描述能力和复杂性，在实际应用中，二次和三次 Bézier 曲线应用较多。

2. 二次 Bézier 曲线

按照式(7-1) 的定义，二次 Bézier 曲线（$n=2$）需要 3 个控制点，其函数表达式为

$$P(t)=\sum_{i=0}^{2}Q_i B_{i,2}(t) \tag{7-4}$$

其 3 个混合函数如下，函数曲线如图 7-1(a) 所示。

$$B_{0,2}(t)=(1-t)^2=t^2-2t+1$$
$$B_{1,2}(t)=2t(1-t)=-2t^2+2t \tag{7-5}$$
$$B_{2,2}(t)=t^2$$

由式(7-4) 和式(7-5) 可以推出，二次 Bézier 曲线是抛物线。图 7-2(a) 给出了 3 个控制点及其所构成的"控制三角形"，而图 7-2(b) 显示了图 7-2(a) 中的控制点 Q_1 变化为 Q_1' 对曲线形状的影响。

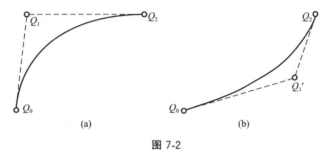

图 7-2

如果令

$$T_2=[\,t^2 \quad t \quad 1\,], \quad M_{BZ2}=\begin{bmatrix} 1 & -2 & 1 \\ -2 & 2 & 0 \\ 1 & 0 & 0 \end{bmatrix}, \quad Q_{BZ2}=\begin{bmatrix} Q_0 \\ Q_1 \\ Q_2 \end{bmatrix}, \quad 且 \ t\in[\,0,1\,]$$

则二次 Bézier 曲线可表示为矩阵形式

$$P(t)=[\,t^2 \quad t \quad 1\,]\begin{bmatrix} 1 & -2 & 1 \\ -2 & 2 & 0 \\ 1 & 0 & 0 \end{bmatrix}\begin{bmatrix} Q_0 \\ Q_1 \\ Q_2 \end{bmatrix}=T_2 M_{BZ2} Q_{BZ2} \tag{7-6}$$

3. 三次 Bézier 曲线

三次 Bézier 曲线需要 4 个控制点，其中的第 1 个控制点为曲线的起点，第 4 个控制点为曲线的终点。其函数表达式为

$$P(t)=\sum_{i=0}^{3}Q_i B_{i,3}(t) \tag{7-7}$$

三次 Bézier 曲线的 4 个混合函数如下，其函数曲线如图 7-1(b) 所示。

$$B_{0,3}(t)=(1-t)^3$$
$$B_{1,3}(t)=3t(1-t)^2$$
$$B_{2,3}(t)=3t^2(1-t) \tag{7-8}$$
$$B_{3,3}(t)=t^3$$

图 7-3(a) 是三次 Bézier 曲线 4 个控制点构成的"控制多边形（control polygon）"，图 7-3(b) 显示了图 7-3(a) 中的控制点 Q_1 和 Q_2 分别变化为 Q_1' 和 Q_2' 对曲线形状的影响。

从式(7-4) ~式(7-9) 可知，最终的 Bézier 曲线依靠多个混合函数叠加而成，而控制点则发挥调控作用，用以确定各个混合函数对 Bézier 曲线的影响程度。

与二次 Bézier 曲线类似地，可以设

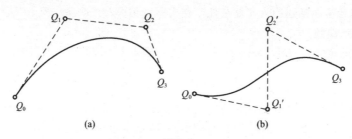

图 7-3

$$T_3 = \begin{bmatrix} t^3 & t^2 & t & 1 \end{bmatrix},\ M_{BZ3} = \begin{bmatrix} -1 & 3 & -3 & 1 \\ 3 & -6 & 3 & 0 \\ -3 & 3 & 0 & 0 \\ 1 & 0 & 0 & 0 \end{bmatrix},\ Q_{BZ3} = \begin{bmatrix} Q_0 \\ Q_1 \\ Q_2 \\ Q_3 \end{bmatrix},\ 且\ t \in [0,1]$$

则三次 Bézier 曲线可表示为矩阵形式

$$P(t) = \begin{bmatrix} t^3 & t^2 & t & 1 \end{bmatrix} \begin{bmatrix} -1 & 3 & -3 & 1 \\ 3 & -6 & 3 & 0 \\ -3 & 3 & 0 & 0 \\ 1 & 0 & 0 & 0 \end{bmatrix} \begin{bmatrix} Q_0 \\ Q_1 \\ Q_2 \\ Q_3 \end{bmatrix} = T_3 M_{BZ3} Q_{BZ3} \tag{7-9}$$

4. Bézier 曲线的性质

（1）端点性质

由式(7-1) 和式(7-2) 可知，$P(0) = Q_0$，$P(1) = Q_n$，即起点 Q_0 和终点 Q_n 就是曲线的两个控制点。

（2）端点的切线

Bézier 曲线在起点 Q_0 处与控制多边形的 $\overline{Q_0 Q_1}$ 相切；而在终点 Q_n 处与控制多边形的 $\overline{Q_{n-1} Q_n}$ 相切。

（3）凸包性

由于 Bernstein 基函数具有 $B_{i,n}(t) \geqslant 0$ 和 $\sum_{i=0}^{n} B_{i,n}(t) = 1$ 的性质，故 $Q_i (i=0, \cdots, n)$ 的凸线性组合，肯定位于控制多边形的凸包内。

（4）几何不变性

Bézier 曲线的形状和位置与坐标系的选择无关，曲线的几何性质不随坐标系变化。

（5）交互性

人们可以用控制多边形大致勾画出曲线的形状，而只需通过改变控制点的位置，即可直观方便地对曲线形状进行精确地控制，这种控制方式在计算机图形处理系统上具备较强的交互能力。

（6）全局性

改变 Bézier 曲线的任何一个控制点都会引起整个曲线段的形状变化，不具备局部控制能力。

（7）曲线连接的连续性

如果一条 Bézier 曲线的终点与另一条曲线的起点重合，即可达到 0 阶几何连续（C^0）；在满足 0 阶连续性条件基础上，如果相连两曲线切线方向相同，则达到 1 阶几何连续（C^1）；若还满足曲率相等的条件，则达到 2 阶几何连续（C^2）。图 7-4 分别显示了两条 Bézier 曲线连接，其 0 阶和 1 阶几何连续的状态。

三、B 样条曲线

B 样条（B-Spline）曲线是"基本样条（Basic Spline）曲线"的简称。它是由 Isaac Jacob Schoenberg 提出创建的。B 样条曲线采用了与 Bézier 曲线不同的基函数。在保持 Bézier 曲线多种

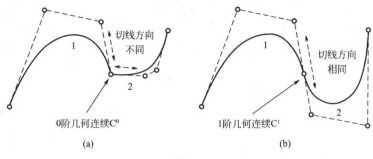

图 7-4

优点的基础上，克服了 Bézier 曲线的两个缺点，可以做到：控制多边形的点数与曲线的次数无关；还可以对曲线进行局部修改而不会因为一个顶点的修改而影响整个曲线。基于上述优势，B 样条曲线得到了广泛的应用。

1. 定义

设 B 样条曲线的次数为 n，曲线分割的段数为 $m+1$（段号为 $0,\cdots,m$），给定顶点数 $N = m + n + 1$，若顶点在变量 t 轴上的分割是等距的，称为"均匀 B 样条曲线"；反之，如果分割不等距，则称为"非均匀 B 样条曲线"。

n 次等距分割的 B 样条曲线函数，其第 i 段表示为

$$P_{i,n}(t) = \sum_{k=0}^{n} Q_{i+k} F_{k,n}(t) \tag{7-10}$$

式中，Q_{i+k} 为第 i 段曲线控制多边形的 $n+1$ 个控制点，$k = 0,1,\cdots,n$；$F_{k,n}(t)$ 为 B 样条基函数（混合函数）。

$$F_{k,n}(t) = \frac{1}{n!} \sum_{j=0}^{n-k} (-1)^j \frac{(n+1)!}{j!\,(n+1-j)!} (t+n-k-j)^n \tag{7-11}$$

图 7-5(a) 和图 7-5(b) 分别给出了二次和三次 B 样条的基函数曲线。

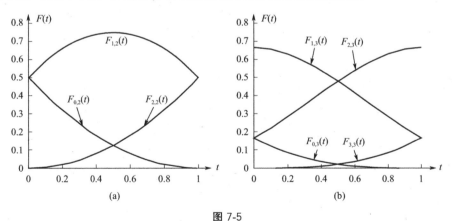

图 7-5

2. 二次 B 样条曲线

按照式(7-10) 的定义，二次 B 样条曲线（$n=2$）的基函数为

$$F_{k,2}(t) = \frac{1}{2!} \sum_{j=0}^{2-k} (-1)^j \frac{3!}{j!\,(3-j)!} (t+2-k-j)^2$$

$$F_{0,2}(t) = \frac{1}{2}(t^2 - 2t - 1)$$

$$F_{1,2}(t) = \frac{1}{2}(-2t^2 + 2t + 1) \tag{7-12}$$

$$F_{2,2}(t) = \frac{1}{2}t^2$$

$$t \in [0,1]$$

可设矩阵为

$$T_2 = [t^2 \quad t \quad 1], \quad M_{BS2} = \frac{1}{2}\begin{bmatrix} 1 & -2 & -1 \\ -2 & 2 & 1 \\ 1 & 0 & 0 \end{bmatrix}, \quad Q_{BS2} = \begin{bmatrix} Q_0 \\ Q_1 \\ Q_2 \end{bmatrix}, \quad 且\ t \in [0,1]$$

则二次 B 样条曲线的矩阵表达式为

$$P(t) = \frac{1}{2}[t^2 \quad t \quad 1]\begin{bmatrix} 1 & -2 & -1 \\ -2 & 2 & 1 \\ 1 & 0 & 0 \end{bmatrix}\begin{bmatrix} Q_0 \\ Q_1 \\ Q_2 \end{bmatrix} = T_2 M_{BS2} Q_{BS2} \tag{7-13}$$

3. 三次 B 样条曲线

依式(7-10)，三次 B 样条曲线的基函数为

$$F_{k,3}(t) = \frac{1}{3!}\sum_{j=0}^{3-k}(-1)^j\frac{4!}{j!\,(4-j)!}(t+3-k-j)^3$$

$$F_{0,3}(t) = \frac{1}{6}(-t^3 - 3t^2 - 3t + 1)$$

$$F_{1,3}(t) = \frac{1}{6}(3t^3 - 6t^2 + 4) \tag{7-14}$$

$$F_{2,3}(t) = \frac{1}{6}(-3t^3 + 3t^2 + 3t + 1)$$

$$F_{1,3}(t) = \frac{1}{6}t^3$$

$$t \in [0,1]$$

与二次 B 样条曲线类似地进行如下矩阵设置。

$$T_3 = [t^3 \quad t^2 \quad t \quad 1], \quad M_{BS3} = \frac{1}{6}\begin{bmatrix} -1 & 3 & -3 & 1 \\ 3 & -6 & 3 & 0 \\ -3 & 0 & 3 & 0 \\ 1 & 4 & 1 & 0 \end{bmatrix}, \quad Q_{BS3} = \begin{bmatrix} Q_0 \\ Q_1 \\ Q_2 \\ Q_3 \end{bmatrix}, \quad 且\ t \in [0,1]$$

则三次 B 样条曲线可表示为矩阵形式

$$P(t) = \frac{1}{6}[t^3 \quad t^2 \quad t \quad 1]\begin{bmatrix} -1 & 3 & -3 & 1 \\ 3 & -6 & 3 & 0 \\ -3 & 0 & 3 & 0 \\ 1 & 4 & 1 & 0 \end{bmatrix}\begin{bmatrix} Q_0 \\ Q_1 \\ Q_2 \\ Q_3 \end{bmatrix} = T_3 M_{BS3} Q_{BS3} \tag{7-15}$$

4. B 样条曲线的性质

① 端点连续性：在端点连接处，n 次 B 样条曲线具有 $n-1$ 阶导数的连续性。例如，三次 B 样条曲线具有 2 阶导数的连续性。

② 局部性：由于 B 样条曲线的顶点数可以大于控制点数，曲线可以分成多段，每一段 n 次 B 样条曲线只由 $n+1$ 个控制点的位置向量决定，改变 1 个控制点的位置，最多只影响 $n+1$ 个曲线段。

③ 凸包性：n 次 B 样条曲线落在 $n+1$ 个控制点构成的凸包内。

④ 几何不变性：B 样条曲线的形状和位置与坐标系的选择无关。

⑤ 扩展性：增加 1 个控制点即可相应增加一段 B 样条曲线，原有曲线不受影响，且在连接处与原有曲线的保持相应程度的连续性。

第二节　空间曲面的数学描述

一、曲面的表示

三维形体可以由多个平面及曲面拼合而成。这些平面及曲面片是构造较大曲面，乃至三维形体的基本单元。

若三维空间中，曲面片上任一点的空间坐标为 (x,y,z)，这一坐标值分别可用双参数 (u,w) 的单值函数 f_X、f_Y、f_Z 表示。

$$x=f_X(u,w),\ y=f_Y(u,w),\ z=f_Z(u,w)$$

妨用下列形式的三次参数方程表示曲面片，即

$$P(u,w)=\sum_{i=3}^{0}\sum_{j=3}^{0}a_{i,j}u^iw^i$$
$$=a_{33}u^3w^3+a_{32}u^3w^2+a_{31}u^3w+a_{23}u^2w^3+a_{22}u^2w^2+a_{21}u^2w+$$
$$a_{13}uw^3+a_{12}uw^2+a_{11}uw+a_{03}w^3+a_{02}w^2+a_{01}w+a_{00}$$

(7-16)

其中，参数变量 u 和 w 都在 $[0,1]$ 内变化，且两者在函数中的最高次数皆为 3 次方，故曲面属于"双三次参数曲面片"。面向曲面片空间坐标 (x,y,z)，此方程的系数 $a_{i,j}$ 为 3 维向量，$(a_{i,j})_X$、$(a_{i,j})_Y$、$(a_{i,j})_Z$ 是该向量的三个独立分量，故共有 $16\times3=48$ 个具体的系数值，即

$$x=P_X(u,w)=\sum_{i=3}^{0}\sum_{j=3}^{0}(a_{i,j})_Xu^iw^i$$
$$y=P_Y(u,w)=\sum_{i=3}^{0}\sum_{j=3}^{0}(a_{i,j})_Yu^iw^i$$
$$z=P_Z(u,w)=\sum_{i=3}^{0}\sum_{j=3}^{0}(a_{i,j})_Zu^iw^i$$

(7-17)

当 u 和 w 在 $[0,1]$ 内变化时，按函数计算出的空间坐标 (x,y,z) 描述了曲面片在三维空间中的存在。

一般地，曲面在三维空间中的坐标 (x,y,z) 可以自由取值，具有"真三维（real 3D）"属性。如果三维中的两个维度对应的变量处于同一平面中，而对应这一个二维平面内的不同坐标点，另一维的变量取不同的值，具有这样特性的三维空间可称为"准三维（quasi-3D）"，也称为"2.5D"。

举例而言，在一个平板上制作出的沙盘、油画表面颜料堆积的凸凹纹理，其表面的三维立体变化，仅有对基底平面的"高度"起伏，常称为"三维形貌［three dimensional (3D) appearance］"。若用变量 z 表示高度，而平面坐标变量用 x 和 y 表示，这样，式(7-17) 可简化为

$$z=P(x,y)=\sum_{i=3}^{0}\sum_{j=3}^{0}a_{i,j}x^iy^i$$

三维形貌往往很复杂，用一片曲面通常难以精确描述。一般而言，可以将 XY 平面分割成多个子区域，将每个子区域内的坐标值 (x,y) 归化到 $[0,1]$ 内，变为 (u,w)，即可采用式(7-17)中关于 z 的式子进行准三维形貌曲面片的描述。图 7-6 显示了两个邻接的准三维曲面片。

对三维曲面片的描述，可以采用不同的函数形式，除上述参数函数外，Bézier 和 B 样条曲面也是很好的选择。

二、Bézier 曲面

与 Bézier 曲线的控制多边形类似，Bézier 曲面片是由构成"特征多面体"、"控制多面体（control polyhedron）"的多个顶点决定的。其数学表达式为

$$P_{i,N}(u,w)=\sum_{i=0}^{M}\sum_{j=0}^{N}Q_{i,j}B_{i,M}(u)B_{j,N}(w)$$

(7-18)

式中，参变量 $u,w \in [0,1]$；$Q_{i,j}$ 是特征多面体的位置矢量；$B_{i,M}(u)$ 和 $B_{j,N}(w)$ 分别是关于参变量 u 和 w 的 Berstein 多项式，见式(7-2)。

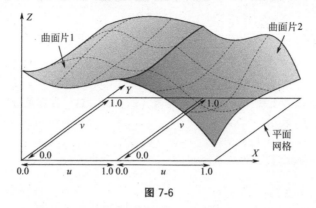

图 7-6

当 $M=N=3$ 时，由 4×4 个顶点构成的特征多面体决定双三次 Bézier 曲面片，该曲面片的矩阵表达式为

$$P(u,w)=UM_{BZ3}Q_{BZ3}M_{BZ3}^{T}W \tag{7-19}$$

式中

$$U=[u^3 \quad u^2 \quad u \quad 1], W=\begin{bmatrix} w^3 \\ w^2 \\ w \\ 1 \end{bmatrix}, Q_{BZ3}=\begin{bmatrix} Q_{11} & Q_{12} & Q_{13} & Q_{14} \\ Q_{21} & Q_{22} & Q_{23} & Q_{24} \\ Q_{31} & Q_{32} & Q_{33} & Q_{34} \\ Q_{41} & Q_{42} & Q_{43} & Q_{44} \end{bmatrix},$$

$$M_{BZ3}=\begin{bmatrix} -1 & 3 & -3 & 1 \\ 3 & -6 & 3 & 0 \\ -3 & 3 & 0 & 0 \\ 1 & 0 & 0 & 0 \end{bmatrix}, M_{BZ3}^{T}=\begin{bmatrix} -1 & 3 & -3 & 1 \\ 3 & -6 & 3 & 0 \\ -3 & 3 & 0 & 0 \\ 1 & 0 & 0 & 0 \end{bmatrix}$$

矩阵 Q_{BZ3} 包含构成特征多面体的 4×4 个顶点（控制点）坐标向量，其中的 4 个角点 Q_{11}、Q_{14}、Q_{41}、Q_{44} 位于曲面上，位于矩阵边界上的 12 个控制点决定了 4 条三次 Bézier 曲线，矩阵中间的 4 个控制点 Q_{22}、Q_{23}、Q_{32}、Q_{33} 不影响曲面边界曲线，但对曲面片的凸凹造型有作用。图 7-7 为一个双三次 Bézier 曲面片的控制多面体及控制点。

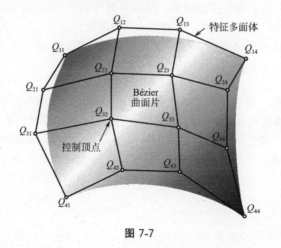

图 7-7

三、B 样条曲面

B 样条曲面在保持 Bézier 曲线/曲面多种优点的基础上，克服了 Bézier 曲面的缺点，使特征

多面体的顶点数不再与曲面函数的次数相关；此外，不会因为一个控制顶点的修改而影响整个曲面片。基于上述优点，使其得到日益广泛应用。

B样条曲面的数学表达式为

$$P_{i,N}(u,w) = \sum_{i=0}^{M}\sum_{j=0}^{N} Q_{i,j} F_{i,M}(u) F_{j,N}(w) \tag{7-20}$$

式中，参变量 $u,w \in [0,1]$；$F_{i,M}(u)$ 和 $F_{j,N}(w)$ 分别是关于参变量 u 和 w 的B样条基函数，见式(7-11)。

$Q_{i,j}$ 是特征多面体顶点的位置矢量，若曲面片函数为 $M \times N$ 次，则其特征多面体共有 $(M+1) \times (N+1)$ 个顶点；当 $M = N = 3$ 时，由 4×4 个顶点构成的特征多面体决定双三次B样条曲面片，其矩阵表达式为

$$P(u,w) = UM_{BS3} Q_{BS3} M_{BS3}^{T} W \tag{7-21}$$

式中

$$U = \begin{bmatrix} u^3 & u^2 & u & 1 \end{bmatrix}, W = \begin{bmatrix} w^3 \\ w^2 \\ w \\ 1 \end{bmatrix}, Q_{BS3} = \begin{bmatrix} Q_{11} & Q_{12} & Q_{13} & Q_{14} \\ Q_{21} & Q_{22} & Q_{23} & Q_{24} \\ Q_{31} & Q_{32} & Q_{33} & Q_{34} \\ Q_{41} & Q_{42} & Q_{43} & Q_{44} \end{bmatrix},$$

$$M_{BS3} = \frac{1}{6} \times \begin{bmatrix} -1 & 3 & -3 & 1 \\ 3 & -6 & 3 & 0 \\ -3 & 0 & 3 & 0 \\ 1 & 4 & 1 & 0 \end{bmatrix}, M_{BS3}^{T} = \frac{1}{6} \times \begin{bmatrix} -1 & 3 & -3 & 1 \\ 3 & -6 & 0 & 4 \\ -3 & 3 & 3 & 1 \\ 1 & 0 & 1 & 0 \end{bmatrix}$$

图7-8为双三次B样条曲面片及其特征多面体顶点网格。

四、曲面片连接的连续性

类似于曲线段的衔接，在连接两个曲面片时，如果两个曲面片的边界曲线相同，则可满足零阶几何连续（C^0）的基本条件；假若在 C^0 基础上，还要求在边界曲线上的任一点处，两曲面片的切线矢量共线且两个切线矢量的长度之比为常数，则达到一阶几何连续（C^1）。

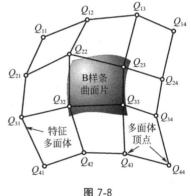

图 7-8

对双三次 Bezier 曲面片的连接而言，若 Q 和 Q' 分别为两个曲面片在相接边界处的控制点，满足 C^0 的条件为

$$Q_{4i} = Q'_{1i}, (i = 1,2,3,4)$$

而要达到 C^1 的连续性，除上一个条件外，还需满足（λ 为常数）

$$(Q_{4i} - Q_{3i})/(Q'_{2i} - Q'_{1i}) = \lambda$$

对于连接双三次B样条曲面片的连续性，以B样条函数的特点为基础，只需将曲面片特征多面体顶点网格沿某方向延伸一排，即可生成另一个曲面片，且能够保证两者之间具有二阶几何连续（C^2）的特性，且无需其他条件的加入。

复习思考题

1. 已知平面上4个点的坐标为 (1,5)、(3,2)、(5,6) 和 (7,4)，以这些点作为控制点，写出3次 Bézier 曲线参数方程。

2. 在某种编程环境下，编制一个曲线描绘程序，操作者可以选择 Bézier 或 B样条曲线或曲面，给定方程次数、确定若干个控制点坐标，由程序计算并出绘出曲线或曲面。

第八章

文字编码、字形描述和字库技术

文字信息数字化是现代印刷复制的基石之一。文字编码、字形信息的描述及字库是文字信息数字化的主要组成部分。

本章首先对汉字编码进行介绍，随后，对文字字形描述原理和相关的数字式字库技术予以概括性介绍。

第一节　计算机汉字编码概述

20 世纪 70 年代以后，计算机在我国社会各领域中应用的广度和深度迅速增加，文字处理成为最常见的计算机应用。为了保证文字信息处理、转换和传递的通行无阻，必须制定文字字符数字编码的标准，这是一项奠基性的工作。为此，自 1980 年开始，我国的标准化组织颁布了一系列编码字符集标准和规范。

- 1980 年：GB 2312—80，《信息交换用汉字编码字符集——基本集》。
- 1990 年：GB 12345—90，《信息交换用汉字编码字符集 第一辅助集》。
- 1993 年：GB 13000.1—93《信息技术　通用多八位编码字符集（UCS）第一部分：体系结构和基本多文种平面》。
- 1995 年：《汉字内码规范（GBK）》1.0 版。
- 2000 年：GB 18030—2000《信息技术　信息交换用汉字编码字符集　基本集的扩充》。

在国际上，为了实现世界上各语种字符的表示、传输、交换、处理、存储、输入及显示，1984 年，国际标准化组织 ISO 于成立了专门的工作组并于 1993 年公布 ISO/IEC 10646.1—1993 标准，即《通用多八位编码字符集（UCS）》。1991 年成立的 Unicode 联盟于当年与 ISO 达成协议，采用同一编码字符集。Unicode 联盟于 1992 年提出国际标准草案。此外，日本、韩国也对其应用的汉字制定了相关标准。

在中国台湾，其汉字编码标准为 TCA-CNS 11643，这一标准近似于"BIG5"编码方案。

这些文字编码标准在计算机文字处理中发挥了十分重要的基础作用。下面就上述一些主要编码标准和规范做一简单介绍。

一、GB 2312—80 标准

GB 2312—80 标准对 7445 个字符进行了编码，其中包括 6763 个汉字、202 个常用符号、22 个数字、5 个拉丁字母、169 个日文假名、48 个希腊字母、66 个俄文字母、26 个汉语拼音符号、37 个汉语注音字母。它所包含的字符集是几乎所有的中文系统和国际化软件都支持的最基本中文字符集。

GB 2312 规定，对任意一个字符都采用 2 个字节表示，每个字节均采用 7 位编码表示。习惯上称第 1 个字节为"高字节"，第 2 个字节为"低字节"。其编码范围高位和低位皆为 0xA1～0xFE（0x 表示十六进制，下同），汉字从 0xB0A1 开始，结束于 0xF7FE。

GB 2312 将代码表分为 94 个区，与第 1 字节（0xA1～0xFE）对应。每个区具有 94 个字符编码位置（0xA1～0xFE）；与第 2 字节对应。01～09 区为符号/数字区，16～87 区为汉字区（0xB0～0xF7），第 10～15 区和第 88～94 区是空白区。

二、GB 12345—90 标准

为了规范多种必须使用的繁体字，1990 年，制定了繁体字的编码标准 GB 12345—90《信息交换用汉字编码字符集 第一辅助集》。

该标准共收录 6866 个汉字，纯繁体字有 2200 多个。

它采用双字节编码，编码范围为 0xA1A1～FEFE。其中，第 1 字节为 0xA1～0xA9 的区为符号，包括繁体文档常用的竖排符号；而第 1 字节为 0xB0～0xF9 的区为汉字。

三、Unicode、ISO/IEC 10646.1—1993 和 GB 13000.1—93 标准

Unicode 建立的编码方案为双字节，其内容与 ISO/IEC 10646.1—1993 标准的"基本多语种平面"编码方案一致，中日韩文字编码范围是 4E00～9FFF。其编码包含符号 6811 个，汉字 20902 个，韩文拼音 11172 个，造字区 6400 个，保留 20249 个，共计 65534 个。

ISO/IEC 10646 建立了一个全新的编码体系。它采用 4 个字节进行字符编码。这 4 个字节被用来分别表示组、平面、行和字位。共有 128 个组、每组 256 个平面、每个平面 256 行，每行 256 个字符位置。这一编码形式称为 UCS-4。

在上述编码体系中的第 00 组、第 00 平面称为"基本多语种平面"，可以省略组/平面编码，用双字节编码，即为 UCS-2。在"基本多语种平面"中分为 A、I、O、R 四个区。其中的 I 区为中国/日本/韩国等三国汉字的编码（CJK 统一汉字编码），代码位置从 4E00 ～ 9FFF，共 20992 个字符位置。

我国的 GB 13000 标准与 ISO/IEC 10646 对应。

四、GBK 规范

GBK 是《汉字内码规范》（Chinese Internal Code Specification）的英文编写，于 1995 年被确定为技术规范指导性文件，并发布和实施。

K 为"扩展"的汉语拼音首字母。GBK 向下与 GB 2312 编码兼容，向上支持 ISO 10646.1 国际标准，包含了其中所有 CJK 汉字。

GBK 也采用双字节编码。总体编码范围为 0x8140～0xFEFE，第 1 字节在 0x81～0xFE 之间，第 2 字节在 40～FE 之间，除去部分删除的编码位置外，总计 23940 个字符编码位置。GBK 共收入 21886 个汉字和图形符号，其中，汉字为 21003 个，图形符号 883 个。

从 Windows 95 中文版起，Windows、Linux 已全面支持 GBK 标准，起到了从 GB 2312 向 Unicode 过渡，承上启下的作用。

由于 GBK 是一个行业规范而非标准，因此缺乏某种强制力。

五、GB 18030—2000

为满足我国信息化建设的需要，2000 年，原国家质量技术监督局和信息产业部组织专家制定发布了新的编码字符集标准，GB 18030—2000《信息技术　信息交换用汉字编码字符集　基本集的扩充》。

GB 18030—2000 的双字节部分完全采用了 GBK 的编码系统。在此基础上进行了 4 字节扩展。4 个字节的编码空间依次是 0x81～0xFE、0x30～0x39、0x81～0xFE、0x30～0x39。总共 1587600 个编码位置。

由于编码空间大，它不仅可以收录全部汉字，而且还有充足的空间收录我国少数民族文字。

在 2000 年版中，GB 18030 收录了 ISO/IEC 10646.1∶2000 的全部 27484 个 CJK 统一汉字、13 个表意文字描述符、部分汉字部首和部件、欧元符号。

在编码体系上，GB 18030—2000 完全兼容 GB 2312 和 GBK 的编码体系，继承 GBK 的代码映射表的优点，满足了 GB 18030 和 GB 13000 之间的代码转换要求。作为国家标准，GB 18030—2000 具有强制力。

六、我国台湾汉字编码标准 TCA-CNS 11643 和 BIG5 编码方案

BIG5 是我国台湾的汉字编码字符集，诞生于 1984 年。它包含了 420 个图形符号和 13070 个汉字，不包含简化汉字。编码范围是 0x8140～0xFE7E、0x81A1～0xFEFE。其中的 0xA140～0xA17E 和 0xA1A1～0xA1FE 是图形符号区，0xA440～0xF97E 和 0xA4A1～0xF9FE 是汉字区。

我国台湾汉字编码标准 CNS 11643—1992 以 BIG5 为基础制定，进行了一些扩展。

第二节　文字字形的表示和描述

一、字形信息描述和数字化的目的

在文字信息的数字化中，基础性的工作有文字字符的数字编码和字形的数字化描述。其中，有关文字编码的内容已在文字处理的课程及其教材中做过较为详细的介绍，在此不再赘述。

文字字形描述和数字化的主要目的如下。

1. 文字外形信息的存储和处理

为了在计算机系统内保存各种字体字符的"模样"，必须对文字的外形进行某种方式的描述，这种描述所产生的参数、算法、程序过程或像素数据等都需要存储。这些数字化数据可以方便地进行各种处理。

2. 文字的视觉呈现

按照文字的字体风格、尺寸大小及其他属性，将其外观记录或显示在数字式媒体上，或者通过数字式手段记录在非数字媒体上，以便于视觉观察。

二、字形描述的基本方法

字形的表示和描述方法可以分为点阵法和轮廓法两大类。其中，轮廓法又有直线轮廓法和曲线轮廓法之分。图 8-1 为同一汉字分别用点阵法、直线轮廓法和三次曲线轮廓法描述的示意图。

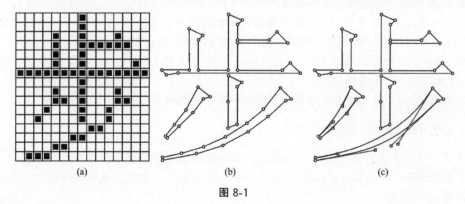

(a)　　　　　　　　(b)　　　　　　　　(c)

图 8-1

1. 点阵法字形表示法

将字符的外形分割成若干行列的像素，将像素用二进制数码 0/1 表示。例如，用 1 表示字符的笔画部分而用 0 表示空白部分，则字形就成为由 0/1 构成的"数码字形"，图 8-2 为图 8-1(a) 对应的数码点阵。

点阵字形的优点是，几乎无需处理即可在设备上显示或输出，且字形事先经过优化处理，其质量较高。但其缺点也是比较明显：在放大时，文字边缘会出现较明显的"锯齿"现象，而缩小时又可能出现笔画缺失，如图8-3所示（左侧为字形缩小后的状态）。另外，针对同一字体而不同尺寸文字的需求，需要制作多套字形，故全部字体和字号占用的总体数据量较大。

目前，点阵字形常用于屏幕菜单、软件界面的文字显示（其使用的字符数量有限）。

图 8-2   图 8-3

2. 直线矢量轮廓描述法

用直线矢量描述文字的轮廓，存储字符轮廓直线相关的端点数据。字符轮廓的曲线部分用多段直线逼近。

当进行显示或记录时，根据设备的分辨率，按需要的文字尺寸、变形、边线、内部填充等设置，对字形轮廓进行缩放、填充、栅格化等处理，获得记录用的点阵信息，再实施显示或记录。

其优点是具有较好的可缩放性，即使用某字体的一套字形即可满足不同尺寸文字的显示/记录需求，信息利用效率较高。缺点在于由多段直线构成的轮廓"曲线"不够光顺，在放大后可能显现出折线效果［请比较图8-1（b）和图8-1（c）的曲线轮廓部分］。

3. 曲线轮廓描述法

用曲线和直线描述文字的轮廓，存储字符轮廓相关的数据和其他信息。在具体的曲线轮廓描述实现方法上，有采用Bézier曲线或B样条曲线的技术。

与直线矢量轮廓法类似，当进行显示或记录时，也需根据显示或记录设备的分辨率，按需要的文字的各种设置，对字形轮廓进行缩放、填充、栅格化等处理，获得记录用的点阵信息，再进行显示或记录。

曲线轮廓描述法是主流字形描述方法。在具备轮廓描述法其他优点的基础上，其主要优势是显而易见的，这就是由于Bézier曲线和B样条曲线对字符轮廓曲线段的描述能力强，在曲线的连接点上也可以进行相应的处理，可以使其达到较高次的连续性；此外，在字库中加入提示信息（Hint），避免文字缩小时的笔画损失，文字缩放的质量高。

第三节　数字式字库技术

文字字形的描述和数字化是印前图文处理的重要基础，而数字式字库是字形描述和数字化的技术产物。根据字形描述方法的不同，字形信息数字化的实现也有不同的类型和方案。本节主要介绍曲线轮廓字形的数字式字库技术。

一、数字式字库的基本构成

数字曲线字库技术有以下一些基本要素。

1. 字形轮廓描述

基于某种数学函数（Bézier曲线、B样条曲线等），采用某种描述语言（PostScript等）、参数和指令对字形轮廓进行描述，形成字形轮廓数据。

2. 字符编码映射

基于单字节或多字节的字符编码获取字符轮廓数据；或者根据字符编码建立其与字符标识码（CID）的对应（映射）关系，用字符编码查找字符标识码，再通过字符标识码找到字符轮廓数据。

3. 提示信息

通过字库中的提示信息（hint），在构造文字时进行细致调节，以避免小号文字或低分辨率造成的笔画缺失。

4. 其他信息

字库还包含其他信息，如名称、版权、版本、构造文字的特殊程序等。

二、PostScript 字库技术

1. 概述

PostScript 字库技术是一种数字式曲线轮廓字库技术，它由 Adobe 公司开发，随 PostScript 页面描述语言一起诞生于 1985 年。在高质量的图文输出领域得到了广泛的应用。PostScript 字库的主要类型有 Type 0、Type 1、Type 2、Type 3、Type 32、Type 42、CID-Keyed 等。

PostScript 字形描述采用三次 Bézier 曲线的方法。字形描述是一段 PostScript 语言程序，描述对象是字形轮廓。

正如读者所知，在印前图文处理过程中，页面图文被描述成 PostScript 语言，随后，通过栅格图像处理器（RIP）将 PostScript 语言解释成页面图文对象，并将其转换成可以记录的图文数据。

在这一过程中，支持 PostScript 语言的 RIP 通常都能够支持 PostScript 字形程序。对字符而言，RIP 需要根据字体找到相应的字库，按字符编码，在字库中获取对应的字形轮廓数据，再依照记录分辨率、文字尺寸、文字填充、文字轮廓等属性对字形轮廓进行缩放、填充、栅格化等处理，最后得到字符的记录点阵数据。

2. 不同 PostScript 字库的特点和差异

（1）Type 1

它是推出最早且应用广泛的西文 PostScript 字库，支持单字节文字编码，使用缩减的 PostScript 语言指令集进行字形描述，带有提示信息（hint）。多种其他 PostScript 字库以它为基础变化而得。

该字库程序分为明文和编码加密两部分。明文（clear text）部分保存了字体名称、版本、版权等信息；编码加密（encoded and encrypted）部分则包含了经编码和加密的 CharString 字典和 Private 字典，CharString 字典包含字符轮廓，而 Private 字典含有提示信息和其他附加信息。

PostScript 的 RIP 会调用一个字形构造程序（BuildGlyph）读取 Type 1 字库，根据字符编码，在字典中找到对应的字符名，根据字符名在 CharString 字典中找到对应的轮廓数据，再经过处理即可构造完该字符。

（2）Type 2

这种字库允许将多种 Type 1 字体存储在一个文件中，称为"紧凑字体格式（CFF，Compact Font Format）"。这种格式并不用 PostScript 语言描述，而用二进制编码数据表示，但其中封装了很少量的 PostScript 语句。RIP 中专门的解释程序可以对这种格式的字形进行解释。

（3）Type 3

它与 Type 1 字库类似，但允许使用完整的 PostScript 指令集，因此可以生成特殊的阴影、颜色、图案效果。Type 3 在加密部分比 Type 1 多一个 BuildGlyph 字典，用于构造复杂的字形效果。

（4）Type 32

可以用于将点阵字形下载到 PostScript 解释器的字形缓存器中，以节约打印设备的存储空间。

（5）Type 42

它是一种由 PostScript "包裹起来" 的 TrueType 字体格式。TrueType 字库是广泛应用在 Windows 和 MacOS 操作系统下的曲线字形技术，采用了不同于 PostScript 的字形描述方法和格式，在本节后面介绍。

Type 42 格式是在 TrueType 字库文件基础上，加入一些 PostScript 描述，以帮助 PostScript RIP 使用 TrueType 字库。在这类 RIP 中，需要包含一个 TrueType 解释器，以便用 TrueType 字形数据构造字符。

（6）Type 0

这种字库是面向中文、日文、韩文等大字符集的字库技术，属于 "复合字库"，也即由一些基础字库共同构成。它采用双字节编码，高位字节为基本字库号，低位字节则为字符号码，用于在基本字库中查找相应的字符。

以汉字为例，若按 GB 2312 编码，共 87 个区（有 6 个空区），每区 94 个字，可以建立 87 个（或 81 个）基本字库，基本字库可以是 Type 1、Type 3、Type 42 等格式之一，最终组成一个大字库。虽然 Type 0 解决了大字符集的字形构造问题，但占用系统资源多，影响效率，并不很理想。

（7）CID Keyed

CID 是 "字符标识码（Character Identifier）" 的英文缩写。这种字库与其他 PostScript 字库的不同点在于字库由 2 个部分组成，即一个 CMap 文件和至少一个 CIDFont 文件。其中，CMap 文件将某一字符代码映射到 1 个 CID 码上（此码的范围可以超出 256 而适应大字符集的需求），再由此 CID 码到 CIDFont 文件中找到字符轮廓数据。图 8-4 显示了 CID Keyed 字库的代码与字形轮廓数据映射关系。

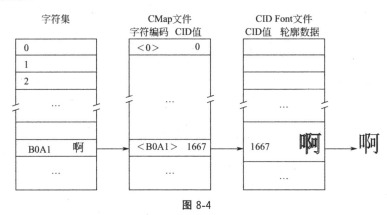

图 8-4

CID Font 文件由两大部分组成。第一部分是 PostScript 语言的总体描述以及一个字库字典数组；第二部分包括 CID 映射表、字符轮廓数据、字形构造程序、提示信息等。CIDFont 文件的第一部分始终放在 RIP 的虚存（VM）中，但数据量较大的第二部分则可以存储在磁盘上，需要时才调入，对系统资源的利用比 Type 0 更合理。

三、TrueType 字库技术

TrueType 由 Microsoft 和 Apple 公司开发，诞生于 1992 年。它是一种曲线轮廓字库技术，其字符轮廓采用二次 B 样条函数予以描述。借助 Windows 和 MacOS 操作系统的普及，TrueType 字库技术得到十分广泛的应用。图 8-5 显示了同一段字符轮廓分别用二次 B 样条函数（左）和三次 Bézier 曲线（右）表示的典型状况。

TrueType 字库文件中的各种数据信息以表（Table）的形式存储。在进行文字栅格化的过程中，通过读取各种表的数据构建并还原字形。与 PostScript 字库所采用的 ASCII 格式文本描述不同，TrueType 所用到的数据格式有严格的规定，这对提高处理效率有利。

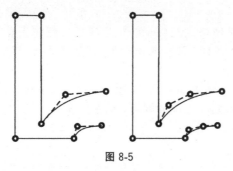

图 8-5

为了正确读取表的数据，TrueType 文件的开始部分有一个表目录（Table Directory），其中存储了版本号、表的数量、检索范围等信息。随后，按顺序给出表格目录入口，包括每个表的基本信息——表的标记（用 4 个字符表示的名称）、校验和、表的文件偏移量（在文件中的位置）以及表的字节长度等。

其中，最重要的一些表包括编码与轮廓数据映射表、字符轮廓数据表（数据及指令）、字库总体信息表、字符样式表、字符尺度表、轮廓位置偏移量表、字库最大存储量表、命名表、使用 PostScript 设备需要的附加信息表等。

四、OpenType 字库技术

OpenType 是在 TrueType 字体的基础上加入了对 PostScript 字库的支持的一种字库技术。由 Microsoft 和 Adobe 公司共同开发。

OpenType 使用 TrueType 的格式，其中包含的 PostScript 数据可以直接进行栅格化处理或转换成 TrueType 字形轮廓，扩展了对多种系统平台的支持。它支持面向大字符集的文字编码，可以进行数字签名以保护字形数据。

五、数字式字库的提示技术（Hinting Technique）

在字库中加入提示信息的目的是防止在低分辨率、字符尺寸很小的情况下笔画出现损失。图 8-6 为低分辨率下或特小字号下的字符笔画损失。

在字符栅格化处理过程中，记录设备的成像位置总是按照一定的行列间距排列（图 8-6 和图 8-7 中的小黑点），记录成像只能在有记录点的位置上进行。如果记录设备的分辨率低，或者字符的尺寸很小，则字符笔画或笔画的一部分就可能恰好落在不能成像记录的"间距狭缝"内，笔画或其一部分就可能缺失。

为解决这一问题，可以在横向、纵向或对角线方向，对字符轮廓进行微量的尺寸和形状调整，使笔画落到记录成像位置上；或者规定字符的横纵特征，避免或减少损失。图 8-7 显示了未作调整（左）和按提示信息进行轮廓调整（右）的字符。

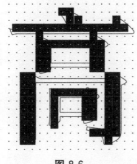

图 8-6

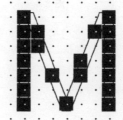

图 8-7

PostScript 字库的提示信息分为两个部分，第一部分在 Private 字典中，对字库进行全局提示，负责对整个字库的字形调整进行参数设置；另一部分在 CharString 字典中包含的一些提示指令，负责某个字符的调整。PostScript 字库提示信息包括对字符横向及纵向特征的规定、防止字符过度变形/笔画断裂/均衡破坏的指令等，其字符调整处理依赖 RIP 实现，字符的还原质量随 RIP 的不同而有差异。

TrueType 字库的提示信息包括一些很灵活的指令，除能进行类似 PostScript 的提示外，还可以进行字符对角线方向的控制、移动轮廓上的点、改变轮廓的尺寸以满足字符可读性要求等。由于其提示信息细致，因此对 RIP 的依赖程度较低。

复习思考题

1. 在文字处理软件环境下，采用某种输入法输入汉字"樿"，体会 GB 2312—80 与 GBK 在容纳字符数量上的差异。

2. 已知平面上 4 个点的坐标为 (1,5)、(3,2)、(5,6) 和 (7,4)，以这些点作为控制点，写出 3 次 Bézier 曲线参数方程。

3. 在某种编程环境下，编制一个曲线描绘程序，操作者可以选择 Bézier 或 B 样条曲线，给定曲线方程次数、确定若干个控制点坐标，由程序绘出曲线。

4. 归纳一下，PostScript 字库与 TrueType 字库有哪些差异。

5. "3 次曲线描述能力强，但 TrueType 字库采用了 2 次曲线描述字形，所以其字形质量不如 PostScript 高"，请表达对这种说法的看法。

6. "只要是曲线轮廓字库，缩放后字符的呈现质量就可以得到保证"，这种说法需要什么技术前提？

第九章

平面图像数字化采集技术

在平面图文信息复制、处理及传播领域内，图像信息的采集和数字化是关键性的基础。区别于三维形体采集（3D scan），平面图像的数字化采集是将外界信息对象转换成二维平面数字图像的过程和技术，而并不采集对象的三维形体信息，是一个将立体影像平面化，并转换成数字图像的过程。

平面图像信息的采集输入，为计算机图像处理提供原始的数字图像信息，直接关系到图像印刷复制及再现品质。图像数字化采集技术是一个具有数十年发展历史且不断取得进展的领域。

本章将介绍平面图像数字化采集输入的基本概念、数字扫描和数字摄影的工作原理以及与印前过程相关的图像参数设置方法。

第一节　平面图像的数字化

一、模拟图像与数字图像的概念

1. 模拟图像

一般而言，自然景物影像、绘画、依靠光学摄影成像的底片及照片等属于模拟图像的范畴。模拟图像所具备的特征如下。

- 空间上连续。
- 信号取值连续。

空间连续性是模拟图像的特征之一。它是指图像没有按照行、列或其他方式分割成像素或其他不连续的单元，而是连续的。在数学上，空间连续性体现在位置坐标轴上是连续取值的；或者可以认为图像由无限多个像素组成，每个像素的尺寸为无限小。

同时，在构成一幅图像的光学信号或电子信号的值域范围内，图像信号的取值是任意的，则信号值的取值有无限多种，在信号值轴上的取值可以无限稠密。

归结起来，模拟图像是空间上连续、信号取值连续的图像。

2. 数字图像

数字图像是空间上离散、信号取值分为有限等级、用二进制数字编码表示的图像。

与模拟图像相反，数字图像由离散像素（pixel）构成，是空间上不连续的离散信息对象。一般而言，图像空间的像素分割按照等间距的行/列进行，形成矩形的像素阵列，但也可以按照非等间距地进行分割，或者相邻行/列错开一定距离进行分割。

数字图像的信号取值也是不连续的，只有有限多种，因此，数字图像具有仅能表达有限种颜色的特点。在实际应用中，常见的 8 位数字图像，其信号取值有 $2^8 = 256$ 种，当位数上升至 16 位时，信号取值达到 $2^{16} = 65536$ 种。

此外，数字图像是按照某种编码方式，将图像信号用二进制数码 0/1 表示的图像。

图 9-1 给出了模拟图片和数字图像差别的图示。

(a) 模拟图片　　　　　　　　　　　　(b) 数字图片

图 9-1

二、图像的模拟/数字转换

图像的模拟/数字转换是将模拟图像信号转换成数字图像信号的过程。模拟/数字转换常缩写为"ADC"或"A/D"，来源于"Analog to Digital Conversion"。如果原始图像是模拟的，通过A/D 转换，可以获得相应的数字图像。

1. 模拟/数字转换的过程

模拟/数字转换的过程分为三步，即采样、量化、编码。

采样（sampling）过程是将图像空间离散化的过程。具体而言，它是按照某种频率，将模拟信号在空间位置上某或某一时刻的信号值采集下来的过程。

对图像而言，通过光/电转换技术，可以获得图像空间上分布的模拟电信号，则采样过程就是依照某种空间频率，按某种行/列间距，逐点获取图像模拟信号的过程。注意：采样获得的信号在空间上是离散的，但信号值仍可以取到无限多种值。

量化（quantizing）过程是将图像信号数值分为有限个等级的过程。量化位数决定了信号划分的等级数，例如，前述的 8 位量化可以将信号值分为 256 级。

在量化过程中，对采样获得的模拟信号进行舍入或截断处理，将落在有限个信号等级之间的信号值归入最接近的等级。

编码（encoding）过程是将采样且量化后的信号转换成二进制数码的过程。为了对图像数据进行存储、传递和压缩，可以采用不同原理和方式进行编码。

图 9-2 显示了一个 3 位 A/D 转换的简化过程，可以看到，采样频率不足造成的信号高频成分损失，以及量化等级数过低导致的误差。

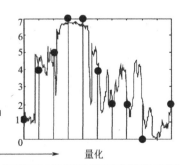

取1行图像的模拟信号

采样　　　　　　　　　　　量化

0	1	2	3	4	5	6	7
000	001	010	011	100	101	110	111

编码表

量化信号值：1, 4, 5, 7, 7, 4, 2, 2, 2, 0, 2
编码：001, 100, 101, 111, 111, 100, 010, 010, 010, 000, 010

对量化信号的编码结果

图 9-2

2. 模拟/数字转换的参数

(1) 采样频率

对随时间变化的一维信号，采样频率是单位时间内对模拟信号的采样次数，单位为次/秒、次/毫秒等。

针对图像，采样的空间频率是在单位长度内采集模拟图像的信号的次数，单位是像素/英寸（pixels per inch，ppi）、像素/厘米（pixels per centimeter，ppcm）等。

显然，图像系统对模拟图像的采样频率越高，则从图像单位面积内获取的像素数就越高，分辨图像细节的能力就越强。图 9-3(a) 和 (b) 分别显示了 300 像素/英寸（118.11 像素/厘米）和 72 像素/英寸（28.35 像素/厘米）采样的图像细节。

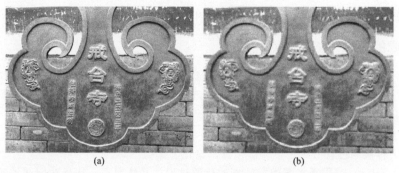

(a)　　　　　　　　　(b)

图 9-3

(2) 量化位数

A/D 转换的位数决定于量化位数，最终决定了数字信号所划分的等级数。具体而言，信号等级数 L 与量化位数 B 之间的关系为

$$L = 2^B \tag{9-1}$$

可见，量化位数越高，信号划分的等级数就越多，容纳图像信号层次的能力就越强。图 9-4 的(a)、(b)、(c)、(d) 分别为 8 位、4 位、2 位和 1 位量化的数字图像。

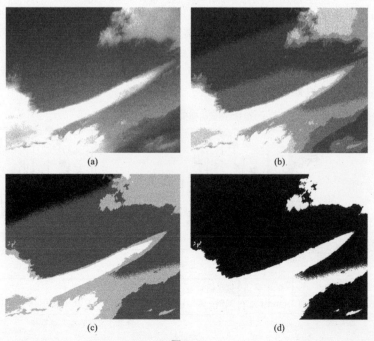

(a)　　　　　　　　　(b)

(c)　　　　　　　　　(d)

图 9-4

第二节 平面图像扫描采集技术

在印前流程中,图像扫描技术始终占据着重要的地位。从 20 世纪 50 年代诞生的电子扫描分色机到当今的各类平面图像扫描仪,扫描技术在印前过程中的应用一直处于高端范畴。

一、图像扫描仪的类型

图像扫描仪可以按照不同的判据进行分类。

整体而言,按照是否采集对象的三维造型信息,扫描仪可以分为二维影像扫描仪和三维造型扫描仪两大类。实际上,在一些工业领域内,人们开发制造了兼具二维和三维扫描仪的技术特点,既采集实物影像、又采集实体表面的三维微观形貌数据的扫描设备(如德国 Dr. Wirth 公司的"6To5"扫描系统等)。

本节主要涉及二维影像扫描仪,三维扫描将在后面的章节中予以介绍。

在二维扫描仪中,根据被扫描物体的特点,又可分为平面影像扫描仪和实物影像扫描仪。前者主要采集照片、胶片等平面图像原稿;后者则可以采集具有一定立体尺度的实物影像,如水果、金属部件、草坪等,但这类扫描仪并不采集立体形体数据,而仅将实物的外在影像平面化。实物影像扫描仪在艺术品复制等领域的应用正日益增加。

对二维影像扫描仪中的平面影像扫描仪,可以按扫描仪的结构和工作方式,将其分为平台型扫描仪(flat-bed scanner)和滚筒型扫描仪(drum scanner),这两类扫描仪应用很广泛。在其使用的光电转换器件方面,平台型扫描仪通常采用电荷耦合器件(Charge Coupled Device,CCD),而滚筒型扫描仪的图像的光电转换则使用光电倍增管(Photo Multiplier Tube,PMT)。

二、平面影像扫描仪的主要技术性能

1. 扫描分辨率

单位尺寸内,扫描仪能够采集图像的像素数。单位是像素/英寸(pixels per inch,ppi)、线/厘米(pixels per centimeter,ppcm)。由于可以将像素称为"点",故分辨率的单位也经常称为"点/英寸"(dots per inch,dpi)。

扫描分辨率有"光学分辨率"(optical resolution)和"插值分辨率"(interpolating resolution)之分。其中,光学分辨率表征了由扫描仪的光学、机械和电子硬件共同决定的分辨能力。"插值分辨率"则是以相对较低的光学分辨率获取的像素为基础,经过插值计算,获得与较高分辨率相等数据量的过程。插值分辨率并不能真正提高分辨能力,这种分辨率并非完全真实。

滚筒型扫描仪的最大光学分辨率可达 11000~12000ppi,高档专业平台型扫描仪能达到 5000~8000ppi。

2. 动态密度范围

这一指标主要决定扫描仪对图像暗调密度变化的识别能力。它是扫描仪能够产生有效图像信号所对应的原稿密度范围。

在图像的高密度暗调区域,由极弱光线所产生的扫描电信号十分微弱,容易被淹没在信号噪声内而无法形成有效的图像信号。动态密度范围大,则表征扫描仪能够识别的图像光学密度范围宽。高端扫描仪的动态密度范围可以达到(0.2~4.2),能够胜任彩色反转片原稿的扫描;

而低档扫描仪则只能达到（0.2～2.8），仅能满足彩色照片等反射原稿的扫描需要。

3. 每通道位数

这项性能也被称为"位深度（bit depth）"，它是指每个扫描信号通道的量化位数。绝大部分扫描仪的位深度能够达到16位/通道。位深度决定扫描所获得图像信号的层次级数。同时，位深度还对动态密度范围有影响。

4. 最大扫描幅面

指扫描仪一次能够扫描的最大图像尺寸。普通办公和商用扫描仪的最大扫描幅面一般略大于A4，少量能够达到A3幅面；印前领域使用的高档扫描仪，其最大幅面一般超过A3，甚至超过A1。

5. 扫描速度

表征扫描仪采集图像的快慢。有两种表示方法，其一是用每扫描1条线所用的时间（毫秒）；另一种则用300ppi分辨率下平均每小时扫描的图像数量表示。

三、平台型扫描仪的工作原理

平台型扫描仪是应用最广泛的扫描设备。从办公和商用到高端印前领域都应用这种技术进行图像的数字化采集。图9-5（a）和图9-5（b）分别为办公商用扫描仪（佳能公司的CanoScan 8400F）和印前平台扫描仪（网屏公司的Cézanne/彩仙）。

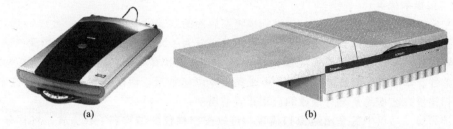

(a)　　　　　　　　　(b)

图 9-5

1. 组成和结构

平台型扫描仪由原稿扫描平台、扫描光源、光学成像系统、光电转换器件、图像信号处理系统、接口、机械驱动系统等组成。

平台型扫描仪的结构有两大类：第一类采用平置型结构（图9-6）；第二类则为竖直型结构（图9-7）。

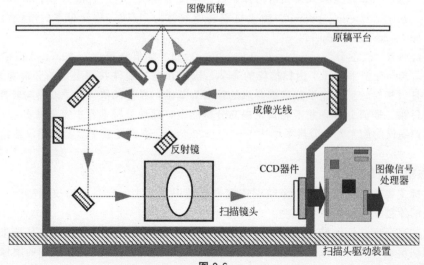

图 9-6

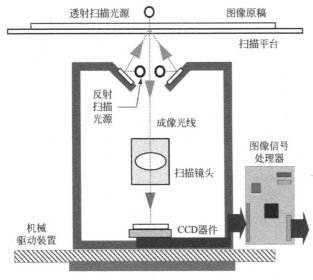

图 9-7

平置型结构占用空间较小，易于小型化，较多地被采用。但其光路中需要使用一些反射镜，对图像质量会有一定影响。竖直型结构可以避免使用反射镜，光学成像系统直接采集从原稿来的光信息，图像品质和光能损失小，但占用空间较大，故仅用于高端平台扫描仪的一些机型。

2. 电荷耦合器件及其光电转换原理

电荷耦合器件（CCD）出现于 1970 年。这种器件在图像领域的应用开始于 20 世纪 80 年代。随着技术的不断进步，CCD 器件的性能不断提高，大幅度促进了平台型图像扫描仪性能的提升。同时，这种器件还大量应用于数字照相机的光电成像，对推进数字摄影的广泛普及发挥了重要作用。

如图 9-8（a）和图 9-8（b）所示，电荷耦合器件分为线阵型和面阵型两类。线阵型 CCD 器件主要应用在平台扫描仪和一些测量仪器上，面阵型 CCD 器件则主要应用在数字照相机和数字摄像机上。

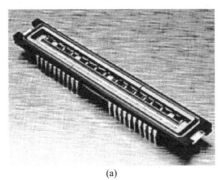

(a)　　　　　　　　　　(b)

图 9-8

如图 9-9 所示，CCD 器件由许多光敏单元（光敏二极管）组成。其下层是 P 型硅衬底，在衬底上生成一层二氧化硅作为绝缘层，在二氧化硅层表面，蒸镀上金属层形成电极。

如果在金属电极和硅衬底之间加上正电压，则少数载流子（P 型硅中的电子）会向电极下方聚集。如果图像光线到达 CCD 器件，则按照光通量的不同，各电极下会有数量不等的电子聚集，即形成电荷构成的电子图像。随后，通过为各个电极加一定时序的驱动脉冲，可以将电极下面的电荷逐步转移到输出级（图中未画出），最终转换成图像信号电压送出。

扫描仪使用的线阵型 CCD 器件，其集成的光敏单元数量在 5000～20000 个的范围。对彩色

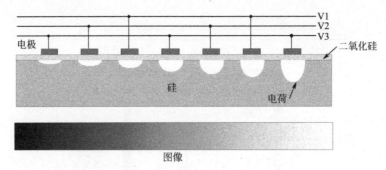

图 9-9

线阵型 CCD 器件则至少需要红/绿/蓝 3 行光敏单元才能够满足彩色图像采集的需要。图 9-10 是彩色线阵型 CCD 的示意图。

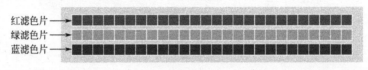

图 9-10

用于数字照相机的面阵型 CCD 器件所集成的光敏单元数量在数百万到数千万之间,将在下一节中介绍。

3. 平台型扫描仪的组成及工作原理

平台型扫描仪采用线状光源(荧光灯管或光纤束)照明原稿,依靠光源与原稿的相对运动将原稿逐行照亮,从原稿上反射或透射的图像光线被光学系统收集,且清晰成像在带红/绿/蓝滤色片光电转换器件(CCD)上。

光电转换器件将透过红/绿/蓝滤色片的光线分别转换成红/绿/蓝三种模拟电信号,并经过 A/D 转换器件获得红/绿/蓝三种数字图像信号,图像信号经过图像处理,再通过接口电路,将数字图像信号传送到计算机内。

图 9-11 为平台型扫描仪的工作原理框图。

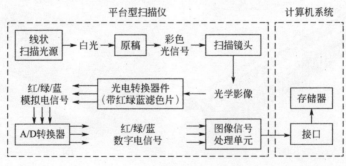

图 9-11

绝大多数的平台扫描仪采用移动扫描光源、原稿静止的方式进行扫描,但也有扫描仪(网屏公司 Cézanne)采用光源静止而移动原稿平台的扫描方式,这种方式的优点是光学系统稳定性高,但扫描仪必须具备容纳原稿平台的空间,占用空间稍大〔见图 9-5(b)〕。

另外,为了在整个扫描平台的幅面范围内达到最高光学分辨率,一些厂商在高端扫描仪上采用了"缝合扫描(stitching scanning)"的技术,即:将整个扫描幅面分成若干带状区域,用高分辨率分若干次扫描,然后用软件将图像数据组合成一幅完整的高分辨率图像。显然,这种技术对机械、电子、光学系统的精度要求较高。

四、滚筒型扫描仪的组成及工作原理

滚筒型扫描仪是一种高性能的图像扫描设备。它的前身是电子扫描分色机，由于技术成熟程度高，占据高端扫描设备的尖端地位。图 9-12 展示了两种滚筒扫描仪（Heidelberg 公司 PrimeScan 8200 和网屏公司 S8600）。

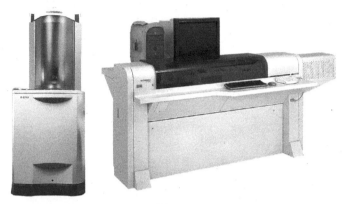

图 9-12

1. 组成和结构

滚筒型扫描仪由透明的扫描滚筒、扫描光源、扫描头、图像处理单元、滚筒驱动电机、扫描头驱动电机、丝杠等组成。图 9-13 为滚筒型扫描仪的组成和工作原理示意图。

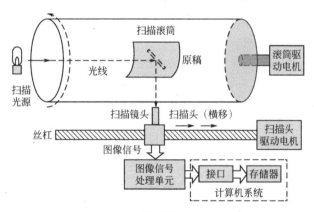

图 9-13

扫描头是图像采集的重要单元，它包含扫描镜头、光孔、分光干涉滤色片、红/绿/蓝滤色片、光电倍增管、信号预放大电路、模拟/数字转换器、图像处理等部件和单元。图 9-14 是扫描头的结构示意图。

2. 光电倍增管及其光电转换原理

光电倍增管是一种以光电效应和二次电子发射为基础的光电转换器件。如图 9-15 所示，光电倍增管由光电阴极、多个倍增极和阳极构成。

光电倍增管的光电转换原理是，当图像光线照射到光电阴极上时，光电阴极会逸出少量一次电子。由于光电阴极和各个倍增极的电位是逐级上升的，由光电阴极产生的一次电子受到倍增极电场的吸引而轰击到第一倍增极上，受到轰击的第一倍增极会逸出更多电子并轰击下一个倍增极，经过多个倍增极的"放大"，即便是十分微弱的光信号也可以从阳极获得足够强度的电子流，形成有效的图像电信号。

由于光电倍增管灵敏度很高，故滚筒型扫描仪的动态密度范围优于其他扫描设备。

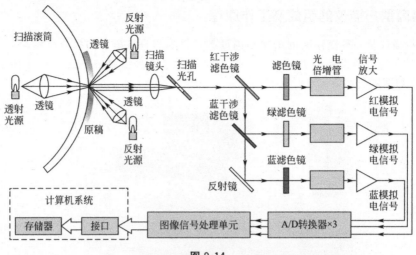

图 9-14

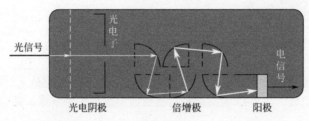

图 9-15

3. 滚筒型扫描仪的工作原理

如图 9-13 和图 9-14 所示，图像原稿贴附在滚筒上，滚筒高速旋转的过程中，扫描光源及扫描头沿着滚筒轴线方向移动，由此形成螺旋线扫描轨迹。扫描光源的光斑逐点照射原稿，从原稿上反射或透射出来的图像光线被扫描镜头接收，光线形成的光束穿过光孔到达一组干涉滤色片，光线被分解成红/绿/蓝三部分，这三束色光又分别经过红/绿/蓝滤色片，各自分别到达一个光电倍增管。由光电倍增管送出的红/绿/蓝电流信号经放大器放大并变换成三路电压信号，经各自的A/D转换器得到图像的红/绿/蓝数字信号，经过图像处理，通过数据接口传送到计算机存储器。

五、实物影像扫描仪的组成及工作原理

实物影像扫描仪是一种可以采集具有一定立体尺度实物影像的大幅面扫描设备。其组成为机台、实物原稿平台、扫描光源、影像采集器、图像处理及传输系统、部件驱动系统、整机控制系统等。如图 9-16 所示（来源于德国 Cruse 公司）。

实物影像扫描仪的工作原理：由光源提供对实物原稿的照明，一般照明区域为长条形；光源为低温并经紫外线过滤，以避免对原稿（古籍/古画等）的伤害。影像采集器主要包含镜头和线阵 CCD 光电转换器件。根据采集尺寸的不同，影像采集器可以进行上下位移。照明区域内的原稿影像由镜头成像至光电转换器件上，经分光和光电转换，获得一行（数千至上万像素）影像的红/绿/蓝信号，经信号处理和模数转换，图像数据送入系统的存储器中。随后，原稿平台微量平移，再扫描下一行，直至整个实体的图像全部采集完毕。在扫描过程中和扫描完成后，系统的图像信号处理单元都会对图像进行多种处理，使获取的图像达到优良的品质。

实物影像扫描仪的采集幅面大，其原稿平台可达到 2m×3m。在采用高像素线阵成像器件的条件下，采集的像素数可达数亿（如每行 14000×24000 行或更高）。由于可以调节多个光源的照明角度等参数，在采集的图像立体感方面较为优越。图 9-17 为德国 Cruse 公司实物扫描仪采集的油画局部效果。

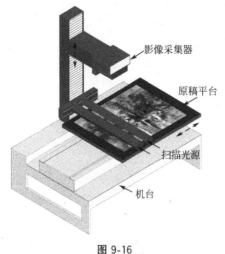

影像采集器

原稿平台

扫描光源

机台

图 9-16

图 9-17

第三节　数字照相机图像采集技术

数字照相机（Digital Camera，DC）是一种纯数字式的图像采集设备，它借助光学成像系统、光电转换器件和 A/D 转换器件，将被拍摄的景物直接转换成数字图像并存储于数据载体上。数字摄影技术的进展十分迅速，普及程度日益提高。由于数字照相机采集像素数等性能的迅速提升，在印前领域也得到广泛的应用。

一、数字照相机的类型

按照照相机的结构、光电转换器件等，数字照相机可以分为不同的类型。

数字照相机分为单镜头反光数字照相机（Digital Single Lens Reflection，DSLR）、单镜头电子取景照相机（Digital Single Lens Electronic viewfinder，DSLE）和固定镜头型数字照相机的类别，DSLR 和 DSLE 两种相机的镜头可以装卸更换，而固定镜头型数字照相机的镜头是不能拆卸的。"卡片/傻瓜"型数字照相机归属在固定镜头的类别中，此类别中还包括大变焦倍率的数字相机。

按照采用光电转换器件的类别，数字照相机可以分为 CCD 数字照相机、CMOS 数字照相机等类型。

图 9-18(a)、(b)、(c) 和 (d) 分别展示了单镜头反光数字相机、单电数字相机和两种固定镜头数字照相机（大变焦倍率相机和卡片相机）。

(a)　　　　　　　(b)　　　　　　　(c)　　　　　　　(d)

图 9-18

二、数字照相机的主要性能

作为照相机，数字照相机具有镜头焦距、光圈指数、快门速度、曝光模式(手动/光圈优先/

速度优先/程序)、自动测光模式、自动聚焦模式、感光度等技术指标,在此不再赘述。

专门面向数字摄影的性能如下。

1. 有效像素数

数字照相机拍摄一幅图像所能采集的最大像素数。在成像部件、取景范围等条件相同的情况下,像素数越高,分辨被摄景物细节的能力就越高。常见的数字照相机像素数大致在 1000 万~5000 万范围内,一些高端数字照相机的像素数可达到或超过 8000 万。

在数字照相机所使用的光电转换器件上,有一部分像素(约数十万)没有参与成像,因此,有效像素数略低于总像素数。

2. 最大分辨率

数字照相机的"最大分辨率"与扫描分辨率有区别。它并不是指单位尺寸下分辨的图像行数,而是指拍摄 1 幅图像采集的横向及纵向最大像素行数。例如,某 1200 万有效像素的数字照相机,其最大分辨率为 4000 行 × 3000 行。

3. 光电转换器件尺寸

有两种表示方法,第一种是用整个感光芯片(包括电路部分)对角线长的英寸数表示;第二种是直接标明感光成像部分的横向/纵向尺寸。表 9-1 列出了两种表示方法下芯片感光区的实际尺寸。

表 9-1　两种表示方法下芯片感光区的实际尺寸

类型	标注对角线/mm	实际对角线/mm	实际宽度/mm	实际高度/mm
1/2.7in	9.4	6.64	5.3	4.0
1/1.8in	14.1	8.933	7.1	5.3
2/3in	16.9	11.0	8.8	6.6
APS-C 画幅	通常不标注	28.3	23.5	15.8
APS-H 画幅		34.5	28.7	19.1
135 全画幅		43.0	36.0	24.0
双全画幅		60.0	48.0	36.0

4. 相当于 135 画幅的焦距范围

由于大多数数字照相机的感光芯片尺寸小于 135 胶片的画幅尺寸,因此,若按人们熟悉的135 画幅换算,镜头实际的焦距范围会增大。例如:某数字照相机变焦镜头的焦距范围为 7.4~88.8mm,芯片尺寸 1/1.8in,按表 9-1 中所列 135 画幅的对角线与 1/1.8in 芯片的实际对角线尺寸之比约为 $43/8.933 \approx 4.8$,计算的焦距范围是 35~417mm(厂商标注为 30~420mm)。

5. 图像文件格式

指拍摄所获得图像存储的文件数据格式,一般有 JPEG、RAW、TIFF 和 DNG。其中,RAW 格式文件除保存原始高位数的图像信息外,还能保存摄影设置参数,但兼容性较差,需要厂商提供专门的读取软件。

6. 显示器尺寸和像素数

数字照相机都配备一个显示器用于取景和对焦的图像观察。显示器的对角线尺寸一般在 1.5~3.0in 范围内,其像素数一般在数十万至 100 万的水平上。

7. 存储介质

安装在数字照相机内,用于存储数字图像文件的数据媒体。常用的有 CF、SD、记忆棒(Memory Stick)、xD 等存储卡。

三、数字照相机的图像采集原理

1. 组成和结构

数字照相机由摄影镜头、光圈、快门、图像传感器(光电成像器件)、自动对焦部件、信号处理和控制单元（A/D 转换、图像分析和处理、曝光控制、自动对焦控制、图像数据存储）、信息存储单元（存储器读/写）组成。

图 9-19（a）和（b）分别给出了单镜头反光型和"卡片/傻瓜"型数字照相机的结构简图。

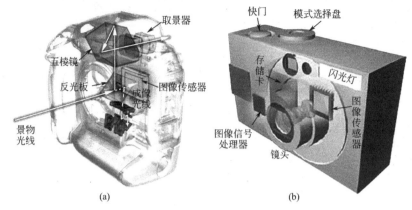

图 9-19

为了减小数字照相机的体积和重量，单镜头电子取景照相机取消了五棱镜和反光板，采用高分辨电子显示器作为"电子取景器"。图 9-20（a）、（b）分别给出了单镜头反光照相机和单镜头电子取景照相机的结构图，从中可看出两者差异。

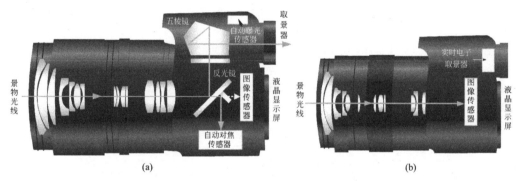

图 9-20

2. 数字照相机的光电转换器件

数字照相机采用面阵型光电转换器件将光信号转换成电信号。

一般而言，面阵型光电转换器件外层是微透镜层，随后是微型滤色片层，底层是半导体光电转换单元及电路层。

为每个光敏单元配置一个微透镜，其目的是为使光线更集中地汇聚在感光单元上；滤色片层是为将彩色光线分解成红/绿/蓝或其他原色光。图 9-21 为面阵型光电转换器件的结构示意图（富士胶片公司 SuperCCD）。

如图 9-22 所示，在图像传感器内部的多个层中，如果将电路层置于半导体光电转换单元层上方，则器件称为"正照式传感器（front illuminated sensor）"，而电路层位于半导体光电转换单元层下方的器件称为"背照式传感器（back illuminated sensor）"。背照式传感器降低了光线损失，成像质量得到提升，故得到广泛应用。

数字照相机使用的光电转换器件具有不同的类型。

按器件的电路类型，有 CCD（电荷耦合器件）、CMOS（互补金属氧化物半导体）两大类。

按器件光电转换单元与电路层位置关系，可分为正照式和背照式两类。

按分光滤色方式，有 RGB 三原色滤色片型、RGBE 四色滤色片型、CMYG 补色滤色片型、RGB 分层滤色型等几种。

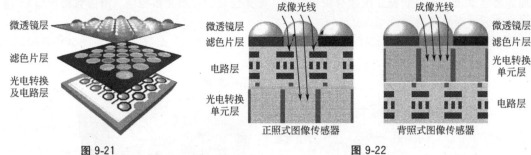

图 9-21   图 9-22

按感光单元的排列方式，有按横/纵排列和按 45°排列的不同方式；按感光单元尺寸的一致性，有尺寸相同型和尺寸不同型。

CCD 器件信号噪声低、成像质量高，但制造技术复杂、成本高，且在非拍摄期间需给器件供电，耗电较大些。CMOS 器件制造技术相对简单，仅在拍摄时加电，耗电省，成像质量好。

在光电转换器件的分光/滤色原理上，绝大多数厂商采用红/绿/蓝滤色片，按横纵行/列排布，通常以 1 个红滤色片、2 个绿滤色片、1 个蓝滤色片构成 1 个彩色像素。

Sony 公司则在其 F-818 型数字照相机上使用了"四色型"CCD，即在红/绿/蓝滤色片以外，附加 1 个翠绿色（emerald）滤色片，使数码照相机的光谱响应更接近人眼，获取的图像颜色更真实。

Foveon 公司则另辟蹊径，从硅片的 1 个感光单元内的不同深度上分别取出红/绿/蓝信号，能够避免 4 个感光单元组合成 1 个彩色像素造成的分辨率损失，使其具备较高的色彩细节的分辨能力。

早期数码相机的 CCD 器件曾采用青/品/黄/绿补色滤色片进行分光，主要是为了提高信号/噪声比。因为每种补色滤色片都能透过两种原色光，所获得的图像信号较强，降低了对传感器感光灵敏度的要求，获得补色信号后，通过与绿滤色片信号运算，可以获得红、蓝信号。

图 9-23 分别给出了 RGB、RGBE、CMYG 三种不同的分光滤色结构。图 9-24 为 Foveon X3 芯片分层获取 RGB 信号的结构。

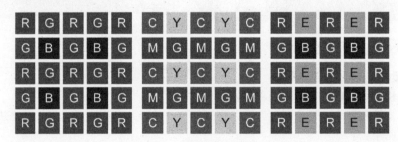

图 9-23

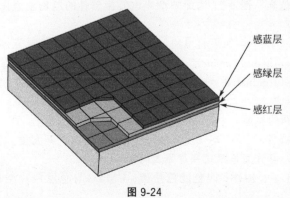

感蓝层
感绿层
感红层

图 9-24

数字照相机采用的感光芯片的光敏单元大多是按横纵整齐排列为行/列的，富士胶片公司则将 CCD 光敏单元制成六边形，按 45°排列，由此简化了电路布线，增大了光敏单元的面积，相对提高了分辨率和感光灵敏度，称为"SuperCCD HR"。此外，该公司的"SuperCCD SR"还在原始 1 个感光单元的区域内制作出面积不等的 2 个感光单元，分别负责产生亮调和中间调/暗调的信号，在信号混合后扩展了动态范围，提升了阶调层次的再现范围。图 9-25 给出了

SuperCCD HR 和 SuperCCD SR 的结构示意图（中灰色/浅灰色/深灰色分别代表红/绿/蓝滤色片）。

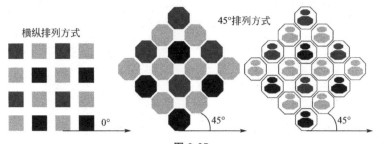

图 9-25

3. 数字照相机的工作原理

如图 9-19（a）所示，被摄景物的光线进入照相镜头，在自动聚焦系统或者操作者的手动控制下，光线在面阵型感光芯片表面清晰成像（图中"成像光线"）。为了避免高频成分对图像造成的干扰以及红外线对感光芯片的影响，在感光芯片前面一般还安装低通滤波透镜和红外截止滤波器。到达芯片表面的彩色成像光线被分解成 RGB 或其他原色光线，并由光电转换器件转换成模拟电信号。在随后的 A/D 转换过程中，模拟图像电信号被转换成数字图像信号。数字图像信号经过颜色、层次、清晰度、噪点滤除等多种图像处理后，经压缩编码，按照图像文件格式将图像数据存入存储介质，至此数字摄影的过程结束。

第四节 图像分辨率及其设置

印前处理涉及到图像扫描、拍摄、显示等过程，在这些过程中，图像分辨率的设置存在相关性。

一、图像扫描分辨率的设置

1. 面向连续调图像复制的扫描分辨率

假设图像印刷复制的加网线数为 L，边长缩放倍率（复制品边长与原稿边长之比）为 β，则连续调图像复制所需的分辨率 R_{SCAN} 为

$$R_{\text{SCAN}} = q\beta L \tag{9-2}$$

式中，q 为质量因数，通常 q 的取值范围为 1.5～2.0。

放大倍率大，加网线数高，只有按比例增大扫描分辨率，才能保证印刷品图像有足够的信息量支撑，不至于损失过多的图像细节。

例如，图像以 175 线/英寸的加网线数进行原大复制，取不同的质量因数，其扫描分辨率可以设置在 262.5～350ppi 之间；如果放大倍率为 20，则扫描分辨率在 5250～7000ppi 之间。如果面向报纸印刷，加网线数为 100 线/英寸，原大复制时，扫描分辨率一般设置为 200ppi。

质量因数 q 来源于对图像加网线数的考虑。如果这样假设：加网线数 L 下，每 1 行网格都要与 1 行来自原稿的图像信息对应，则在 0°网线角度原大复制的条件下，扫描分辨率即可设置为 L；考虑到 45°网线角度，则沿着网线角度方向也应满足前面所述的要求，由于扫描分辨率在 45°方向的分量低于 0°方向，则按 $\sqrt{2} = 1.414$ 的倍率加大扫描分辨率，设置质量因数 q 不小于 1.5 可以满足要求。

如果按照采样定理的要求，对原稿图像的采样频率应大于其最高空间频率的 2 倍，由于原稿图像所具备的最高空间频率有可能达到很高水平，只有按照网点图像能够传递的最高空间频率来设定扫描采样频率。经研究发现，网点图像所能传递的最高空间频率一般不决定于加网线数，而决定于输出网点的记录分辨率。换言之，记录分辨率一般高于加网线数，网点图像一般具备传递更高空间频率的能力，因此，如果所复制的原稿图像细节丰富，则质量因数 q 的取值可以超出

1.5～2.0范围,以便达到更好的细节复制质量。

图9-26分别显示了分别采用2.0和10.0的质量因数,加网线数150Lpi,记录分辨率2400ppi所生成网点图像的局部状况,可以看出其高频细节传递的差异。

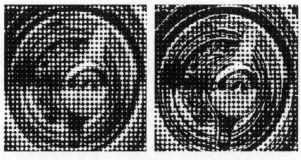

图 9-26

2. 面向线条图像复制的扫描分辨率

线条图像(Line art)是指以细线条描绘的图片,如黑白线条连环画、文字等。对这类原稿进行扫描时,可以按照下式设置分辨率R_{SCAN}。

$$R_{SCAN} = \beta R_{REC} \tag{9-3}$$

式中,β为边长缩放倍率;R_{REC}为记录分辨率。

在应用式(9-3)时,应注意不要采用过高的分辨率。由于线条绘画所能达到的线条宽度一般不会小于$20\mu m$,因此,除特殊情况外,扫描线条图像原稿的最高分辨率一般不超过1200ppi。图9-27(从左至右)为分别采用150ppi、300ppi、600ppi、1200ppi、2400ppi的分辨率扫描线条图片局部效果,从图中可见,扫描分辨率1200ppi与2400ppi所获得图像的细节差别不大。

图 9-27

二、数字摄影分辨率

数字照相机的分辨率是以其最高像素数或横/纵像素行数标定的。在拍摄时,一般按横/纵像素行数对其进行的设置,实际上设置了拍摄图像的像素数。

由数字摄影图像的像素行/列数计算印刷复制图像的尺寸,可以按式(9-2)作为出发点,将式(9-2)改写为

$$R_{SCAN} = q\beta L = q \times \left(\frac{A_{Print}}{A_{Orig}}\right) \times L$$

式中,A_{Print}和A_{Orig}分别为印刷品边长和原稿边长,于是有

$$R_{SCAN} A_{Orig} = qA_{Print}L$$

扫描分辨率与原稿边长的乘积即为图像像素行数T,因此有

$$A_{Print} = \frac{T}{qL} \tag{9-4}$$

由式(9-4)可以分别计算出印刷品横/纵两个边长,获得印刷品的幅面。按式(9-4),若使用3264行×2448行的(约800万个像素)拍摄,则在加网线数175Lpi下复制尺寸为31.6cm×23.7cm,

而在加网线数 100Lpi 下的复制尺寸为 55.3cm×41.5cm（取 q＝1.5）。

三、图像显示器的分辨率

图像显示器的分辨率标示方法类似于数字照相机，一般以横/纵向的像素行/列数表示。可以利用横/纵向的像素行/列数和屏幕的实际物理尺寸，计算出显示器的分辨率。

设显示器的对角线长度为 L_D，显示器的宽高比为 $x:y$，在某种显示模式下，显示器横向、纵向的像素行数分别是 P_X，P_Y，则显示器在对角线方向上的相对比例为

$$d = \sqrt{x^2 + y^2}$$

由此可得显示器横向/纵向长度为

$$L_X = L_D \times \frac{x}{d} = L_D \times \frac{x}{\sqrt{x^2 + y^2}}$$

$$L_Y = L_D \times \frac{y}{d} = L_D \times \frac{y}{\sqrt{x^2 + y^2}}$$

得到显示器横/纵向分辨率为

$$R_X = \frac{P_X}{L_X} = \frac{P_X \sqrt{x^2 + y^2}}{L_D x}$$

$$R_Y = \frac{P_Y}{L_X} = \frac{P_Y \sqrt{x^2 + y^2}}{L_D y}$$

(9-5)

按式(9-5)，对角线为 17in 的显示器，若取 1024×768 的像素设置，宽高比＝4：3，则其实际横/纵分辨率为 75.29ppi。若显示器对角线为 22in，像素行列数为 1680×1050，宽高比为 8：5，则其横/纵分辨率为 90.05ppi。

复习思考题

1. 简述平面型扫描仪和滚筒型扫描仪的工作原理。

2. 简述数字照相机的图像摄影原理。

3. 若 1 台扫描仪的光学分辨率为 10000ppi，若印刷品采用 175Lpi 的加网线数进行复制，则图像放大的最大倍率为多少？

4. 有 1 台 1200 万像素的数字照相机，像素行数为 4000×3000，如果将其拍摄的数字图像用于加网线数 175Lpi 的印刷复制，则可以复制的最大横/纵图像尺寸各是多少厘米？

5. 某平面扫描仪的扫描幅面为 A4（21cm×29.7cm），20000 个光敏单元的 CCD 器件与短边平行，则扫描仪在此方向上的光学分辨率为多少？

6. 列出决定扫描仪光学分辨率的各项因素。

7. "只要数字照相机的像素数高，拍摄得到的图像质量就高"，分析此言的正确性和完整性。

8. 一台 17in 的显示器，当设置其显示模式为 1280×960 时，其实际分辨率为多少？

第十章

数字化三维造型采集原理及技术

现实世界存在的大量三维实体当中，蕴含着极其丰富的信息。随着科技与社会的发展，人们对三维造型信息的需求与日俱增。依托数字化平台，三维采集、三维显示、三维输出及相关技术可统称为"三维数字化技术"［Three Dimensional (3D) Digitization Technology］。

数字化三维造型采集是指借助光学、电子、机械等技术手段，以数字化的形式，将现实世界中的三维造型信息采集到计算机系统中，以便进行处理及应用。

三维信息采集技术的应用领域十分广泛，主要如下。

① 工业：产品造型的设计、修改与优化、造型质量检测等。

② 建筑：建筑物造型采集、建筑设计等。

③ 医学：人体医学仿真、手术方案设计与可视化等。

④ 公安：现场三维存档、分析等。

⑤ 服装：依据采集的三维人体模型进行服装设计等。

⑥ 影视与游戏：场景、人物等的三维构建、合成和仿真等。

⑦ 文物：采集三维信息用于文物修复、虚拟博物馆建立等。

⑧ 测绘：地貌数字三维模型构建、三维地图生成等。

在印刷与包装领域，三维信息的采集可以用于三维造型复制、印版制作、印刷电子、包装造型设计及检测等方面。

三维信息采集、处理和输出技术，使"数字制造（digital manufacturing）"如虎添翼迅速发展。

本章将对三维数字化技术中的重要组成部分——三维造型数字化采集技术的基本原理和实现方法进行介绍。

第一节　三维信息采集技术的概念与类型

一、三维信息采集的概念

三维信息采集是利用技术手段，获取三维物体外表面及（或）内部构造的空间坐标及其他信息，以构造出物体造型的过程。

数字化对三维信息信息采集发挥关键的作用。它采用数字摄影、数字图形投影、数字图像处理等手段，获取物体造型的空间坐标；采集到的三维空间坐标等造型信息以数字化格式的数据描述和存储，以便计算机三维信息处理。

图 10-1 示意性地给出了光学法三维信息采集的过程（图像源于德国 Coburg 学院 IPM 研究所）。在这一过程中，借助三维扫描仪上的多个数字照相机和投影仪［图 10-1(a)］，获取物体的数字影像，通过计算获得三维物体的空间"点云"数据［图 10-1(b)］，随后，通过数字化的信息处理，得到完整的三维造型信息［图 10-1(c)］。

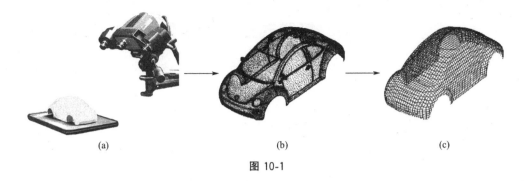

图 10-1

二、三维造型信息采集技术的类型

根据获取三维造型信息的原理和技术，可进行如下分类，如图 10-2 所示。

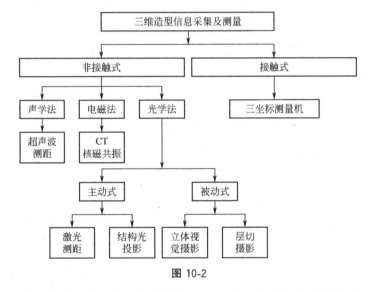

图 10-2

按照获取及测量三维造型信息是否接触物体，它可分为接触式和非接触式。

接触式三维信息采集的典型设备为"三坐标测量机（3D coordinate measuring machine）"。这种技术采用探头探察三维物体表面，获取探测点位置的三维数据。

非接触式三维信息采集是基于光学、声学、电磁学等方法获取物体三维空间坐标的技术。

其中，声学方法借助超声波发射和接收，对三维物体表面进行距离测量，从而获得空间坐标。电磁学方法则借助 X 射线等电磁波进行物体内/外部构造的断层扫描成像（医学或工业 CT），进而获得物体的三维形体数据。

光学三维信息采集法是通过光学成像或光线发射/接收获取物体三维信息，其应用较广泛。按照是否由光源对物体发射出光线，又可分为主动式和被动式。

主动式光学采集方法有两种，其一是由激光对物体发出光束进行距离测量；其二则用投影仪对物体投射特殊结构的光学影像（"结构光"，structured light），由数字摄影成像分析后获得三维造型数据。

被动式光学采集方法无需对物体投射光线，而利用自然场景光线进行数字摄影，以计算机单目或双目（多目）视觉原理获取物体三维数据。另一种被动式方法是用机械逐层切削出物体截面并拍摄界面影像，得到三维截面数据信息，最终将多层数据构造出物体的三维造型，这种方法称为"层切法"。

第二节 接触式三维坐标测量

接触式三维造型信息采集的代表是"三坐标测量机",这是出现最早的一种三维造型信息采集技术,诞生于 20 世纪 50 年代末期至 60 年代初期。

三坐标测量机一般由被测物体平台、$X/Y/Z$ 三轴机械系统、接触测量头、机电控制系统、计算机数据处理系统几部分组成。

为保证测量精度,其三轴导轨机械系统采用花岗岩等变形极小的材质,测量头的探针采用耐磨变形小的红宝石材料。图 10-3 显示了三坐标测量机的基本构成。

图 10-3

采集和测量的基本方法是由 $X/Y/Z$ 三轴机械驱动测量头,使其接触到物体表面,可以获取接触点的三维坐标 (x, y, z)。坐标数据传送到信息处理系统内。

获取三维坐标的基本原理是,首先确定的空间原点位置,以此为基准,精确获取测量头移位而接触到物体表面时的 $X/Y/Z$ 三轴偏移量 (Δx, Δy, Δz),即可获得被测点的空间位置坐标。

三维坐标数据采集及测量方式分为触发式和连续式两种。

触发式采集方法是由测量头的探针接触物体表面某一点,获取该点空间坐标数据,随后移动一定距,再接触到物体表面另一点,再获取该点数据;以此方式直至采集整个物体的空间坐标数据。此方法采集速度较低。

采用连续式采集方法则不同,测量头的探针沿物体表面的某一个切向移动,产生连续的与位置偏移量相关电信号,按一定频率采样/量化后,即可获得物体的空间坐标数据。

三坐标测量机的测量精度高,可达到微米等级。其弱点是接触测量会引起被测物体的变形,不适合测试柔软物体的测量。

第三节 基于飞行时间的非接触式测量

作为一种非接触式三维信息采集方法,基于飞行时间 (time of flight) 的三维信息采集多用于激光测距设备上。

其采集/测量的基本原理是,由激发脉冲驱动激光器发出光束,激光到达物体表面某点,反射后被接收器接收到,并产生脉冲信号。在此过程中,记录发出激光和接收到激光之间的"飞行"时刻,得到"飞行"时间差 Δt。另一种方法是,由激光器发出经正弦波调制的激光信号,激光到达物体表面某点,反射后产生相位发生变化的激光信号。通过相位差检测获得时间差 Δt。

获得时间差 Δt 后,可以按照下式计算激光出射点到物体反射点的距离 S。

$$S = \frac{C\Delta t}{2} \tag{10-1}$$

式中,C 为光速;Δt 为测到的飞行时间。

通过对激光发射方向的控制,可以实现对整个物体表面的逐点扫描和三维数据的测量。

如图 10-4 所示,假如将激光发出的位置作为空间坐标系原点,而在每一次发射时,激光束的高度倾角 θ 和激光束与 X 轴的夹角 φ 已知,则可以借助前面测得的距离 S,计算出物体被照射点的坐标值 (x, y, z),即

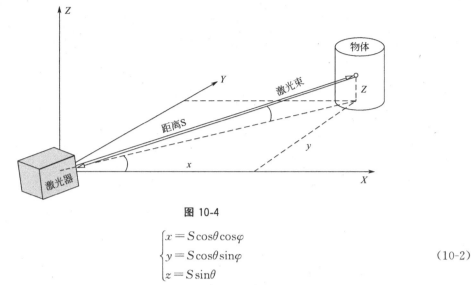

图 10-4

$$\begin{cases} x = S\cos\theta\cos\varphi \\ y = S\cos\theta\sin\varphi \\ z = S\sin\theta \end{cases} \tag{10-2}$$

　　基于飞行时间的激光三维信息测量设备的优点是速度快、测距在几百至几千米，其测量精度相对较低，在毫米至厘米级；有机载、车载、手持等多种不同类型。主要用于地形、建筑等三维测量领域。

第四节　基于三角形的非接触式测量

一、基本原理

　　三角形测量法（Triangulation）是三维信息采集和测量中常用的方法。参照图 10-5，以光点投影法为基础，此方法的基本原理是，用激光器或投影装置发射出光束，照射到物体的某点上，由物体反射的光线被摄像机成像摄取。光线发射点与摄像机成像点之间的距离 b、光线发射偏转角 α、摄像机成像角度 β 均可标定，则可知顶角 $\gamma = (180 - \alpha - \beta)$。依据正弦定理所确立的三角形关系，可按式（10-3）计算出物体被测点 P 与摄像机之间的距离 S，并最终计算获得三维坐标点数据。

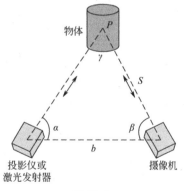

图 10-5

$$S = b \times \frac{\sin\alpha}{\sin\gamma} = b \times \frac{\sin\alpha}{\sin(180 - \alpha - \beta)} \tag{10-3}$$

　　为了获取整个物体的三维坐标，需要按二维的横/纵方向，对物体进行扫描式激光束投影、图像拍摄并进行相应的计算。显然，如果对每一个测量空间点投射一个光点并拍摄一幅图像进行计算，则需拍摄大量图像，因效率低而无法实用。

　　为了提高效率，可以采用条状/面状光线投影方法。

　　首先，在进行光线投影之前，需拍摄未投射光线的物体，作为参照图像。随后，在条状光线投影测量中（图 10-6），投影装置每次通过狭缝向物体投射光线，在物体表面形成一条细光线（图中虚线），由摄像机拍摄对物体成像，将所获图像与参照图像进行相减的差分运算并二值化，即可获得投射光线所形成的图像。

　　投影仪投射的狭缝光线属于空间平面光（图 10-6 中的投射光线在一个平面内），该平面光与摄像机视线的交点即为所拍摄图像中某成像像素点。若投影投射方向、摄像机的方位已知，则可由所摄图像中光线影像的不同像素位置，按三角形原理计算出物体表面的三维坐标，且一次投

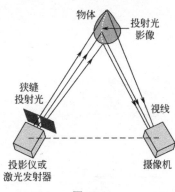

物体

投射光影像

狭缝投射光

视线

投影仪或激光发射器

摄像机

图 10-6

射/拍摄可以计算出狭缝光照明线条上所有物点的坐标，比单个光点投射方法的效率高。进行一维水平扫描投射纵向光线，多次拍摄，最终完成物体待测表面的测量。

此外，还可以采用灰度/彩色编码投影、组合式二值编码模式光投影等方法，将在后面予以简介。

二、编码光线投影

为了充分利用摄像机拍摄的物体图像信息，可以对投射光线的强度、色彩等进行编码，即投射出不同亮度、不同色彩的光线，由摄像机进行拍摄，用来计算获取多个点的空间位置数据。

如果对不同投射方向所投射的光强不同，或者不同投射方向所投射的光线色相（色调角）各不相同，即进行投射光线的编码，则拍摄并处理后的差分图像的各个像素的灰度或色彩不同。拍摄后的差分图像上，灰度或色彩相同的像素，其所对应的投射光相同。这样，仅需进行一次光线投射和拍摄，即可得到整个物体的空间编码图像，最终计算出整个物体表面的三维坐标。这种投影方法称为"编码面投影"。

采用"组合式二值编码模式光投影"的面光投影方法，能够在较少的投射及拍摄次数下获得所需测量用的图像。多次对整个物体投影不同的黑白条带影像，影像的黑白条带宽度不等，条带的黑/白（0/1）状态符合简单二进制或格雷码（Gray code）编码方式，可以提高抗干扰能力和测量精度。

以一个简化的例子予以说明。假设采用 n 位的二进制编码 B_n，取 3 位，即 B_3，则可以按表 10-1 的编码形成 3 个编码图案（A/B/C）。

表 10-1　3 位二进制编码 B_3 对应的图案（编码 0/1 分别代表无光/有光）

光平面→	0	1	2	3	4	5	6	7
编码 A	0	0	0	0	1	1	1	1
编码 B	0	0	1	1	0	0	1	1
编码 C	0	1	0	1	0	1	0	1
图案 A								
图案 B								
图案 C								

按 B_3 的二进制编码，仅需对物体进行 3 次图案投影、3 次拍摄和黑白二值化处理，即可组合出 $2^3＝8$ 个光平面，相当于 8 个不同亮度光线投影的效果。由于每次投影只有"有光/无光"两种状态，抵抗物体及外界干扰的能力较强。

在通常情况下，采用"格雷码"进行编码，不妨以 G_n 表示，以便与二进制编码区别。格雷码是一种具有较强抗干扰特性的编码。其相邻编码只在 1 个编码位置上不同。

格雷码的编码规则是，$G_1＝\{0,1\}$，随后的 G_k 由 G_{k-1} 编码前面附加"0"，以及将 G_{k-1} 编码反向后，在前面附加"1"构成。例如，$G_2＝\{(00,01),(11,10)\}$；$G_3＝\{(000,001,011,010),(110,111,101,100)\}$。

表 10-2 给出了 3 位格雷码 G_3 对应的编码和图案。

结合表 10-1 中的 B_3 二进制编码，其"光平面 3"对应的 3 个图案 A/B/C 编码为表 10-1 第 3 列中纵向的"011"。假如编码图案 A（00001111）因投影精度和光线干扰等原因向左移动 1 位，则对应的"光平面 3"编码变为"111"，最终会解码成"光平面 7"，出现较明显错误。

对应地，表 10-2 中的 G_3 格雷码，其"光平面 3"对应的 3 个图案 A/B/C 编码为表 10-2 第 3 列中纵向的"010"。假如编码图案 A（00001111）向左移动 1 位，则对应的"光平面 3"编码变为"110"，解码后为"光平面 4"，其误差相对较小。由于格雷码的对干扰及错码敏感度低的特性，使其得到较广泛的应用。

表 10-2　3 位格雷码 G_3 对应的图案（编码 0/1 分别代表无光/有光）

光平面→	0	1	2	3	4	5	6	7
编码 A	0	0	0	0	1	1	1	1
编码 B	0	0	1	1	1	1	0	0
编码 C	0	1	1	0	0	1	1	0
图案 A	▨	▨	▨	▨				
图案 B	▨	▨					▨	▨
图案 C	▨			▨	▨			▨

第五节　基于结构光相位的非接触式测量

结构光投影三维测量（3D Measurement with Structured Light）是一种采用编码图案投影光对物体进行照射，并拍摄采集物体图像，通过几何或相位计算获取物体三维空间坐标的方法。

在前一部分所述三角形测量法中，所提到的"二值编码模式光投影"等方法属于结构光三维测量方法之一。其计算依据是三角几何关系。

本部分将介绍采用光栅结构光投射，利用所拍摄物体图像条纹的相位变化，获取物体三维信息的方法，简称"结构光相位法"。

如图 10-7 所示，投影仪向物体投射某种频率和相位的正弦波或方形波光栅，由摄像机拍摄光栅图像。由于物体的存在，使光栅随物体的造型发生变形，相当于物体对原有周期性光栅图像的相位和振幅进行了调制，故可以通过相位差的计算，获得物体的造型信息。

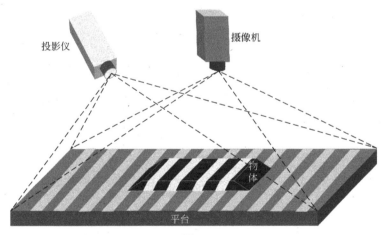

图 10-7

如图 10-8 所示，假定要获取物体在 Z 方向上的高度为 $h(x,y)$，即 HD（白色虚线）。设 AB 间距为 $s(x,y)$，PC 间距为 d，OC 间距为 l，根据三角形的相似关系，可推出式(10-4)（推导见本章附录）。

$$h(x,y) = \frac{s(x,y)}{d+s(x,y)} \times l \tag{10-4}$$

设投射的光栅为正弦波，相位零点恰为坐标系 OXYZ 的原点，投射的光强 I_0 函数为

$$I_0(x,y) = a(x,y) + b(x,y)\cos(2\pi f_0 + \phi_0)$$

物体表面反射的光强函数 I_1 为

$$I_1(x,y) = r(m,n) \times [a(x,y) + b(x,y)\cos(2\pi f_0 + \phi_1)]$$

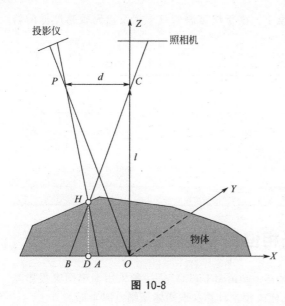

图 10-8

式中，$a(x,y)$ 和 $b(x,y)$ 分别为投射的背景光强和正弦波调制光强；f_0 为投射正弦波的空间频率，对应的空间周期为 $p=1/f_0$；ϕ_0 和 ϕ_1 分别为投射到平台参考面和物体反射正弦波的相位，$r(m,n)$ 为物体表面的反射率。

如图 10-8 所示，由于物体的存在，原来应投射到 A 点的光线偏移，物体上的 H 点与 B 点对照相机（摄像机）共线，故 AB 间距〔即 $s(x,y)$〕是其偏移量。以 f_0 为空间频率的正弦波，距离偏移 $s(x,y)$ 所对应的相位偏移量 $\Delta\phi$ 为 $\Delta\phi(x,y)=2\pi f_0 s(x,y)$，即

$$s(x,y)=\frac{\Delta\phi(x,y)}{2\pi f_0} \tag{10-5}$$

将式（10-5）代入式（10-4），可得

$$h(x,y)=\frac{lp\Delta\phi(x,y)}{2\pi d+p\Delta\phi(x,y)} \tag{10-6}$$

在式（10-6）中，除相位差 $\Delta\phi(x,y)$ 外，其他参数是已知量，因此，为获取三维造型坐标值 $h(x,y)$，获取相位差成为关键。

获取相位差有多种方法，如相移法、正交相乘莫尔条纹法、傅里叶变换法等。现对常用的相移法（Phase Shifting）予以介绍。

相移法利用多次投射具有固定相位差的多幅光栅图像获取相位。为获取相位差，事先需要进行参照平台（无物体）的多次投影，获取初始相位 $\phi_0(x,y)$。

假设进行 N 次正弦波光栅投影，相邻两幅光栅图像的相位差为 $2\pi/N$，I_i 为第 i 幅图像上的光强（$i=1,\cdots,N$），则

$$I_i(x,y)=a(x,y)+b(x,y)\cos\left[\phi(x,y)+\frac{2\pi(i-1)}{N}\right] \tag{10-7}$$

式中，$a(x,y)$ 和 $b(x,y)$ 分别为物体的背景光强和反射正弦波调制光强，f_0 为正弦波的空间频率，ϕ 为受物体调制后的相位。

式（10-7）中，相位 $\phi(\cdot)$、$a(\cdot)$ 和 $b(\cdot)$ 为未知量，因此，至少需要 3 次已知不同相位的投影，可得下列求解相位的公式（$N\geqslant 3$）。

$$\phi(x,y)=\arctan\frac{\sum\limits_{i=1}^{N}I_i(x,y)\sin\dfrac{2\pi(i-1)}{N}}{\sum\limits_{i=1}^{N}I_i(x,y)\cos\dfrac{2\pi(i-1)}{N}} \tag{10-8}$$

例如，对待测物体进行 4 次正弦波投影，正弦波相位各自相差 $\pi/2$，则

$$I_i(x,y)=a(x,y)+b(x,y)\cos\left[\phi(x,y)+(i-1)\times\frac{\pi}{2}\right],(i=1,2,3,4)$$

按式（10-8）可得

$$\phi(x,y)=\arctan\frac{I_2-I_4}{I_1-I_3} \tag{10-9}$$

将得到的相位值 $\phi(x,y)$ 与初始相位 $\phi_0(x,y)$ 相减，即可获得相位差 $\Delta\phi(x,y)$，再根据式（10-6），可计算出物体在 Z 方向上的高度 $h(x,y)$，最终得到物体三维造型信息。

第六节　被动式立体视觉摄影测量法

被动式立体视觉方法是利用两幅或多幅图像采集，获取被测物体三维信息的方法。若由两

台摄像机从两个不同视点拍摄同一物体，获取两幅图像，以两幅图像的信息为基础，通过两幅图像的立体匹配和重建，可以获取景物的三维信息。在大部分情况下，三维重建主要是求得某些特征的空间点坐标，然后由这些三维点坐标恢复物体的空间轮廓或曲面。双目立体视觉在实现上较为成熟。

一、坐标表示及坐标变换

立体视觉三维摄影测量的目标是获取物体造型在三维空间中的坐标位置。显然，三维空间坐标的表示和变换是重要基础之一。

采用齐次坐标表示空间位置，对坐标表示及其变换处理是有效的方法。所谓"齐次坐标"是用 $N+1$ 维向量来表示一个 N 维的位置坐标向量。常用的"规格化齐次坐标"将多余一个维度的值定为 1。

对三维空间坐标而言，用 4 维坐标向量对其进行齐次表示。式（10-10）为三维坐标的齐次变换表达式。

$$V = T_{3D}U \tag{10-10}$$

其中，U 和 V 分别是变换前及变换后的坐标矩阵，T_{3D} 为三维坐标齐次变换矩阵。

$$V = \begin{bmatrix} x' \\ y' \\ z' \\ 1 \end{bmatrix}, U = \begin{bmatrix} x' \\ y' \\ z' \\ 1 \end{bmatrix}, \ T_{3D} = \begin{bmatrix} a_{11} & a_{12} & a_{13} & a_{14} \\ a_{21} & a_{22} & a_{23} & a_{24} \\ a_{31} & a_{32} & a_{33} & a_{34} \\ a_{41} & a_{42} & a_{43} & a_{44} \end{bmatrix}$$

设 T_{3D} 有子矩阵 T_1、T_2、T_3 和 T_4，且

$$T_1 = \begin{bmatrix} a_{11} & a_{12} & a_{13} \\ a_{21} & a_{22} & a_{23} \\ a_{31} & a_{32} & a_{33} \end{bmatrix}, \ T_2 = \begin{bmatrix} a_{14} \\ a_{24} \\ a_{34} \end{bmatrix}, \ T_3 = \begin{bmatrix} a_{41} & a_{42} & a_{43} \end{bmatrix}, \ T_4 = \begin{bmatrix} a_{44} \end{bmatrix}$$

借助子矩阵 T_1 可产生比例、旋转、对称、错切等变换，T_2 可产生平移变换，T_3 可产生透视变换，T_4 可进行整体比例变换。

二、三维测量坐标系

通常，三维测量所使用的坐标系分为以下四类。
- 物空间坐标系（$O_w X_w Y_w Z_w$）。
- 摄像/照相机坐标系（$O_c X_c Y_c Z_c$）。
- 图像物理坐标系（$OXYZ$）。
- 图像像素坐标系（$O_1 UV$）。

图 10-9 为四种不同坐标系的示意图。

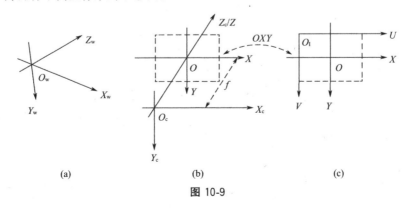

(a)　　　　　　(b)　　　　　　(c)

图 10-9

1. 物空间坐标系 $O_wX_wY_wZ_w$

物空间坐标系常称为"世界坐标系"。此三维坐标系将被测物体和摄像机纳入其中，一般由用户根据需要定义，坐标为 (x_w,y_w,z_w)，如图 10-9(a) 所示。

2. 摄像机坐标系 $O_cX_cY_cZ_c$

如图 10-9(b) 所示，摄像机坐标系以摄像机光学中心（光心）为原点 O_c，即光轴与图像平面的交点。Z_c 轴与摄像机光轴重合且与图像平面垂直，其正向为摄像机的拍摄方向，坐标为 (x_c,y_c,z_c)。

一般，X_c 轴和 Y_c 轴分别与图像物理坐标系 OXY（见后述）的 X 和 Y 轴平行，定义平面 S 和 S' 为图像的正像和负像位置，分别位于摄像机坐标系的 $z_c=f$ 平面和 $z_c=-f$ 平面内，f 为摄像机中心到图像面的垂直距离，为成像面 S 的主距。

摄像机光轴可以有不同的取向和方位。为了便于说明，以摄像机光心 O_c 为原点，通过平移物空间坐标系 $O_wX_wY_wZ_w$，得到一个辅助坐标系 $O_cX_w'Y_w'Z_w'$。

如图 10-10 所示，摄像机自身具有的光轴及图像方位可由三个角元素 φ、ω、κ 确定。其中，φ 和 ω 表示摄像机光轴在物空间坐标系中的方位，κ 则描述图像以摄像机光轴的旋转方位。国内一般采用第一转角系统对角元素予以定义。图 10-10 中的图像平面朝向纸面内部，以 Z_c 轴为法向。

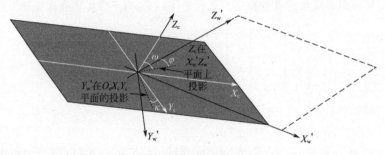

图 10-10

具体而言，φ 为摄像机光轴 Z_c 在 $X_w'Z_w'$ 平面上的侧倾角，即 Z_c 在 $X_w'Z_w'$ 平面上的投影与 Z_w' 轴之间的夹角。ω 为摄像机光轴 Z_c 的俯仰角，即 Z_c 与它在平面 $X_w'Z_w'$ 上的投影之间的夹角。κ 表示图像平面自身的旋转角，其定义为 Y_w' 轴在 OXY 坐标系图像平面内的投影与图像 Y 轴的夹角（图像物理坐标系 OXY 一般与摄像机光心平面朝向相同，仅在 Z 轴方向上相差距离 f，故图 10-10 中标示为投影线与 Y_c 的夹角）。3 个角度的正向按右手法则规定为 ω 和 κ 以逆时针转动为正，φ 以顺时针转动为正。

3. 图像物理坐标系 OXY

如图 10-9(b) 所示，图像物理坐标系一般以摄像机光轴与正像平面（S）的交点为原点，是二维坐标系，其坐标为 (x,y)。

4. 图像像素坐标系 O_1UV

如图 10-9(b) 和图 10-9(c) 所示，图像像素坐标系以图像左上角点为原点，以像素为坐标单位，其坐标 (u,v) 为像素在图像中的列号和行号。图像物理坐标系 OXY 的 X、Y 轴分别与图像像素坐标系 O_1UV 的 U、V 轴平行。

三、坐标系之间的转换关系

1. 物空间坐标系与摄像机坐标系的坐标变换

一般地，基于旋转及平移，摄像机坐标系 $O_cX_cY_cZ_c$ 与物空间坐标系 $O_cX_wY_wZ_w$ 之间的关系可以表示为

$$\begin{bmatrix} x_c \\ y_c \\ z_c \end{bmatrix} = R \begin{bmatrix} x_w \\ y_w \\ z_w \end{bmatrix} + T = R_\kappa R_\omega R_\varphi \begin{bmatrix} x_w \\ y_w \\ z_w \end{bmatrix} + T \tag{10-11}$$

式中

R 为旋转矩阵，$R = R_\kappa R_\omega R_\varphi = \begin{bmatrix} r_{11} & r_{12} & r_{13} \\ r_{21} & r_{22} & r_{23} \\ r_{31} & r_{32} & r_{33} \end{bmatrix}$，$r_{i,j} \ (i,j=1,2,3)$ 为旋转系数

$$R_\kappa = \begin{bmatrix} \cos\kappa & -\sin\kappa & 0 \\ \sin\kappa & \cos\kappa & 0 \\ 0 & 0 & 1 \end{bmatrix}, \ R_\omega = \begin{bmatrix} 1 & 0 & 0 \\ 0 & \cos\omega & -\sin\omega \\ 0 & \sin\omega & \cos\omega \end{bmatrix}, \ R_\phi = \begin{bmatrix} \cos\phi & 0 & -\sin\phi \\ 0 & 1 & 0 \\ \sin\phi & 0 & \cos\phi \end{bmatrix}$$

T 为平移变换矩阵，$T = \begin{bmatrix} t_x \\ t_y \\ t_z \end{bmatrix}$

式（10-12）的齐次表达式为

$$\begin{bmatrix} x_c \\ y_c \\ z_c \\ 1 \end{bmatrix} = \begin{bmatrix} R & T \\ O^T & 1 \end{bmatrix} \begin{bmatrix} x_w \\ y_w \\ z_w \\ 1 \end{bmatrix} = M_1 \begin{bmatrix} x_w \\ y_w \\ z_w \\ 1 \end{bmatrix} \tag{10-12}$$

式中，$O^T = (0,0,0)$，M_1 为 4×4 矩阵。

2. 图像物理坐标系与摄像机坐标系的变换关系

在立体视觉领域中，常以简单的"针孔模型"作为摄像机成像模型。依据这一模型，空间中任何一点 P 的成像点 P'，其位置为光心 O 与 P 点的连线与成像平面的交点，这种成像关系称为"透视投影"。

如图 10-11 所示，物空间 $O_w X_w Y_w Z_w$ 下的空间点 $P(x_w, y_w, z_w)$ 在摄像机坐标系 $O_c X_c Y_c Z_c$ 下的坐标为 $P(x_c, y_c, z_c)$，该点在图像上的成像位置 $P'(x,y)$ 为 $O_c P$ 连线与成像平面的交点，满足下列透视几何关系（f 为光心到像面的距离），即

$$x = \frac{f x_c}{z_c}$$

$$y = \frac{f y_c}{z_c}$$

将上述二维坐标表示成齐次形式为

$$z_c \begin{bmatrix} x \\ y \\ 1 \end{bmatrix} = \begin{bmatrix} f & 0 & 0 & 0 \\ 0 & f & 0 & 0 \\ 0 & 0 & 1 & 0 \end{bmatrix} \begin{bmatrix} x_c \\ y_c \\ z_c \\ 1 \end{bmatrix} \tag{10-13}$$

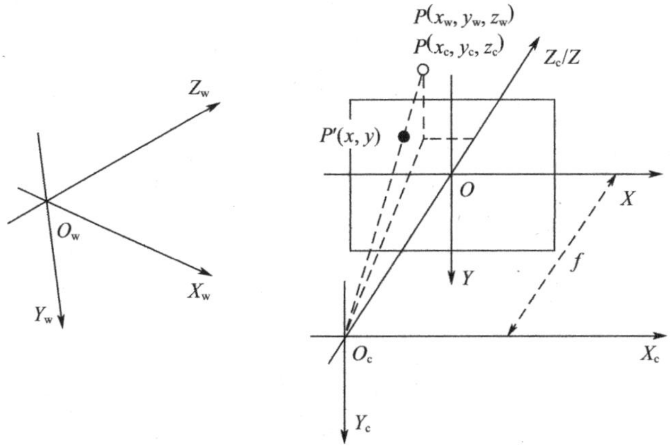

图 10-11

3. 图像像素坐标系与图像物理坐标系的变换关系

在三维信息采集过程中，所获图像为二维数字图像，其像素坐标 (u,v) 立足于 O_1UV 空间下，是图像列号及行号的数值。如图 10-12 所示。

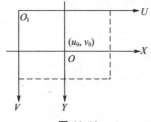

图 10-12

根据前面对图像像素 O_1UV 坐标系及图像物理坐标系 OXY 的定义，图像点在 O_1UV 坐标系及 OXY 坐标系下的关系满足

$$u = \frac{x}{d_X} + u_0$$

$$v = \frac{y}{d_Y} + v_0$$

式中，d_X 和 d_Y 分别为单个像素在 X 轴和 Y 轴上的物理尺寸；u_0 和 v_0 分别为 OXY 坐标系原点在 O_1UV 坐标系下的坐标值。

上述坐标转换关系的齐次表达式为

$$\begin{bmatrix} u \\ v \\ 1 \end{bmatrix} = \begin{bmatrix} 1/d_X & 0 & u_0 \\ 0 & 1/d_Y & v_0 \\ 0 & 0 & 1 \end{bmatrix} \begin{bmatrix} x \\ y \\ 1 \end{bmatrix} \tag{10-14}$$

4. 物空间坐标系与图像像素坐标系的变换关系

综合而言，由上述多种局部坐标变换，可以得到一个整体坐标变换关系，称为"共线方程"。将式(10-14)、式(10-12) 代入式(10-13)，可得

$$z_c \begin{bmatrix} x \\ y \\ 1 \end{bmatrix} = z_c \begin{bmatrix} 1/d_X & 0 & u_0 \\ 0 & 1/d_Y & v_0 \\ 0 & 0 & 1 \end{bmatrix}^{-1} \begin{bmatrix} u \\ v \\ 1 \end{bmatrix} = \begin{bmatrix} f & 0 & 0 & 0 \\ 0 & f & 0 & 0 \\ 0 & 0 & 1 & 0 \end{bmatrix} \begin{bmatrix} R & T \\ O^T & 1 \end{bmatrix} \begin{bmatrix} x_w \\ y_w \\ z_w \\ 1 \end{bmatrix}$$

即

$$z_c \begin{bmatrix} u \\ v \\ 1 \end{bmatrix} = \begin{bmatrix} 1/d_X & 0 & u_0 \\ 0 & 1/d_Y & v_0 \\ 0 & 0 & 1 \end{bmatrix} \begin{bmatrix} f & 0 & 0 & 0 \\ 0 & f & 0 & 0 \\ 0 & 0 & 1 & 0 \end{bmatrix} \begin{bmatrix} R & T \\ O^T & 1 \end{bmatrix} \begin{bmatrix} x_w \\ y_w \\ z_w \\ 1 \end{bmatrix}$$

可写成

$$z_c \begin{bmatrix} u \\ v \\ 1 \end{bmatrix} = \begin{bmatrix} f/d_X & 0 & u_0 & 0 \\ 0 & f/d_Y & v_0 & 0 \\ 0 & 0 & 1 & 0 \end{bmatrix} \begin{bmatrix} R & T \\ O^T & 1 \end{bmatrix} \begin{bmatrix} x_w \\ y_w \\ z_w \\ 1 \end{bmatrix} = M_1 M_2 \begin{bmatrix} x_w \\ y_w \\ z_w \\ 1 \end{bmatrix} \tag{10-15}$$

在式(10-15) 中，M_1 含有的系数 f、d_X、d_Y、u_0、v_0 与摄像机自身的参数有关，称为"内部参数"，而 M_2 包含的系数（旋转阵列 R、平移阵列 T）都由摄像机对物坐标系 $O_w X_w Y_w Z_w$ 的方位决定，称为"外部参数"。一般而言，内部参数较容易获取，而外部参数的获取需要通过"摄像机标定过程"实现。

理论上，在内外部参数都具备的条件下，依据式(10-15)，可以通过拍摄采集的数字图像提供的坐标 (u,v)，计算出物体在世界坐标系中的坐标 (x_w, y_w, z_w)。

四、双目立体视觉测量模型及方法

双目立体视觉测量是借助 C_1 和 C_2 两台摄像机同时观察同一个目标景物。一般情况下，C_1 和 C_2 两台摄像机结构和性能参数完全相同且摆放位置对称。两台摄像机 C_1 和 C_2 可以采取相交轴或平行轴方式对称放置。在图 10-13 中采取相交轴方式摆放。

假设两台摄像机已经标定，其内/外部参数已知。空间任意一点 P 在两台摄像机 C_1 和 C_2 上

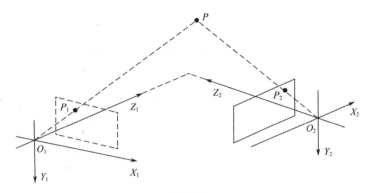

图 10-13

的图像像素点为 P_1 和 P_2，则可建立空间点 P 与两图像像素点 P_1 和 P_2 之间的关系式。

针对前述的式(10-15)，可以将矩阵 M_1 和 M_2 相乘得到矩阵 M_P，即 $M_P = M_1 M_2$，M_P 为 3×4 矩阵，则式(10-15) 变为

$$z_c \begin{bmatrix} u \\ v \\ 1 \end{bmatrix} = M_1 M_2 \begin{bmatrix} x_w \\ y_w \\ z_w \\ 1 \end{bmatrix} = M_P \begin{bmatrix} x_w \\ y_w \\ z_w \\ 1 \end{bmatrix} = \begin{bmatrix} m_{11} & m_{12} & m_{13} & m_{14} \\ m_{21} & m_{22} & m_{23} & m_{24} \\ m_{31} & m_{32} & m_{33} & m_{34} \end{bmatrix} \begin{bmatrix} x_w \\ y_w \\ z_w \\ 1 \end{bmatrix} \tag{10-16}$$

对 C_1 和 C_2 两台摄像机，可分别写出

$$z_{c1} \begin{bmatrix} u_1 \\ v_1 \\ 1 \end{bmatrix} = \begin{bmatrix} m_{11}^{\mathrm{I}} & m_{12}^{\mathrm{I}} & m_{13}^{\mathrm{I}} & m_{14}^{\mathrm{I}} \\ m_{21}^{\mathrm{I}} & m_{22}^{\mathrm{I}} & m_{23}^{\mathrm{I}} & m_{24}^{\mathrm{I}} \\ m_{31}^{\mathrm{I}} & m_{32}^{\mathrm{I}} & m_{33}^{\mathrm{I}} & m_{34}^{\mathrm{I}} \end{bmatrix} \begin{bmatrix} x_w \\ y_w \\ z_w \\ 1 \end{bmatrix} \tag{10-17a}$$

$$z_{c2} \begin{bmatrix} u_2 \\ v_2 \\ 1 \end{bmatrix} = \begin{bmatrix} m_{11}^{\mathrm{II}} & m_{12}^{\mathrm{II}} & m_{13}^{\mathrm{II}} & m_{14}^{\mathrm{II}} \\ m_{21}^{\mathrm{II}} & m_{22}^{\mathrm{II}} & m_{23}^{\mathrm{II}} & m_{24}^{\mathrm{II}} \\ m_{31}^{\mathrm{II}} & m_{32}^{\mathrm{II}} & m_{33}^{\mathrm{II}} & m_{34}^{\mathrm{II}} \end{bmatrix} \begin{bmatrix} x_w \\ y_w \\ z_w \\ 1 \end{bmatrix} \tag{10-17b}$$

上述两式中，矩阵元素 m_{ij} 的下标满足 $i=1,2,3$ 及 $j=1,2,3,4$。矩阵元素上标中的 I 和 II 分别标示 C_1 和 C_2 摄像机。

在式(10-17a) 和式(10-17b) 中，分别消去 z_{c1} 和 z_{c2}，得到

$$\begin{bmatrix} u_1 m_{31}^{\mathrm{I}} - m_{11}^{\mathrm{I}} & u_1 m_{32}^{\mathrm{I}} - m_{12}^{\mathrm{I}} & u_1 m_{33}^{\mathrm{I}} - m_{13}^{\mathrm{I}} \\ v_1 m_{31}^{\mathrm{I}} - m_{21}^{\mathrm{I}} & v_1 m_{32}^{\mathrm{I}} - m_{22}^{\mathrm{I}} & v_1 m_{33}^{\mathrm{I}} - m_{23}^{\mathrm{I}} \end{bmatrix} \begin{bmatrix} x_w \\ y_w \\ z_w \end{bmatrix} = \begin{bmatrix} m_{14}^{\mathrm{I}} - u_1 m_{34}^{\mathrm{I}} \\ m_{24}^{\mathrm{I}} - v_1 m_{34}^{\mathrm{I}} \end{bmatrix} \tag{10-18a}$$

$$\begin{bmatrix} u_2 m_{31}^{\mathrm{II}} - m_{11}^{\mathrm{II}} & u_2 m_{32}^{\mathrm{II}} - m_{12}^{\mathrm{II}} & u_2 m_{33}^{\mathrm{II}} - m_{13}^{\mathrm{II}} \\ v_2 m_{31}^{\mathrm{II}} - m_{21}^{\mathrm{II}} & v_2 m_{32}^{\mathrm{II}} - m_{22}^{\mathrm{II}} & v_2 m_{33}^{\mathrm{II}} - m_{23}^{\mathrm{II}} \end{bmatrix} \begin{bmatrix} x_w \\ y_w \\ z_w \end{bmatrix} = \begin{bmatrix} m_{(I)14}^{\mathrm{II}} - u_2 m_{(II)34}^{\mathrm{II}} \\ m_{(II)24}^{\mathrm{II}} - v_2 m_{(II)34}^{\mathrm{II}} \end{bmatrix} \tag{10-18b}$$

如果使用一台摄像机拍摄，式(10-18a) 或式(10-18b) 表示的方程组为不定方程组。用两个方程求解三个未知数，故不存在唯一解。当采用两台或两台以上摄像机交会拍摄时，方程个数变为 $2i$ $(i \geqslant 2)$，从而大于未知数个数，该方程组变为具有超定性。

在双摄像机拍摄的条件下，空间中的点 P 是 $O_1 P$ 与 $O_2 P$ 的交点，故 P 点同时满足式(10-18a) 与式(10-18b)。假如 P_1 和 P_2 点已知，则联立求解式(10-18a) 和式(10-18b)，即可获得 P 点的空间坐标 (x_w, y_w, z_w)，从而构建三维立体模型。若具备多台摄像机，也可用最小二乘法求解出空间点的坐标。

至此，采用双/多目立体视觉方法进行三维立体测量的关键技术演化为两项，其一是摄像机

标定，即获取摄像机内外部参数；其二是求解空间任一点在两台摄像机所获得的图像中的对应像素点 P_1 与 P_2，即图像匹配技术。

摄像机标定是一项十分重要的步骤，其目的在于获取摄像机的内部参数和外部参数。主要外部参数有摄像机方位角度 φ、ω、κ，摄像机对物空间原点的偏移量 t_x、t_y、t_z；主要内部参数为主距 f、像素尺寸 (d_X, d_Y)、主点对成像平面左上角点的偏移量 (u_0, v_0)。

对于实际的摄像机等成像设备，其成像并非完全满足理想成像条件，存在各种畸变。因此，在标定过程中，必须考虑到畸变及各种误差因素的影响，进行相应补偿纠正。

摄像机标定步骤一般包括布置标定控制点（空间坐标值已知）、拍摄、测量获取标定控制点的图像坐标、将图像坐标与三维空间坐标代入成像模型公式求得摄像机内外参数。

摄像机标定的方法有透视变换法、两步法、张正友法和双平面法等多种，在此仅作简要介绍，相关的内容请参阅相关参考书及资料。

- 透视变换法：它不考虑成像中的多种非线性误差因素，仅基于三维空间点到二维图像点的线性变换原理，给定足够多的三维空间点坐标及其对应的二维图像坐标，利用线性变换矩阵中的多种元素，求出变换矩阵，从而最终解出摄像机内外参数。

- 两步法：首先利用三维标靶上的已知特征点，依据线性变换或透视变换方法求解摄像机参数，随后以求得的参数为初始值，在考虑非线性畸变等因素的条件下，进行非线性优化，最终得到较高精度的全部参数。

- 张正友法：采用带有多个标定块、标定控制点坐标值（世界坐标值）已知的模板，对其进行不同方向的拍摄，得到图像。经图像处理，获得标定控制点的图像坐标。根据控制点坐标值和对应的图像坐标值，解出摄像机参数值。再采用非线性最小二乘法迭代计算出优化的参数。

- 双平面法：通过两个已知相关平面上的三维空间点到图像坐标对应点的连线，利用内插法求得摄像机参数。

附录：

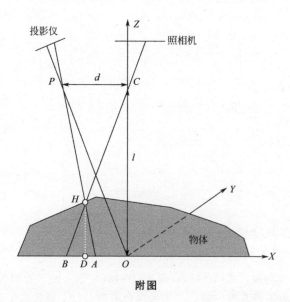

附图

由 $\triangle PCH \infty \triangle BAH$ 可知

$$\frac{HB}{HC} = \frac{AB}{PC}, \frac{HB}{HC} = \frac{s(x,y)}{d}$$

即

$$HB = \frac{s(x,y)}{d} \times HC$$

由 $\triangle CBO \infty \triangle HBD$ 可知

$$\frac{HD}{OC}=\frac{HB}{CB}$$

即

$$\frac{h(x,y)}{l}=\frac{HB}{CB}$$

则

$$\frac{h(x,y)}{l}=\frac{HB}{CB}=\frac{HB}{HC+HB}$$

将前式代入，则

$$\frac{h(x,y)}{l}=\frac{\dfrac{s(x,y)}{d}\times HC}{HC+\dfrac{s(x,y)}{d}\times HC}$$

$$h(x,y)=\frac{s(x,y)}{d+s(x,y)}\times l$$

复习思考题

1. 给出光学法三维造型信息采集方法的类别，并概述其各自的基本原理。

2. 一台激光三维扫描仪，在扫描某物体的某点时，测到发射与接收到激光的时间差为 0.005s，激光束仰角 30°，与水平轴的夹角为 60°，求激光发射点至测量点的距离是多少米？被测点的三维坐标是多少？

3. 某三维造型测量设备，采用投影仪和摄像机进行三角法测量。投影仪与摄像机的间距为 0.8m。某次投影时，光线与水平轴夹角为 45°，摄像头与水平轴夹角为 30°，求被测点与摄像机的距离是多少米？

4. 采用"组合式二值编码模式光投影法"时，多次投影/拍摄"黑白"二值图案，比一次投影多亮度值图案的优势是什么？采用格雷码进行图案编码比二进制编码有何益处？

5. 在结构光三维测量中，为什么可以通过获取相位差的方法，得到三维物体的深度信息？为什么要进行多次不同相位结构光影像的投影？请就其原理进行说明。

6. 双目立体视觉测量中，何为摄像机的内部参数及外部参数？根据式(10-14) 说明内外部参数对三维测量的重要性，并依该式解释采用"双目"或"多目"进行测量的有效性。

第十一章

印前图像处理原理和方法

为使印刷产品图文并茂，具有丰富的视觉信息含量，印刷复制涉及的图像信息所占比例稳步提高。由此，印前图像处理承担着重要的任务。

本章将侧重讨论印前相关的二维数字图像处理原理，在图像数字化表示的基础上，主要介绍有关图像阶调/层次、颜色、清晰度、图像像素插值等方面的算法。此外，对图像数据的压缩方法也进行了简要的介绍。

第一节　图像数据的数字式表示

数字图像处理的对象是数字式的图像数据。本节将介绍非压缩状态、不同颜色模式下图像数据的基本表示方法。

一、图像颜色模式与离散图像数据的关系

计算机数据表示中，最基本的单位是二进制位（bit），每 8 位为 1 个字节（Byte）。图像数据的表示同样以此为基础。

印前过程常见的图像颜色模式有位图（Bitmap）、灰度（Grayscale）、红绿蓝（RGB）、青品黄黑（CMYK）和色度 LAB 等多种。

在不同的颜色模式下，图像的颜色分量数（颜色通道数）不同，图像的每个像素所对应的数据个数不同。

位图模式的图像，其每个像素对应 1 个 1 位二进制数据；对灰度、红绿蓝、青品黄黑、色度 LAB 模式图像，其每个像素包含一个或多个颜色分量数据，而每个分量数据可以是 8 位（单字节）、16 位（双字节）以至 32 位（四字节）的数据。表 11-1 给出了不同颜色模式的图像每个像素的数据个数和每个数据的位数。

表 11-1　每个像素的数据个数和每个数据的位数

颜色模式	颜色分量数	每分量位数	总位数/像素
位图	1	1	1
灰度	1	8/16/32	8/16/32
RGB	3	8/16/32	24/48/96
LAB	3	8/16/32	24/48/96
CMYK	4	8/16/32	32/64/128

二、图像数据基本编码方法

1. 位图编码方法

位图是一种二值图像，其表达的图像层次数仅为 2 级，如常见的黑/白。其数据编码有两种方式，即黑为 1、白为 0 方式，或白为 1、黑为 0 方式。

如图 11-1 所示，同 1 行二值图像像素，采用前一种方式和后一种方式的二进制图像编码数据完全相反。

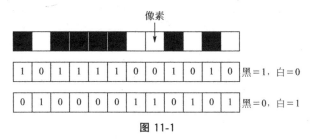

图 11-1

2. 灰度图像编码

灰度图像是具有深浅层次的多值图像。其每个像素可以对应 8 位、16 位、32 位二进制数据，分别可以具备 256、65536、4294967296 个层次等级的表达能力，即数据 $0\sim255$、$0\sim65535$、$0\sim4294967295$。灰度图像的编码也有两种方式，其一是 0 为黑、2^b-1 为白，其二是 0 为白、2^b-1 为黑（b 为位数）。

图 11-2 所示灰度图像的 3 个像素，采用 8 位，0 为黑，255 为白的编码方式，其灰度值分别是十进制（201、120 和 36），十六进制（C9、78 和 24），其二进制编码如图 11-2 所示。

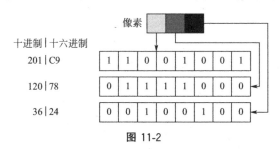

图 11-2

3. RGB 图像编码

RGB 模式图像是具有红/绿/蓝 3 个分量的彩色图像，每个分量用 8 位、16 位、32 位二进制数据编码，即每个颜色分量具有 2^b 个等级（b 为位数），2^b-1 表示分量最强值，0 表示分量最弱值。

图 11-3 所示 RGB 图像的 2 个像素，若采用 8 位编码方式，其红/绿/蓝 3 个分量的数值分别是十进制（201,120,36）和（12,55,251），十六进制（C9,78,24）和（0C,37,FB），其二进制编码如图 11-3 所示。

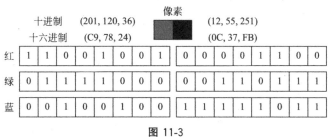

图 11-3

4. CMYK 图像编码

CMYK 模式图像是具有青/品红/黄/黑 4 个分量的彩色图像，每个分量用 8 位、16 位、32 位二进制数据编码，即每个颜色分量具有 2^b 个等级（b 为位数），2^b-1 表示分量最大值（如网点面积率 100%），0 表示分量最小值。

网点面积率 φ 的计算为

$$\varphi = \frac{\text{编码数据值}}{\text{编码数据最大值}} = \frac{D_{\text{Code}}}{2^b - 1} \tag{11-1}$$

例如，每个分量 8 位编码，已知青分量的编码数据为十六进制 FB，转换成十进制 251，则应除以十进制 $2^8 - 1 = 255$，得到 $\varphi = 98.43\%$。

图 11-4 所示 CMYK 图像的 2 个像素，若采用 8 位编码方式，其青/品红/黄/黑 4 个分量的数值分别是十进制（201,120,36,12）和（11,55,251,33），十六进制（C9,78,24,0C）和（0B,37,FB,21），其二进制编码如图 11-4 所示。

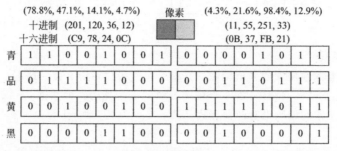

图 11-4

5. LAB 图像编码

LAB 模式图像是具有 3 个色度分量 $L*a*b*$ 的彩色图像，每个分量用 8 位、16 位、32 位二进制数据编码。其中，L 分量具有 2^b 个等级（b 为位数），$2^b - 1$ 表示分量最大值，0 表示分量最小值。若 $b = 8$，则色度值 L 与十进制数据 L_D 的关系为

$$L_D = 2.55L \tag{11-2}$$

$a*$ 和 $b*$ 分量的最高位为符号位（0 为正数，1 为负数），余下的 $b-1$ 位用来表示色度数据的 2^{b-1} 个等级。

图 11-5

图 11-5 所示的 LAB 模式图像 1 个像素，其像素色度值为（80,16,-5），十进制为（204,16,251），十六进制数据为（CC,10,FB），其中的 $b*$ 分量的负值（-5）的获取方法是：符号位为 1 表示负数，将其他各位二进制数据逐位取反，得到 00000100，为十进制 4，再加 1，即得到该色度值的编码 -5。

为进行 $a*$ 和 $b*$ 分量数据向色度数据的转换，还可以采用下列简化计算方法，即先将数据转换成十进制数值 V_D；如果数值大于 127，则用 V_D 减去 256，否则 V_D 即为所需色度值。

$$V_{\text{AB}} = \begin{cases} V_D & (V_D \leqslant 127) \\ V_D - 256 & (V_D > 127) \end{cases} \tag{11-3}$$

以图 11-5 的数据为例，其 $a*$ 的十进制数据为 16，即 $a* = +16$；而 $b*$ 的十进制数据为 251，按上式得到 $b* = 251 - 256 = -5$。

第二节　数字图像的数据量

数字图像用二进制数码表示信息，而数码占有一定的数据量。本节讨论非压缩状态下的图像数据量。

在不压缩的前提下，图像数据量 M_{PIC} 与图像横/纵像素数 P_X/P_Y、图像分辨率 R、图像尺寸横/纵 L_X/L_Y、颜色通道数 N_C、图像每个通道的位数 b 相关。可以用下列公式计算（单位：MB）。

$$M_{\text{PIC}} = \frac{N_C \times (P_X \times P_Y) \times b}{1024 \times 1024 \times 8} = \frac{N_C \times (R_X \times L_X \times R_Y \times L_Y) \times b}{1024 \times 1024 \times 8} \tag{11-4}$$

其中，颜色通道数 N_C、图像每个通道的位数 b 与图像的颜色模式相关，可参考表 11-1 的取值。

例如，1 幅 A4 尺寸的图像（21cm×29.7cm），分辨率 300ppi 的 CMYK 模式（$N_C=4$）数字图像文件，每个原色通道 8 位，则其数据量为

$$M_{PIC} = \frac{4 \times \left(300 \times \dfrac{21}{2.54} \times 300 \times \dfrac{29.7}{2.54}\right) \times 8}{1024 \times 1024 \times 8} = 33.2 (MB)$$

如果将 A1 幅面（84.1cm×59.4cm）的二值位图（$b=1$ 位）输出到分辨率 1000dpcm（2540dpi）的激光记录设备上，成为分色片（版），每张分色片（版）的数据量为

$$M_{PIC} = \frac{1 \times (1000 \times 84.1 \times 1000 \times 59.4) \times 1}{1024 \times 1024 \times 8} = 595.5 (MB)$$

若为 CMYK 四色印刷，则四张分色片（版）的总数据量为 2.33GB。

面向数字印刷设备，其印刷依赖于用来成像的图像数据供给。因此，对单位时间内供给的数据量具有较高要求。

印刷机的速度可表示为页/min 或 m/min，相应地设前一速度为 N_P（页/min），后一速度为 S_P（长度/min），故可按下式计算出单位时间内的成像数据量 V_{IMG}，其单位为吉字节/分（GB/min）或吉字节/秒（GB/s）。

$$V_{IMG} = \frac{N_C \times (P_X \times P_Y \times N_P) \times b}{1024 \times 1024 \times 1024 \times 8} = \frac{N_C \times (R_X \times L_X \times R_Y \times L_Y \times N_P) \times b}{1024 \times 1024 \times 1024 \times 8} \tag{11-5}$$

或

$$V_{IMG} = \frac{N_C \times (R_X \times L_X \times R_Y \times S_P) \times b}{1024 \times 1024 \times 1024 \times 8} \tag{11-6}$$

例如，某四色数字印刷机的分辨率为 800ppi，最大印刷幅面为 74cm×51cm，印刷速度为 50 页/min，在进行 Ripping 处理时采用 8 位/像素，要求四色数据同时到达印刷机成像端，则其单位时间需提供的数据量为

$$V_{IMG} = \frac{4 \times (800 \times 74/2.54 \times 800 \times 51/2.54 \times 50) \times 8}{1024 \times 1024 \times 1024 \times 8} = 69.7 (GB/min) = 1.16 (GB/s)$$

若要求四色数据顺序到达成像端，单位时间需提供的数据量为上述数值的 1/4，即 17.4GB/min 或 0.29GB/s。

类似地，若四色数字印刷机的印刷幅面宽度为 50cm，分辨率为 1200ppi，印刷速度为 100m/min，1 位/像素，要求四色数据同时到达印刷机成像端，则其单位时间需提供的数据量为

$$V_{IMG} = \frac{4 \times (1200 \times 50/2.54 \times 1200 \times 10000/2.54) \times 1}{1024 \times 1024 \times 1024 \times 8} = 51.96 (GB/min) = 0.866 (GB/s)$$

第三节 图像数字化阶调层次处理

一、数字图像阶调层次处理基本原理

数字图像的阶调层次处理的核心问题是按照给定的阶调层次曲线，对原图像像素的灰度值进行转换，获得新的灰度值，达到改变图像阶调层次的目的。其中，关键的要素是确定曲线函数关系、计算数据查找表、灰度值的查表转换。

1. 阶调层次转换函数的确定

设图像原灰度值为 x，层次曲线转换后的灰度值为 y，两者之间的函数对应关系为 f，则层次曲线可写为函数 $y=f(x)$。曲线函数式的获取奠定了层次转换的基础。

层次曲线转换曲线通常由用户给定。一般的给定方式是由操作者在软件界面上"拉动"原曲

线上的一个或多个点，将其定位在曲线坐标系的适当位置上。这些具有控制作用的关键点，决定了所形成层次曲线的函数关系。

如果以 2 次多项式（如 $y=ax^2+bx+c$、二次 Bezier、二次 B 样条等）作为层次曲线的基本依据，曲线的起点 $(x_0，y_0)$ 和终点 $(x_1，y_1)$ 已知，用户再给定 1 个曲线上的点 $(x_C，y_C)$，则可用 3 个已知点的"待定系数法"求解出函数式系数，从而获得层次曲线的函数关系。如果用户给定的点多于 1 个，则可以建立高于 2 次的多项式；或者将曲线分段，每段函数的次数维持 2 次或 3 次，得到分段函数式。

2. 灰度值查表的建立

通常，采用查找表（Look Up Table，LUT）的方法进行数字式数据的快速转换。具体而言，根据已经获得的层次转换函数式，计算并建立 1 个 1 维的数据查找表，由于函数式计算可能出现小数，而图像灰度值一般为整数，故应对函数值进行舍入处理，最终获得层次曲线的数字式对应关系查找表，原图像的灰度值 x 为表项索引数据，而把转换后的灰度值数据 y 存储在表中。

3. 层次曲线灰度数据的转换

利用灰度值查找表，逐个取出原图像各像素的灰度值 x，从查找表中按索引 x 找到目标灰度值 y，对所有原图像像素灰度值进行转换，即获得由转换后灰度值构成的新图像。

图 11-6 给出了一个 3 位图像阶调层次转换过程的示意图。曲线图中的圆圈为查找表中的数值点。

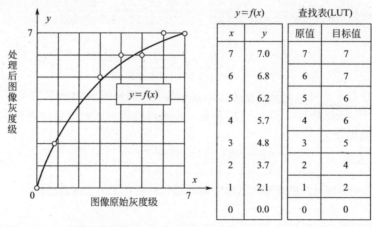

图 11-6

二、数字式灰度级在曲线转换中的损失

数字图像的特点之一是经过量化，图像中所包含的信号等级（灰度级）的数量是有限的。数字图像在进行阶调层次转换等曲线处理的过程中，灰度等级会发生并级，导致图像层次的损失。

产生这一现象的原因是尽管层次转换曲线函数是连续的（特殊情况除外），按层次转换函数，原图像某个灰度级（整数）会转换成非整数的数值，即数据落入两个整数灰度级之间，不可避免地需要进行舍入或截断处理，使此灰度级并入上一个或下一个灰度级。

在印前处理的整个过程中，存在多次曲线转换的可能，如扫描的曲线转换、图像阶调层次处理、网点扩大曲线补偿、RIP 中的记录输出线性化补偿等，因此，在数据转换过程中，图像阶调层次等级的数量会逐步下降。

解决此问题的途径是扩展原图像的灰度级数量以及减少转换的次数。

在图像采集输入设备（扫描仪和数字照相机）中，原图像的 A/D 转换位数通常高于 8 位（如：12 位、16 位），也即原始图像灰度级数高于 8 位所对应的 256 级，因此，即使在设备上进行层次曲线转换，损失后"剩余的"灰度级仍然高于 8 位所需要的，因此，从图像采集设备送出的图像能够保证每通道 8 位的精度。图 11-7 给出了加大原图像的灰度级数量的处理方法，可以看出，将原图像灰度级数量加倍以后，从处理后图像获得的灰度级数增加（从 6 级增加到 8 级）。

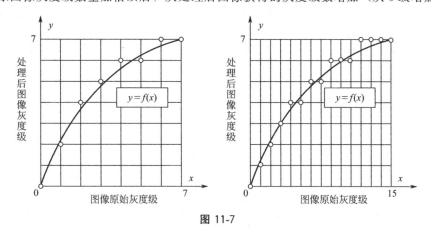

图 11-7

第四节　图像颜色处理

一、数字图像的颜色处理的基本原理

图像的颜色处理是对图像中的颜色进行转换的过程和技术。经过转换和处理，可使图像颜色的技术属性更好地符合复制技术的要求，颜色外观具有更好的视觉效果。

颜色转换模型是颜色转换处理的基础，处理需依据模型予以实施。用户可以通过软件界面进行模型参数或处理要求的设置，使颜色处理更适应其需求。

在处理方法上，数字图像的颜色处理有逐点计算处理和多维颜色空间查表处理两类。

逐点计算处理是指按照色彩转换模型，对图像每个像素进行颜色计算，将原始颜色转换到需要的目标颜色。这种方法适合计算处理算法较简单的情况，如果颜色转换模型的计算复杂，则会导致转换时间过长，效率很低。

多维颜色空间查表处理是应用广泛的方法，其核心思路是按颜色转换模型，计算并建立多维空间的数据查找表。在查找表内，按照原始颜色空间结构排布一定数量的"节点"，在节点对应的存储单元内，存储了转换后的目标颜色数据，节点的目标颜色数据符合颜色模型。

在进行颜色转换处理时，用原始颜色数据到查找表（Look Up Table，LUT）内查找所对应的目标颜色，如果查找表内的节点不包含原始颜色数据所对应的目标数据，则需要利用查找表内已有的其他节点数据，经颜色插值计算，获得所需要的目标颜色。

显然，与逐点计算处理方法相比，这种方法计算量小（仅需计算节点上的颜色转换数据），颜色转换过程是一个查找加插值的过程。对于颜色转换计算复杂、原图像数据量大的情况，这种方法具有明显优势。在这种方法中，确定颜色空间节点数量是较为重要的环节，应在保证颜色转换精度的基础上，尽量使用较少的节点，以降低对计算机内存的占用。

图 11-8 给出了多维颜色空间查表处理的示意图。

二、多维颜色空间查找表

多维颜色空间查找表（Multi-dimensional Color LUT）是一种用于颜色转换的数据对应表。

在查找表中，按原始颜色空间的结构存储目标颜色的数据。如果查找表的原始颜色空间有 N 维，每维变量的坐标轴都划分成若干等分（假设有 Q 个等分，$Q>1$），则多维颜色空间内就形成了 $(Q+1)^N$ 个节点。按节点存储目标颜色空间的数据。图 11-9 给出了一个包含 $4\times4\times4=64$ 个节点的"魔方"形多维颜色空间查找表示意图。

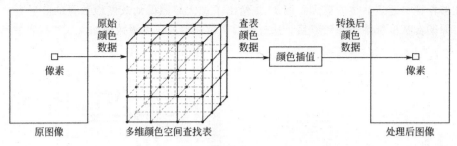

图 11-8

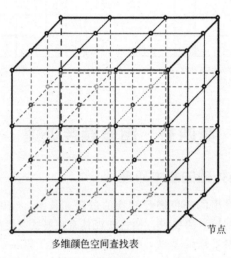

多维颜色空间查找表

图 11-9

由于多维颜色空间查找表内并未存储全部目标空间的颜色，当原图像的颜色数据没有"落在"节点上时，就需要进行颜色插值。

三、颜色的空间插值

1. 多维颜色查找表的节点数与数据量

在建立多维颜色空间查找表过程中，空间内包含的节点数与查找表占据的存储量的关系很紧密。

如果原始色空间的维数是 N，每一维做 Q 等分，转换处理以后的目标色空间维数是 M，如上所述，颜色查找表内的节点数 P 为

$$P = (Q+1)^N \tag{11-7}$$

颜色查找表所占用的数据量 S 为

$$S = nMP = nM(Q+1)^N \tag{11-8}$$

式中，n 为每个数据的字节数。

例如，原图像的颜色模式是色度 LAB，$N=3$，转换后的目标颜色模式是 CMYK，$M=4$，则在查找表中，按 CIE $L*a*b*$ 空间的结构，每个变量分成 31 等分（$Q=31$），整个三维 LAB 空间里具有的节点数为 $(31+1)^3=32768$ 个，节点上存储与节点 LAB 对应的 CMYK 数据，共存储 32768 组数据，每个数据占 1 个字节，则查找表的总数据量为 $1 \times 4 \times 32768 = 128$ KB。如果将每个变量分成 255 个等分，则共有 $(256)^3=16777216$ 个节点，LUT 数据量将达到 64MB。

2. 颜色空间的插值方法

在颜色空间查找表内的节点较少的情况下，需要通过颜色插值才能满足所有颜色转换的需要，此处介绍一种较为简单的线性插值方法。

如图 11-10 所示，多维颜色空间查找表中，在 1 个由 8 个节点（$S_1 \sim S_8$）构成的子空间内，需要求得未存储的 C 点颜色数值。子空间的坐标值范围都归于 [0,1]，C 点在子空间内的坐标为 (x, y, z)，节点 $S_1 \sim S_8$ 存储的颜色数值分别为 $V_1 \sim V_8$，可以通过已知的条件求出 C 点的颜色数值 V_C。

求法如下。

① 由 x、V_1 和 V_2 求得 V_{A1}：$V_{A1} = V_1 + (V_2 - V_1)x$。

② 由 x、V_3 和 V_4 求得 V_{A2}：$V_{A2} = V_3 + (V_4 - V_3)x$。

③ 由 x、V_5 和 V_6 求得 V_{B1}：$V_{B1} = V_5 + (V_6 - V_5)x$。

④ 由 x、V_7 和 V_8 求得 V_{B2}：$V_{B2} = V_7 + (V_8 - V_7)x$。

⑤ 由 y、V_{A1} 和 V_{A2} 求得 V_A：$V_A = V_{A1} + (V_{A2} - V_{A1})y$。

⑥ 由 y、V_{B1} 和 V_{B2} 求得 V_B：$V_B = V_{B1} + (V_{B2} - V_{B1})y$。

⑦ 由 z、V_A 和 V_B 求得 V_C：$V_C = V_B + (V_A - V_B)z$。

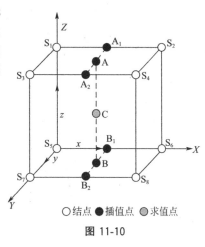

○结点 ●插值点 ◉求值点

图 11-10

此外，颜色空间插值还有一些其他方法，如利用较少节点进行的四面体插值法、空间非线性插值法等，有兴趣的读者可以自己推究。

第五节 图像清晰度处理

图像不仅以其缤纷的色彩、协调的层次引人瞩目，其丰富细腻的质感和细节同样有着十分强烈的吸引力。细节信息是色彩、阶调层次之外图像信息的重要来源。本节将介绍图像清晰度增强和减弱的处理原理和方法。

一、图像细节及其清晰度的基本含义

图像细节是图像中较细微的对象。这里所谓"较细微"一般是指与图像自身尺寸相比，或者与图像所表现的主体对象相比，这些对象的尺寸相对微小，甚至很细微。图 11-11(a) 的主体是一片枯叶，枯叶表面上的叶脉、微细的灰尘颗粒等就属于图像细节。图 11-11(b) 为细节清晰度较低的枯叶图像。

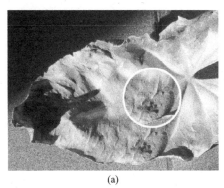

(a)   (b)

图 11-11

应当弄清图像细节的清晰度与图像分辨率之间的关系，因为两者的概念很容易混淆。

清晰度是指图像细节边缘变化的敏锐程度。细节边缘变化的敏锐程度高，则清晰度高；反之，细节边缘变化得较为柔和，图像清晰度就较低。这一点从图 11-11(a) 和图 11-11(b) 枯叶边缘处的细节变化可以明显看出。图像细节清晰度对被拍摄物体质感的再现具有重要的作用。

图像分辨率是单位尺寸内设备或材料能够分辨的线数或线对（line pair）的数量（1 个"线对"=1 对线条，如 1 条白线和 1 条黑线）。图像分辨率决定于设备或材料对细节的分辨能力。

　　注意：分辨率决定了有多少细节信息能够包含在图像当中（细节的丰富性），但并不能决定图像细节是否清晰。出现分辨率高而清晰度低以及分辨率低而清晰度高的现象并不奇怪。

　　如果图像的分辨率低，原物体的许多细节都没有被采集到，图像的细节不够丰富，会给人"不清晰"的视觉印象，但这种所谓"不清晰"的是细节不够丰富引起的。在低分辨率图像当中，已经被拍摄或扫描系统采集到的细节，其边缘变化的锐度可能很高，符合清晰度高的基本含义。反之，一幅高分辨率的图像，原物体的许多细节都可以"尽收眼底"，细节很丰富，但其细节的边缘变化的敏锐程度或许并不高，即清晰度不高。图 11-12（a）的分辨率是图 11-12（b）的 3 倍（600ppi 比 200ppi）；图 11-12（c）和图 11-12（d）分别是图 11-12（a）和图 11-12（b）的局部，可见图（b）并没有正确分辨出局部的细节，但其清晰度却比图（a）高。

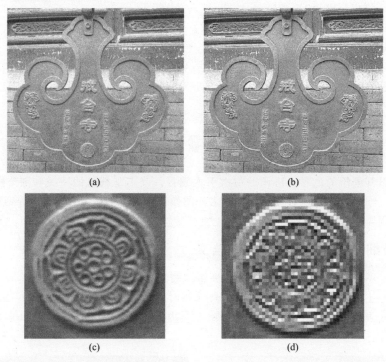

图 11-12

二、图像复制过程中细节清晰度的损失

　　原始物体（被摄物体）具有其自身不同的细节特性，如头发、织物、皮革等具有十分丰富的细节资源［图 11-13（a）］；而晚霞映照的天空［图 11-13（b）］等图像的细节就很少。

图 11-13

在图像印刷复制过程中，图像信息的传递受到多种因素的干扰，会导致图像清晰度的劣化。这些因素主要如下。

● 在图像采集过程中，光学系统（照相机和扫描仪的光学透镜）、分光系统（扫描仪和数字相机用的滤色片）、光电转换器件、感光材料等都会对成像光线或由成像光线产生的电信号造成一定程度的不良影响，造成图像清晰度的下降。

● 图像处理过程中，某些计算会导致图像细节边缘模糊或反差下降，如图像分辨率的插值处理、降低图像反差处理等。

● 图像加网引起的网纹干扰、多色版网点叠印所产生的"玫瑰斑"干扰等。

● 印刷过程中，由于多色版套印不准造成的边缘模糊。

假设原始被摄体是一组黑白相间的图案，其边界极其清晰［图 11-14(a)］，经过成像系统的采集、传递，图像的清晰度会有所下降［图 11-14(b)］。图 11-14 下方给出了局部放大的效果。

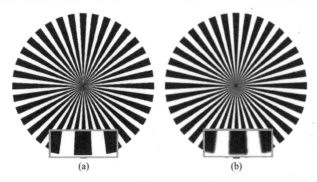

(a)   (b)

图 11-14

为了校正图像清晰度的劣化，扫描仪和数码相机的图像处理芯片、多种图像处理软件都具备图像清晰度增强的功能。

三、图像清晰度增强原理

科学家经研究发现，视觉系统有对观察到的图像细节边缘进行强调的功能。为了使图像系统具有与视觉系统类似的功能，人们采用了多种清晰度增强技术。通过计算机软件和硬件进行清晰度增强是影像领域常用的技术。

下面介绍两种较为经典的方法，即"虚光蒙版法"（Unsharp Masking，USM）和"卷积锐化法"。

1. 虚光蒙版法

这种方法的来源是古老的照相制版技术。用图片原稿拍摄制作出一张较为模糊的阴图片，再将其与原稿叠放密合在一起，进行照相制版的拍摄，最终获得的图像更为清晰。

数字图像处理中，实现这种清晰度增强的算法如下。

① 每次取出数字图像的 1 个小方块区域内的像素数据，这个小区域一般可以具有 3×3、5×5、7×7、…、13×13 个像素（$N=3,5,7,\cdots,13$）。

② 求出这个小方块区域内除中心点以外的像素数据 V_i（$i=1,\cdots,N^2-1$）的平均值 M，即

$$M=\frac{\sum\limits_{i=1}^{N^2-1}V_i}{N^2-1} \tag{11-9}$$

③ 设小方块区域中心点的像素数据为 V_c，清晰度强调信号数据为 S_0，则

$$S_0=V_c-M \tag{11-10}$$

由于中心点像素数据可能大于、小于或等于平均值 M，故 S_0 可能为正、负、零值。

④ 设置一个门限值 $T\geqslant0$，如果 S_0 为正或零，则两者相减，将结果取正；如果 S_0 为负，则

两者相加，将结果取负，得到 S_1。

$$S_1 = \mathrm{Pos}(S_0 - T) \qquad [(S_0 - T) \geqslant 0]$$
$$S_1 = \mathrm{Neg}(S_0 + T) \qquad [(S_0 + T) < 0] \tag{11-11}$$

算符 $\mathrm{Pos}(\cdot)$ 和 $\mathrm{Neg}(\cdot)$ 分别代表取正值和取负值。

设置门限值的目的是使一些反差较小的细节不被强调，防止图像的一些部分（如皮肤等）出现粗糙效果。

⑤ 按照用户设定的强调幅度系数 k，由清晰度强调数据 S_1 得到 S_2。

$$S_2 = k S_1 \tag{11-12}$$

⑥ 将清晰度强调数据 S_2 与小方块区域中心点的像素数据 V_C 相加，得到 V_{C1}。

$$V_{\mathrm{C1}} = V_\mathrm{C} + S_2 \tag{11-13}$$

经过"虚光蒙版"处理，在图像细节边缘的亮暗交界处，会出现"更亮/更暗"的特殊边界，这种特殊边界使得图像细节的边缘处凸现出来，更容易被眼睛识别，视觉清晰度更高。图 11-15 (a) 为原图像，图(b) 为图 (a) 经过 USM 处理得到的结果，左上角的小图显示了图像微观的状态。

2. 卷积锐化法

这种方法采用一个 3×3 个系数组成的矩阵（称为"卷积核"），中心位置的系数最大（$+5.0$），离中心越远则系数越小，最远的系数为负数（-1.0）：

$$\begin{bmatrix} -1.0 & 1.0 & -1.0 \\ 0.0 & 5.0 & 0.0 \\ -1.0 & 0.0 & -1.0 \end{bmatrix}$$

在进行清晰度处理时，用这个 3×3 系数阵列与 3×3 个图像数据位置对应，把图像像素数据与对应位置上的系数相乘，再把 9 个乘积加起来，作为中心点处理后的新像素数据，然后将卷积核系数阵列移动 1 行或 1 列，对下一组 3×3 个图像数据进行处理，直至图像所有像素被处理完。

锐化系数阵列具有"突出自我、压低邻居"的"自私"性能，能够将图像细节边缘的清晰度提升。有兴趣的读者可以在 Photoshop 软件的"滤镜"→"其他"→"自定"中设置系数阵列，获得清晰度增强的效果。

图 11-15(a) 为原图像，图 (c) 为图 (a) 经过上述卷积锐化得到的结果，左上角的小图显示了图像微观的状态。

(a) 　　　　　　　　(b) 　　　　　　　　(c)

图 11-15

四、图像模糊化处理

与图像清晰度增强相反，图像模糊化处理是以降低图像清晰度为目的的，使图像具有一定的柔和甚至朦胧效果。

图像的模糊化有很多方法，在此仅介绍利用模糊化卷积核进行处理的方法。

模糊化系数矩阵是

$$\begin{bmatrix} 0.08 & 0.12 & 0.08 \\ 0.12 & 0.2 & 0.12 \\ 0.08 & 0.12 & 0.08 \end{bmatrix}$$

将此数据阵列与"清晰化/锐化"系数阵列相比，系数对其分布位置的变化要柔和得多。

算法与清晰度增强处理一致，即用此 3×3 系数阵列与 3×3 个图像数据位置对应，把图像像素数据与对应位置上的系数相乘，再把 9 个乘积相加，作为中心点处理后的新像素数据，然后将卷积核系数阵列移动 1 行或 1 列，对下一组 3×3 个图像数据进行处理，直至图像所有像素被处理完为止。

图 11-16(a) 和图 11-16(b) 显示了原图像和图像模糊化处理的效果，左上角的小图显示了图像局部的状态。

图 11-16

第六节　图像像素插值

图像像素插值（pixel interpolation）是一种利用原有像素，通过插值计算获得原本不存在的像素数据的图像处理技术。图像插值主要应用在图像扫描、数字摄影的"数码变焦"中，很多图像处理软件也配置了此项功能。本节将介绍三种常用的图像像素插值方法。

一、最临近像素插值

最临近像素插值（nearest neighbor interpolation）是一种较为简单快速的像素插值方法。顾名思义，其基本思路是将距离最近的已有像素复制并安置在需要插值像素的位置上，插值实际上是一个对最临近已知像素进行"拷贝"和"粘贴"的过程。

如图 11-17 所示，已有的离散数字图像，其像素排列成阵列，现需要在已有像素之间的某个位置 P 点上求得未知像素的数据 $V(x,y)$。与 P 点相邻的有 4 个像素，其像素数据分别为 $V(i,j)$、$V(i+1,j)$、$V(i+1,j)$ 和 $V(i+1,j+1)$。

设两行或两列已知像素之间的距离是 1.0，P 点与这 4 个像素的距离分别是 $D(i,j)$、$D(i+1,j)$、$D(i+1,j)$ 和 $D(i+1,j+1)$，则可以很简单地判定最临近的像素，进而将最临近像素的数据"移植"到 (x,y) 点处，即

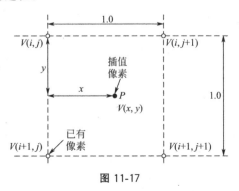

图 11-17

$$V(x,y) = V(D_{MIN}) \tag{11-14}$$

二、双线性插值

双线性插值（bilinear interpolation）是利用已有像素数据，在横/纵两个方向上，通过线性插值获得未知像素数据的方法。这种方法计算比非线性插值简单，插值获得的图像灰度过渡较平滑。

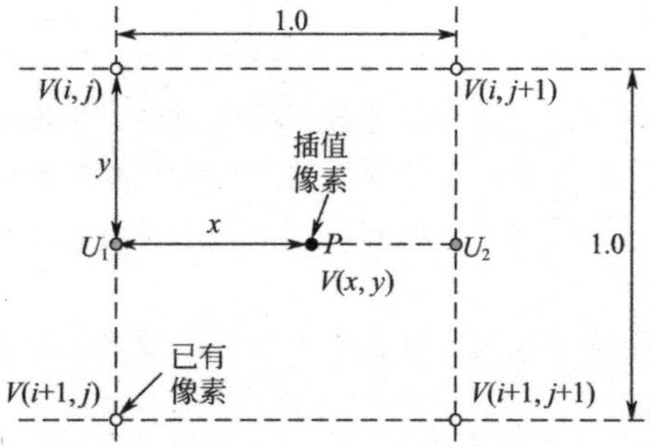

图 11-18

如图 11-18 所示，插值涉及的坐标安排、像素排列、像素标号与图 11-17 相同，现需获得 P 点的像素数据 $V(x,y)$。

插值可以按下列步骤进行。

① 由 $V(i,j)$、$V(i+1,j)$ 和 y，按照直线方程计算出 U_1。

$$U_1=V(i,j)+y[V(i+1,j)-V(i,j)]$$

② 由 $V(i,j+1)$、$V(i+1,j+1)$ 和 y，计算出 U_2。

$$U_2=V(i,j+1)+y[V(i+1,j+1)-V(i,j+1)]$$

③ 由 U_1、U_2 和 x，计算出 $V(x,y)$。

$$V(x,y)=(1-x)(1-y)V(i,j)+(1-x)yV(i+1,j)+$$
$$x(1-y)V(i,j+1)+xyV(i+1,j+1) \tag{11-15}$$

三、双三次插值

双三次插值（bi-cubic interpolation）是利用已有像素数据，在横/纵两个方向上，通过三次曲面非线性插值获得未知像素数据的方法。

从数学原理上，建立 1 个双三次曲面片的方程需要横/纵排列的 4×4 个已知像素数据。双三次曲面方程组可以有多种形式，不妨假设所取双三次曲面方程的形式为

$$V(x,y)=(a_{33}x^3y^3+a_{23}x^2y^3+a_{13}xy^3+a_{03}y^3)+(a_{32}x^3y^2+a_{22}x^2y^2+a_{12}xy^2+a_{02}y^2)+$$
$$(a_{31}x^3y+a_{21}x^2y+a_{11}xy+a_{01}y)+(a_{30}x^3+a_{20}x^2+a_{10}x+a_{00})$$

写成矩阵形式为

$$V(x,y)=\begin{bmatrix}x^3 & x^2 & x & 1\end{bmatrix}\begin{bmatrix}a_{33} & a_{32} & a_{31} & a_{30}\\ a_{23} & a_{22} & a_{21} & a_{20}\\ a_{13} & a_{12} & a_{11} & a_{10}\\ a_{03} & a_{02} & a_{01} & a_{00}\end{bmatrix}\begin{bmatrix}y^3\\ y^2\\ y\\ 1\end{bmatrix} \tag{11-16}$$

如图 11-19 所示，取图像中 4×4 个已知像素点的数据建立曲面片，在横/纵两个方向上的位置坐标值范围都取 $[0.0,1.0]$，由于已知像素均匀排列，故已知像素的坐标位置排布在 $x\in[0,1/3,2/3,1]$ 和 $y\in[0,1/3,2/3,1]$ 上，像素数据应满足上式，故可得到 16 个方程式

$$V(0,0)=\begin{bmatrix}0^3 & 0^2 & 0 & 0\end{bmatrix}\begin{bmatrix}a_{33} & a_{32} & a_{31} & a_{30}\\ a_{23} & a_{22} & a_{21} & a_{20}\\ a_{13} & a_{12} & a_{11} & a_{10}\\ a_{03} & a_{02} & a_{01} & a_{00}\end{bmatrix}\begin{bmatrix}0^3\\ 0^2\\ 0\\ 1\end{bmatrix}=a_{00}$$

$$V\left(\frac{1}{3},0\right)=\begin{bmatrix}\left(\frac{1}{3}\right)^3 & \left(\frac{1}{3}\right)^2 & \frac{1}{3} & 1\end{bmatrix}\begin{bmatrix}a_{33} & a_{32} & a_{31} & a_{30}\\ a_{23} & a_{22} & a_{21} & a_{20}\\ a_{13} & a_{12} & a_{11} & a_{10}\\ a_{03} & a_{02} & a_{01} & a_{00}\end{bmatrix}\begin{bmatrix}0^3\\ 0^2\\ 0\\ 1\end{bmatrix}$$

...

$$V(1,1) = [1^3 \ 1^2 \ 1 \ 1] \begin{bmatrix} a_{33} & a_{32} & a_{31} & a_{30} \\ a_{23} & a_{22} & a_{21} & a_{20} \\ a_{13} & a_{12} & a_{11} & a_{10} \\ a_{03} & a_{02} & a_{01} & a_{00} \end{bmatrix} \begin{bmatrix} 1^3 \\ 1^2 \\ 1 \\ 1 \end{bmatrix}$$

式中，只有 16 个系数 $a_{11} \sim a_{33}$ 是未知量，解此方程组，可得到 $a_{11} \sim a_{33}$ 16 个系数，获得曲面片的方程，即可插值计算曲面片范围内任何一点的像素数值。

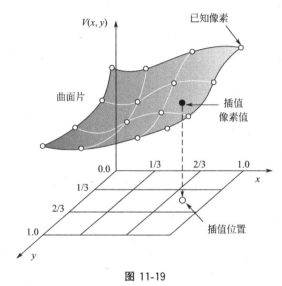

图 11-19

第七节　JPEG 图像信息压缩

图像是一种含有丰富信息的对象。一般而言，经数字化所产生的原始数据量较大。为了节约图像数据存储和传输所消耗的时间及成本，有必要对图像数据进行压缩。本节将在介绍静止图像数据压缩的基本概念、类型的基础上，重点讨论应用广泛的 JPEG 图像压缩原理和方法。

一、静态图像压缩概述

图像信息压缩的目的在于用效率更高的形式、更少的数据量（二进制位）表达原始数字信息。由于涉及到图像信息的表示方法，图像信息压缩与图像编码方式直接相关。通常，编码分为信源编码和信道编码，前者与信息的表达方式、压缩编码相关，后者则研究编码的抗干扰性和可靠性，本书仅就前者进行讨论。

静态图像数据压缩有多种不同的编码方法，常见的有行程编码、变换编码、哈夫曼编码等。

行程编码是一种针对二值图像的压缩编码方法。它将像素序列中连续的"黑色"像素数或连续的"白"像素数记录下来，而并非逐个记录像素本身。由于图像中的"黑色"像素和"白色"像素总会有某种长度的"延续"，这种压缩方法是有效的。

变换编码是利用傅里叶变换、余弦变换等正交变换方法，对空间域图像进行变换，获得的频率域/变换域的信息。由于图像像素之间总会存在一定的相关性，图像信号的低频系数一般大于其高频系数，依靠忽略一部分高频系数可以使图像信息量下降。变换编码的典型应用是 JPEG 图像压缩技术。

哈夫曼编码是著名的熵编码方法之一。其基本思路是带有信息的符号出现概率不相等，可以为高概率的信息符号分配位数较少的二进制码，而为低概率的信息符号分配位数较多的二进制码，这样就可以使总的二进制代码数量降低。

二、JPEG 图像压缩原理

JPEG 是 Joint Picture Expert Group（联合图像专家组）的缩写。这个组织由国际电话电报咨询委员会（CCITT）和国际标准化组织（ISO）的专家组成，研究静止图像的压缩技术，于 1993 年发布了第一个静止图像压缩的国际标准。JPEG 图像压缩作为一项成熟的技术得到广泛的应用。

1. JPEG 图像压缩和解压缩过程

常用的基本 JPEG（baseline JPEG）是一种有损压缩方法，它以离散余弦变换为基础，采用多种压缩编码方法对图像数据进行高效压缩。

JPEG 压缩和解压缩的过程如图 11-20 所示，未压缩的图像数据经过图像分块、离散余弦变换、系数量化、编码等步骤，获得压缩的 JPEG 图像数据；JPEG 压缩的图像数据需经过熵解码、逆量化、离散余弦反变换、色空间转换获得解压缩后的数字图像。

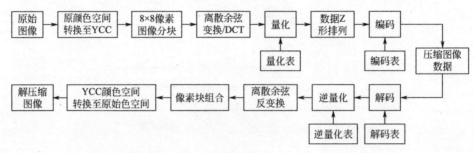

图 11-20

颜色空间转换是将原图像由红/绿/蓝（RGB）或青/品/黄/黑（CMYK）色空间转换到 YC_BC_R 色空间。

图像分块是将原图像按照 8×8 个像素分成多个小块。JPEG 的后续处理是按图像块分别进行的。

离散余弦变换（DCT）是对每个像素块进行二维离散余弦变换处理，获得 8×8 个频率域系数。

在量化过程中，使用了由 8×8 个系数组成的"量化表"，用 64 个频率域系数分别除以量化表对应位置上的 64 个量化系数，对结果进行舍入取整，得到 64 个量化的系数，随后对这 64 个量化系数进行 Z 形排序。

对直流成分系数进行"差分编码"，对交流成分实施行程编码。随后进行哈夫曼熵编码或算术编码，得到压缩的图像数据。

2. 颜色空间变换

不同的颜色空间下，图像颜色分量之间的相关性不同。在 JPEG 图像压缩技术中，将红/绿/蓝（RGB）或青/品/黄/黑（CMYK）颜色空间转换到 YC_BC_R 对立颜色空间下。

YC_BC_R 对立颜色空间简称 YCC 色空间，它由红、绿、蓝颜色分量经线性变换，转换到亮度 Y、红绿（C_R）和黄蓝（C_B）三个分量，其转换式为

$$Y=0.299R+0.587G+0.114B$$
$$C_B=-0.1687R-0.3313G+0.5B \tag{11-17}$$
$$C_R=0.5R-0.4187G-0.0813B$$

由 Y、C_B、C_R 三分量转换至 R、G、B 的转换式为

$$R=Y+1.042C_R$$
$$G=Y-0.34414C_B-0.71414C_R \tag{11-18}$$
$$B=Y+1.772C_B$$

3. 离散余弦变换

JPEG 对 8×8 个像素组成的图像块实施离散余弦变换，根据第五章中的离散余弦变换原理 [式(5-12) 和式(5-13)]，可以得到

$$G(u,v)=\frac{1}{4}\sum_{x=0}^{7}\sum_{y=0}^{7}C(u)C(v)f(x,y)\cos\left[\frac{(2x+1)\pi u}{16}\right]\cos\left[\frac{(2y+1)\pi v}{16}\right]$$

$$f(x,y)=\frac{1}{4}\sum_{u=0}^{7}\sum_{v=0}^{7}C(u)C(v)G(u,v)\cos\left[\frac{(2x+1)\pi u}{16}\right]\cos\left[\frac{(2y+1)\pi v}{16}\right]$$

(11-19)

式中

$$C(u),C(v)=1/\sqrt{2} \quad (u=0,v=0)$$
$$C(u),C(v)=1 \qquad (u,v\neq0)$$

经过 DCT 正变换，可以得到 64 个频率域系数。显然，如果将 64 个系数存储。图像的数据量并不会减少。图 11-21 给出了 1 个 8×8 图像像素块及其经过 DCT 后的频域系数，可见其左上角的直流系数最大，低频系数较大，而右下方的高频系数较小。

8×8像素块

离散余弦变换
（DCT）
所获8×8数据

8×8像素块各像素灰度值

255	255	244	230	213	193	173	151
255	244	230	213	193	172	150	127
244	230	213	193	172	150	127	105
229	213	194	172	151	127	105	82
212	193	172	150	128	104	83	62
193	172	150	127	105	83	61	42
172	150	128	105	83	62	43	25
150	127	104	83	62	42	26	11

1176.9	366.6	−11.7	30.9	3.1	8.8	−1.8	3
367.3	−24.3	−23.9	−4.5	−6.3	−1.8	−2.1	−0.6
−10.5	−24.8	−1.1	−3.5	−0.7	−0.7	−0.8	−1
31.4	−4.3	−3.7	−1.3	−1.3	−1	−0.6	−0.3
−2.9	−7.1	−1.1	−1.8	−0.4	−0.8	−1.6	0.3
9.6	−1.6	−1.9	−1	−1.5	−0.8	−0.3	0.2
−1.5	−2.4	−0.1	−0.5	−0.1	−1	−0.1	−0.5
2.4	−1	0.1	−0.7	0	−0.1	−0.2	−0.1

图 11-21

空间域图像转换到频率域以后，频谱成分按直流、低频、高频得以区分。一般而言，图像的直流和低频成分相关的系数比较大，而高频系数较小，忽略一部分很小的高频系数，可以使图像数据量减小。

4. 系数量化和排序

系数量化是 JPEG 进行图像数据压缩的重要步骤，是将由 DCT 得到的数据除以各自量化系数并取整的处理。系数量化的依据是"量化表"。每张量化表由 8×8 个量化系数构成，对应直流系数和低频系数，量化系数较小，对应高频成分的位置上，量化系数则较大。JPEG 对 Y 分量和 C_B/C_R 分量制定了不同的量化表，以适应不同的数据压缩需求。表 11-2 和表 11-3 分别是 JPEG 推荐的 Y 分量及 C_B/C_R 分量量化系数表。

表 11-2　JPEG 推荐的 Y 分量量化表

16	11	10	16	24	40	51	61
12	12	14	19	26	58	60	55
14	13	16	24	40	57	69	56
14	17	22	29	51	87	80	62
18	22	37	56	68	109	103	77
24	35	55	64	81	104	113	92
49	64	78	87	103	121	120	101
72	92	95	98	112	100	103	99

表 11-3　JPEG 推荐的 C_B/C_R 分量量化表

17	18	24	47	99	99	99	99
18	21	26	66	99	99	99	99
24	26	56	99	99	99	99	99
47	66	99	99	99	99	99	99
99	99	99	99	99	99	99	99
99	99	99	99	99	99	99	99
99	99	99	99	99	99	99	99
99	99	99	99	99	99	99	99

系数量化的处理算法是

$$\text{量化后的频域系数}=\text{舍入取整}\left(\frac{\text{DCT 获得的系数}}{\text{量化表对应位置上的数据}}\right) \tag{11-20}$$

图 11-22 是用表 11-2 的量化系数表，对图 11-21 的 DCT 系数进行量化处理后的结果。可以看出，处理后直流系数和低频系数得到保留，许多高频系数归于 0。

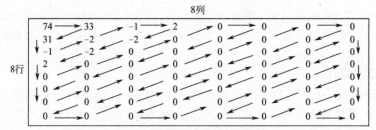

图 11-22

量化以后得到的系数还需要进行排序，排序的方式是图 11-23 所示的 Z 形。在排序后的数据队列中，大量的零值数据聚集到一起，有利于进行后续行程编码。

Z 形排列量化数据后，0 值数据聚集：
{74, 33, 31, -1, 2, -1, 2, -2, -2, 2, 0, 0, 0, 0, 0, 0, …, 0, 0, 0, 0}

图 11-23

5. 编码

JPEG 对直流成分和交流成分采用了不同的编码方式。

一幅图像由多个图像块组成，每个图像块包含 1 个直流成分数据。由于每个图像块的直流成分数据差别不很大，采用"差分编码"方法表示直流成分的数据，即：用后一个图像块的直流成分数据与前一个图像块直流成分数据相减得到的差值，例如：前一个图像块直流成分数据 $(DC)_{i-1}=12$，本块的直流成分 $(DC)_i=15$，则本块仅存储两者的差值 $(DC)_i-(DC)_{i-1}=3$。

获得直流成分数据后，根据此数据查表获得编码需要的位数，将直流成分表示成两个数据的中间格式——[直流数据位数 L_{DC}，直流数据值 D_{DC}]。

对交流成分的 63 个系数采用行程编码。通过对交流系数的查找，可以获得第 1 个非 0 的交流系数值以及查找过程中遇到的数据 0 的个数，再根据交流系数值查表，得到编码需要的位数，由此，可将交流成分表示成中间格式 [（第 1 个非 0 的交流系数值前面 0 的个数 L_{AC0}，交流系数编码位数 L_{AC}），第 1 个非 0 的交流系数值 D_{AC}]。

直流和交流系数的中间格式产生以后，开始进行"哈夫曼熵编码"。根据直流数据位数 L_{DC}、直流数据值 D_{DC}，查直流成分哈夫曼编码表得到二进制数码，再按照交流中间数据 L_{AC0}、L_{AC}、D_{AC} 查交流成分哈夫曼编码表得到二进制数码，得到压缩的最终数码。

由于使用了分块、变换、差分、行程、哈夫曼等多种压缩编码方法，JPEG 的压缩效率很高。将图像压缩到原有数据量的 1/10，视觉几乎察觉不到有损伤。但在压缩率过高、图像有颜色渐变的情况下，图像会出现可辨别的方块状干扰。

复习思考题

1. 若某颜色的 CIE 1976 $L*a*b*$ 色度数值为 [66,23,−15]，则在 8 位/通道的 LAB 数字图像中，其数据的灰度值（范围为 0~255）分别为多少？按灰度值数据，该颜色的明度 $L*$ 的实际值是多少？

2. 一幅图像的像素数为 6000×4000，若其颜色模式分别是 CMYK（8 位/通道）、灰度（16 位/通道）和黑白二值位图（1 位/像素），图像非压缩数据量分别为多少兆字节？

3. 某四色数字印刷机的分辨率为 600ppi，印刷幅面为 45cm×30cm，每通道 8 位，印刷速度为 50 页/min，要求四色数据同时到达成像端，每分钟需为该印刷机提供的数据量是多少吉字节？

4. 在某种编程环境下，编制一个程序进行灰度图像的层次曲线变换。原始图像的灰度级 $G_0 \in [0,255]$，层次转换函数为 $y = 255 \times [x/255]^{(1/1.5)}$。要求是：依照层次转换函数建立 256 个单元的灰度转换查找表，对原始图像的灰度级 G_0 进行转换，得到灰度级 G_1，在程序的适当界面上显示处理结果，或者将处理后图像存储成文件，在其他图像处理软件内显示（为避免解析图像格式，可以将原始图像文件和处理后文件存储成"纯图像数据文件"RAW 格式，记录图像的横/纵行数）。

5. 分色查找表中，某立方体的 8 个节点颜色数据如下表所示，插值计算颜色空间位置 $(x, y, z) = (0.6, 0.8, 0.3)$ 上的颜色数据值。

	(0,0,0)	(0,1,0)	(1,0,0)	(1,1,0)	(0,0,1)	(0,1,1)	(1,0,1)	(1,1,1)
C	80	90	70	90	70	80	60	80
M	60	70	80	90	50	60	70	80
Y	20	10	10	5	10	5	5	2
K	10	5	5	2	5	2	2	1

6. 在数字式"虚光蒙版"清晰度处理方法中，选取不同规模的 $N \times N$ 个像素（$N = 3, 5, \cdots, 13$），对清晰度强调的效果有什么作用？

7. 已知 4 个像素的位置如下图所示，其灰度值如下表所示，分别用最临近像素法和双线性插值法求出 P 点的灰度值。

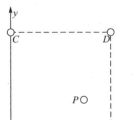

	A	B	C	D	P
x	0.0	1.0	0.0	1.0	0.7
y	0.0	0.0	1.0	1.0	0.3
灰度值	50	200	100	5	待求

8. JPEG 采用了哪些手段使图像数据得以压缩？在图像处理软件中，选择不同的质量等级，将非压缩的图像文件存储成多个 JPEG 格式文件，察看各文件数据量，计算压缩比，观察图像质量的差异。

第十二章

色彩管理原理和技术

印刷复制过程是一个图文信息传递过程，而图文信息以不同颜色的形式表达。因此，颜色的准确传递具有特殊的重要性。

色彩管理是一种保证颜色传递一致性的技术，它在数字化印前、印刷流程中所发挥的作用日益重要。随着技术的进展，色彩管理从经验性的手工技术发展到借助测色仪器，在操作系统中进行颜色匹配转换的技术。

本章将介绍色彩管理的原理和技术，以期使读者建立正确、清晰的概念，为在印前及印刷领域色彩管理技术的应用奠定基础。

第一节 色彩管理的必要性

颜色依赖各种设备、材料和工艺得以呈现，颜色在各种设备、材料和工艺中"流动"。在印前和印刷流程中，依靠扫描仪和数字照相机等设备，将原稿上的颜色输入到计算机图文处理系统中。随后，在彩色显示器上呈现出来，通过彩色打印机输出到纸张上，或者经过栅格图像处理器（RIP）加网并用激光记录设备记录到感光胶片或印版上。最后，印刷机将颜色以油墨的形式传递到承印材料上。

在上述过程中，设备、材料和工艺特性对颜色传递和呈现的影响是不可避免的，这种现象称为"颜色的设备相关性"。不妨分别对信息输入设备、显示设备、信息记录输出设备以及印刷过程的颜色响应、颜色呈现机制进行分析。

一、扫描仪和数字照相机的颜色响应特性

从第八章中了解了扫描仪和数字照相机的工作原理。显然，在扫描仪和数字照相机上，图像信号的形成与光源、光学镜头、分光/滤色片、光电转换器件等因素直接相关，可以用下式表达扫描仪或数字照相机的 RGB 信号关系与上述多种因素的关系。

$$R = c_R \int_\lambda S(\lambda) \rho_0(\lambda) \tau(\lambda) f_R(\lambda) e_R(\lambda) d\lambda$$

$$G = c_G \int_\lambda S(\lambda) \rho_0(\lambda) \tau(\lambda) f_G(\lambda) e_G(\lambda) d\lambda \tag{12-1}$$

$$B = c_B \int_\lambda S(\lambda) \rho_0(\lambda) \tau(\lambda) f_B(\lambda) e_B(\lambda) d\lambda$$

式中，$S(\lambda)$ 是扫描光源或摄影照明光源的光谱能量分布；$\rho_0(\lambda)$ 是原稿或被摄物体的光谱反射或光谱透射率；$\tau(\lambda)$ 为光学成像系统的光谱透过率；$f_R(\lambda)$、$f_G(\lambda)$、$f_B(\lambda)$ 为红/绿/蓝滤色片的光谱透过率；$e_R(\lambda)$、$e_G(\lambda)$、$e_B(\lambda)$ 为光电转换器件的光谱响应；c_R、c_G、c_B 为红/绿/蓝信号的调节系数。

由式(12-1) 可以清楚地看出，由于不同扫描设备具备的光源、拍摄照明条件、光学成像镜

头、分光滤色系统、光电转换器件不可避免地存在差异，因此，即便是同一张原稿或同一个被摄体，其 $\rho_0(\lambda)$ 相同，扫描或拍摄后得到的红/绿/蓝信号（R/G/B）也不尽相同。

二、彩色显示器的颜色呈现

彩色显示器是借助屏幕上微小的红/绿/蓝单元发光呈现颜色的设备。阴极射线管（CRT）显示器通过电子束分别轰击红/绿/蓝荧光粉发光呈现色彩；而液晶显示器（LCD）则通过液晶对背光光源的光线进行控制，光线再经红/绿/蓝微型滤色片从屏幕表面射出呈现色彩。

显然，CRT 屏幕的荧光粉、LCD 显示器的背光光源的光谱特性和微型滤色片的光谱透过率分别决定了上述两种显示器红/绿/蓝三原色的基本特征，进而影响显示器的呈色效果。

不妨分别用 $p_R(\lambda)$、$p_G(\lambda)$ 和 $p_B(\lambda)$ 表示彩色显示器红/绿/蓝三原色的相对光谱功率分布，而由其产生的三原色（R）、（G）、（B）的三刺激值分别为 $[X_{(R)}, Y_{(R)}, Z_{(R)}]$、$[X_{(G)}, Y_{(G)}, Z_{(G)}]$、$[X_{(b)}, Y_{(b)}, Z_{(b)}]$，则有

$$X_{(R)} = k\int_\lambda p_R(\lambda)\overline{x}(\lambda)\mathrm{d}\lambda \quad X_{(G)} = k\int_\lambda p_G(\lambda)\overline{x}(\lambda)\mathrm{d}\lambda \quad X_{(B)} = k\int_\lambda p_B(\lambda)\overline{x}(\lambda)\mathrm{d}\lambda$$

$$Y_{(R)} = k\int_\lambda p_R(\lambda)\overline{y}(\lambda)\mathrm{d}\lambda \quad Y_{(G)} = k\int_\lambda p_G(\lambda)\overline{y}(\lambda)\mathrm{d}\lambda \quad Y_{(B)} = k\int_\lambda p_B(\lambda)\overline{y}(\lambda)\mathrm{d}\lambda \tag{12-2}$$

$$Z_{(R)} = k\int_\lambda p_R(\lambda)\overline{z}(\lambda)\mathrm{d}\lambda \quad Z_{(G)} = k\int_\lambda p_G(\lambda)\overline{z}(\lambda)\mathrm{d}\lambda \quad Z_{(B)} = k\int_\lambda p_B(\lambda)\overline{z}(\lambda)\mathrm{d}\lambda$$

式中，$\overline{x}(\lambda)$、$\overline{y}(\lambda)$ 和 $\overline{z}(\lambda)$ 为光谱三刺激值；k 为调整三刺激值的系数。

由式(12-2)可知，由于荧光粉、背光光源、滤色片的光谱特性各异，造成不同显示器的红/绿/蓝三原色光谱特征 $p_R(\lambda)$、$p_G(\lambda)$ 和 $p_B(\lambda)$ 不同，使其各自的三原色三刺激值不同，导致呈色出现差别。

此外，显示器的亮度 B_D 与显示驱动信号 U 之间存在着非线性关系：

$$B_D = kU^\gamma \tag{12-3}$$

式中，k 为常数；γ 为与显示器相关的非线性因数。

不同显示器具有不同的非线性电/光转换特性，即 γ 的数值存在差异，因而可能导致同样的显示驱动信号 U 会出现不同的显示效果。

三、印刷复制的颜色呈现

根据 Neugebauer 方程，网点印刷所呈现的颜色三刺激值 $[X_P, Y_P, Z_P]$ 与色元三刺激值 $[X_i, Y_i, Z_i]$、色元面积率 f_i 之间存在以下关系（N 为色元总数）。

$$\begin{pmatrix} X \\ Y \\ Z \end{pmatrix} = \sum_{i=1}^{N} f_i \begin{pmatrix} X_i \\ Y_i \\ Z_i \end{pmatrix} \tag{12-4}$$

不同的油墨、纸张、印刷相关条件会引起色元三刺激值的差异；不同的加网类型、不同的加网参数、不同的套准状况会导致色元面积率差异，这些因素都会导致相同的分色文件、分色片、印版的印刷颜色效果不同。

图 12-1(a) 显示的是 sRGB 与某扫描仪的颜色空间的对比，图 12-1(b) 是该扫描仪与某种 CMYK 的颜色空间的差异（参见彩图 12-1）。

上述分析尚不能完全涵盖所有使颜色传递"失真"的因素，但可略见一斑。颜色的设备、材料和工艺过程相关性很容易造成颜色传递的偏差和不一致，为了保证颜色在传递中的一致性，色彩管理技术是不可或缺的。

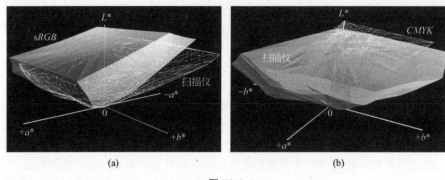

图 12-1

第二节　色彩管理的原理

一、色彩管理的基本目标

色彩管理的基本目标是使颜色在各种设备、材料、工艺过程中传递的过程中保持一致。

具体而言，以印前和印刷流程作为色彩管理的对象，即原稿的颜色三刺激值为 $[X_0,Y_0,Z_0]$，经过扫描仪的扫描输入，显示器上呈现的颜色三刺激值为 $[X_1,Y_1,Z_1]$，用彩色打印机输出样张的颜色三刺激值为 $[X_2,Y_2,Z_2]$，经 RIP 加网和记录输出分色胶片、晒版、印刷后，得到的印刷成品的颜色三刺激值为 $[X_3,Y_3,Z_3]$，色彩管理所要达到的目的是

$$[X_1,Y_1,Z_1]\equiv[X_2,Y_2,Z_2]\equiv[X_3,Y_3,Z_3]\equiv[X_0,Y_0,Z_0]$$

或者

$$[X_1,Y_1,Z_1]\approx[X_2,Y_2,Z_2]\approx[X_3,Y_3,Z_3]\approx[X_0,Y_0,Z_0]$$

即颜色在其各个传递步骤上完全匹配或基本匹配。

未经色彩管理时，经常出现如下现象。

- 同一幅原稿，用不同扫描仪或不同的数字照相机输入系统后，在同一台显示器上呈色不同。
- 同一个图像电子文件，在不同的显示器上、不同打印机上、不同的制版/印刷过程上呈现不同的颜色显示/输出结果。
- 同一套印版，在不同的印刷机上印刷后，印张上的颜色各异。

经过色彩管理以后，上述这些差异完全消除、基本消除或减轻了。这种成效容易给人造成"色彩管理能够校正颜色"的印象。这种认识是不准确的。校正颜色偏差是图像处理的任务和目标，与色彩管理的目标并不吻合。在经过色彩管理校准的系统中，如果一个带有偏色的图像文件经过彩色打印机打印后，样张上的偏色状况应该与原稿、与显示器上的偏色状况完全一致，这样，操作人员才能有的放矢地进行正确的颜色校正处理。反之，如果打印机样张呈现的偏色减轻而图像文件本身偏色依旧，则操作人员对图像的校色幅度把握不足，反而可能引起复制偏差。

注意：色彩管理的目的在于颜色的保真传递，而不是自动修改颜色。

二、色彩管理的基本原理

1. 设备相关颜色空间和设备无关颜色空间

不同的设备有其特定的颜色描述和控制量，称为"设备相关颜色量"，由这些描述量构成的颜色空间称为"设备相关颜色空间（device dependent color space）"。扫描仪、数字照相机、显示器的红/绿/蓝（RGB）颜色空间、印刷的青品黄黑（CMYK）四色颜色空间等都是常见的设备相关颜色空间。

色度空间对颜色的描述是超脱于具体设备之上的，色度数值属于"设备无关颜色量"，色度空

间也称为"设备无关颜色空间（device independent color space）"。CIE1931 XYZ、CIE 1976 $L*a*b*$ 等都属于此类。

2. 色彩管理的基本方案

为使色彩在传递中达到一致的呈现效果，就必须对不同设备、材料、工艺上的设备相关颜色数据进行匹配转换。因此，色彩管理的核心工作是颜色匹配处理。

颜色匹配处理的方案如下。

① 在各个不同设备之间直接进行设备相关的颜色匹配。

② 将各种设备相关的颜色匹配转换到色度空间下，再由色度数据匹配转换到设备相关颜色空间。

③ 由应用软件进行颜色的匹配转换。

④ 由操作系统进行颜色的匹配转换。

方案①可以达到颜色匹配转换的目的。由于需要获取任意两种设备之间的颜色匹配转换关系并进行颜色匹配，当设备数量较多时很烦琐。

方案②能够达到颜色匹配转换的目标，它将色度空间作为颜色数据的核心，任何设备都仅与色度空间进行颜色匹配转换，各设备之间相互"隔离"，不必在任意两种设备之间建立颜色匹配转换关系，相对简便。

方案③和方案④的差异在于色彩匹配的"执行者"不同。由应用软件实施色彩管理，处理算法个性化程度高，各自的技术相对封闭。由操作系统进行色彩匹配和管理，匹配转换算法较为统一，可以建立跨越系统平台的文件和数据格式，系统具备的 API（Application Program Interface，应用程序接口）可以由各种应用软件调用，便于色彩管理技术的广泛应用。

1993 年成立的国际色彩联盟 ICC（International Color Consortium）确定的色彩管理方案是上述的②和④，即以色度空间为核心的、操作系统级的色彩管理方案。图 12-2 为 ICC 色彩管理方案的框架图。

图 12-2

3. 操作系统级色彩管理的原理

由 ICC 确定的、以色度空间为核心的操作系统级色彩管理，有下列核心性的基础。

- 选定设备无关的颜色空间，可用 CIE 1931 XYZ 或 CIE 1976 $L*a*b*$ 系统。
- 具有色彩匹配、转换等色彩管理能力的操作系统软件模块 CMM（Color Management Module）。
- 存储颜色匹配转换关系、设备颜色特性等重要信息的"色彩特性文件"（color profile）。
- 跨平台的色彩特性文件格式。

色彩管理可以此为基础予以实施。由于色彩管理以色度空间为核心，每种设备都应与色度空间建立双向的转换关系（个别情况除外），这种转换关系在某种程度上表现了设备/材料/工艺的颜色特性。

从数学原理上，颜色匹配转换关系可以用数学函数的对应关系来表达，换言之，每种设备都具有自己特有的颜色特性，它与色度空间之间的转换关系也具有个性化的特点。

由此，不妨将扫描仪、显示器、彩色打印机、印刷的设备相关颜色值与色度空间 $(L*,a*,b*)$ 的色彩匹配转换关系用函数表示，列于表 12-1 中，下标 S、M、PF、P 分别代表扫描仪、显示器、打印机、印刷。

表 12-1　设备相关颜色值与色度空间的色彩匹配转换关系用函数表示

设备/材料/工艺	设备相关颜色空间	设备无关颜色空间	设备相关→色度	色度→设备相关
扫描仪数字照相机	RGB	CIE $L*a*b*$	$(L*,a*,b*)=f_S(R,G,B)_S$	$(R,G,B)_S=f_S^{-1}(L*,a*,b*)$
彩色显示器	RGB		$(L*,a*,b*)=f_M(R,G,B)_M$	$(R,G,B)_M=f_M^{-1}(L*,a*,b*)$
彩色打印机	RGB		$(L*,a*,b*)=f_{PF}(R,G,B)_{PF}$	$(R,G,B)_{PF}=f_{PF}^{-1}(L*,a*,b*)$
印刷	CMYK		$(L*,a*,b*)=f_P(C,M,Y,K)$	$(C,M,Y,K)=f_P^{-1}(L*,a*,b*)$

以印前/印刷过程为对象，说明色彩管理的原理。

原稿的颜色为 (L_0*,a_0*,b_0*)，经扫描仪获得图像数据 $(R,G,B)_S$，按照颜色匹配转换关系 $f_S(\cdot)$ 的转换，获得色度数据 (L_S*,a_S*,b_S*)，理想情况下，可以满足：

$$(L_S*,a_S*,b_S*)\equiv(L_0*,a_0*,b_0*)$$

操作系统获取扫描来的 (L_S*,a_S*,b_S*) 后，根据显示器的匹配转换关系 $f_M^{-1}(\cdot)$ 的反向转换，获得色度数据 $(R,G,B)_M$ 并用此数据驱动显示器，将色彩呈现在屏幕上。理想情况下，可以满足：

$$(L_M*,a_M*,b_M*)\equiv(L_0*,a_0*,b_0*)$$

操作人员根据原稿和屏幕显示的颜色，对图像进行修正处理，得到满意的颜色 (L_T*,a_T*,b_T*)，此时的颜色虽与原稿不同，但满足了操作者的需要，属于目标色。

通过彩色打印机的匹配转换关系 $f_{PF}^{-1}(\cdot)$，此目标色 (L_T*,a_T*,b_T*) 被转换成打印机驱动数据 $(R,G,B)_{PF}$，用打印机输出了彩色样张，理想情况下，样张上的颜色 $(L_{PF}*,a_{PF}*,b_{PF}*)$ 可以满足：

$$(L_{PF}*,a_{PF}*,b_{PF}*)\equiv(L_T*,a_T*,b_T*)$$

客户对样张的颜色满意且签样后，对目标色 (L_T*,a_T*,b_T*) 进行印刷分色，按照印刷颜色匹配关系 $f_P^{-1}(\cdot)$，将 (L_T*,a_T*,b_T*) 分解为 (C,M,Y,K)。经过后续的分色片输出、晒版、印刷，得到印刷品，其颜色为 (L_P*,a_P*,b_P*)。理想情况下，可达到：

$$(L_P*,a_P*,b_P*)\equiv(L_T*,a_T*,b_T*)$$

在此过程中，色彩匹配转换工作由 CMM 实施，而颜色匹配转换关系则由色彩特性文件提供。

色彩管理是一个受到多种因素作用的复杂过程，做到全部色彩完全匹配的理想目标难度较大，但确实可以在很大程度上达到颜色匹配的结果。

4. 超色域颜色的处理方法

色域（gamut）是一种设备/材料/工艺所具备的最大呈色范围。显然，不同设备所具备的呈现颜色能力不尽相同（见图 12-1）。

色彩管理是进行颜色匹配转换的技术，在色彩管理过程中，如果原设备的色域部分超出了目标设备色域，则超出色域的颜色无论如何无法保真地再现出来，这是由设备自身的再现能力造成的局限。

为了将超色域颜色用目标色域表现出来，就需要进行色域压缩，即以某种方式缩小原色域，使超出目标色域的颜色进入可再现的空间范围。

色域压缩可以有不同的方式。ICC 组织规定了四种色域压缩方法，通过所谓"还原目的（rendering intent）"或"再现意图"进行设置。这四种方法如下。

① 感觉的还原（perceptual）。

② 饱和度还原（satuation）。

③ 相对色度还原（relative colorimetric）。

④ 绝对色度还原（absolute colorimetric）。

其基本含义如下。

① 感觉的还原：将超色域颜色压缩到色域边界表面上，与此同时，其他相关的颜色也按比例随之压缩。其优点是色彩之间的相对关系（阶调/层次）保持较好，但牺牲了一部分原本在色域内颜色的准确再现性。这种方法适用于对阶调层次再现要求高，并不要求色彩绝对准确复制的场合。

② 饱和度还原：通过改变亮度甚至色相，将颜色压缩到色域界面上，尽量保证颜色的饱和度还原。适用于对颜色色相及亮度再现要求不严格，而追求艳丽夺目的电子演示等场合。

③ 相对色度还原：首先将超色域的最亮白色压缩到目标色域的最亮白色上，其他相关颜色随之压缩。以此为基础，将超色域的颜色压缩到色域边界表面上，而其他颜色并不随之发生变化。白点压缩后的色域内颜色可以准确再现，色域外颜色则用色域内最接近的同色相颜色表现，色域外的同色相而饱和度不同颜色会被压缩成同一目标色。

④ 绝对色度还原：将超色域的颜色压缩到色域界面上，其他颜色不随之发生变化。色域内的颜色再现准确，而色域外的颜色用色域内最接近的同色相颜色表现，色域外的同色相而饱和度不同颜色会被压缩成同一目标色。

色域压缩的方式并不止于此，在 Photoshop 软件中的"使用黑点补偿（Use black point compensation）"就提供了另外一种选择，将原色域最黑点压缩到目标色域最黑点上的功能。

彩图 12-2 给出了同一幅 LAB 模式彩色图像用 4 种不同还原目的进行色域压缩分色的结果。

第三节　色彩特性文件

一、色彩特性文件的作用

在色彩管理技术中，色彩特性文件（color profile）的作用十分关键。这是因为它为操作系统的 CMM 模块提供了设备基本颜色属性、颜色匹配转换的对应关系以及一些相关的色彩管理设置信息。依据这些信息，操作系统才能正确地进行色彩管理需要的各种处理。ICC 组织将色度空间称为"连接色彩特性文件的颜色空间（Profile Connection Space，PCS）"，也从某种角度阐明了色度空间与特性文件的关系。

为了使色彩管理的信息能够在多种不同操作系统之间交换，ICC 组织在其成立初期就制定和公布了色彩特性文件格式（ICC Profile Format Specification）并进行版本升级，以满足色彩管理技术发展的需要。符合这种格式规定的文件可以在 Windows、MacOS、Unix 等操作系统上应用。

二、ICC 色彩特性文件格式概述

1. 基本结构

如图 12-3 所示，ICC 色彩特性文件由 3 大部分组成：文件头、标记表和标记信息。

文件头（profile header）长度为 128 字节。它包含有关 profile 本身和相关设备的基本信息。

具体而言，profile 文件大小、类别、版本号、CMM 类型、设备相关颜色空间和色度空间的种类、Profile 生成时间、操作系统、分布式处理标记、设备生产厂家、设备型号、设备特性、使用的介质类类型、色彩还原目的、色度空间照明体的 XYZ、生成者的标记等。

色彩特性文件的信息是按"标记"存储的，文件中可以包含多条标记，每条标记提供不同的信息。ICC 规定的标记有数十种之多。

标记表（tag table）的作用在于，首先注明标记总数，随后按照"标记名称、标记的字节数、标记在文件中的存储位置（偏移量）"的格式，在标记表中存储各条标记的基本信息。

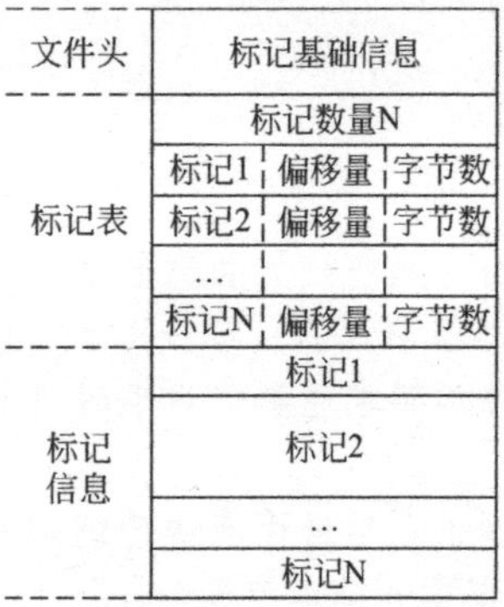

文件头	标记基础信息		
	标记数量N		
标记表	标记1	偏移量	字节数
	标记2	偏移量	字节数
	...		
	标记N	偏移量	字节数
标记信息	标记1		
	标记2		
	...		
	标记N		

图 12-3

跟随在标记表后面的就是具体的标记信息（tagged element data），每种标记都有其特定的格式。

2. 颜色匹配转换关系的存储

作为色彩特性文件传递的核心信息，颜色匹配转换关系的存储是很关键的部分。ICC 色彩特性文件有 3 种表达和存储色彩转换关系的方式。

- 阶调转换曲线（Tone Reproduction Curve，TRC）方式，主要用于描述单色设备的转换关系。
- 三元线性方程组方式（three component matrix），主要用于描述具有线性特征 RGB 设备的转换关系。
- N 元查找表方式（N component LUT），主要用于描述具有多维非线性特征设备的转换关系。

N 元查找表标记的应用很多，其核心内容是"多维颜色空间查找表"；这种标记的基本结构如下。

- 标记的基本信息：包括查找表每个颜色通道的位数（8 位或 16 位）、输入颜色通道数 P、转换后输出的颜色通道数 Q、每个通道坐标轴上的结点数。
- 3×3 矩阵的 9 个系数（仅用于 CIE XYZ 色空间）。
- P 条输入转换曲线（1 维 LUT 数据）。
- N 维颜色空间查找表（N 维 LUT 数据）。
- Q 条输出转换曲线（1 维 LUT 数据）。

操作系统的 CMM 根据这些信息，将输入的颜色数据经过 3×3 矩阵、输入曲线转换、多维颜色查找表转换（包括颜色插值）、输出曲线转换，获得转换后的输出颜色数据。根据需要，其中的 3×3 矩阵、某些输入/输出曲线可以不发挥作用（仅传递输据而不改变之），而多维颜色查找表是不可缺少的。

三、色彩特性文件的生成

色彩管理文件的常见类型有面向扫描仪等设备的输入色彩特性文件、针对显示设备的显示器色彩特性文件、适合输出设备和过程的输出色彩特性文件。

通常，色彩特性文件的生成需要测试用原稿或测试版文件、颜色测量仪器和软件的支持。印前制造厂商、色彩管理软件开发厂商、测色仪器制造厂商提供一些色彩特性文件的生成软件、测色仪器、测试原稿和测试版。

1. 输入色彩特性文件的生成

常用于生成扫描仪色彩特性文件的测试原稿是 IT8.7/2，如图 12-4(a)（彩图 12-3）所示，它包含 286 个色块；常用于数字相机生成色彩特性文件的测试原稿是 Digital Color Checker SG

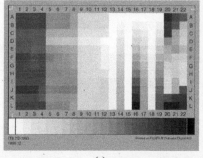

(a)   (b)

图 12-4

［图 12-4（b）及彩图 12-4］，它包括 140 个色块。

Profile 生成过程大致如下。

- 测量原稿每个色块的色度数据，存储成文本文件。
- 使扫描仪工作在正常状态，按需要进行扫描仪的各种设置。
- 按要求的分辨率扫描测试原稿，存储成某种格式的图像文件。
- 启动扫描仪色彩特性文件的生成软件，调用原稿色度数据及图像文件。
- 生成色彩特性文件，放入操作系统下的色彩特性文件夹。

对数字照相机特性文件的生成，最好使用数字照相机专用的测试原稿，如 Macbeth Digital Color Checker SG 等。在某种拍摄环境条件和摄影设置下，将测试原稿拍摄成某种文件格式，随后用数字照相机特性文件生成软件。

2. 显示器色彩特性文件的生成

显示器色彩特性文件需要进行屏幕显示色彩的测量。测量时，颜色测量仪器须吸附或悬靠在屏幕上（图 12-5）。

Profile 生成过程大致如下。

- 启动色彩特性文件的生成软件，正确选用测量仪器的驱动程序。

- 将测量仪器的测色头与屏幕密合或接触。
- 按软件的指示，调整显示器的亮度、反差、色温等，直至达到要求。

图 12-5

- 启动软件功能，使其开始在屏幕上显示多种不同颜色并测量其色度值。
- 生成色彩特性文件，放入操作系统下的色彩特性文件夹。

3. 印刷色彩特性文件的生成

印刷色彩特性文件的制作需要制作印刷样张并进行色度测量。制作样张的各种条件和环境应与日常的实际生产一致。如果采用不同的纸张、油墨、印刷设备，则应分别制作不同样张，以便制作相适应的色彩特性文件。即便是针对相同的纸张、油墨、印刷设备，不同的底色去除（UCR）、灰成分替代（GCR）以及不同的黑版设置，都应该生成不同的色彩特性文件，这样才能在分色转换时具有针对性。

图 12-6（a）为 IT8.7/3 测试图，图 12-6（b）为色彩测量仪器。

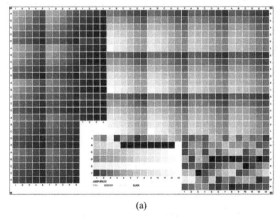
(a)

(b)

图 12-6

Profile 制作过程大致如下。

- 选择含有大量色块的测试图像文件（如：包含 928 个色块的 IT8.7/3 等）。

按照实际生产的工艺过程和条件，制作出彩色样张。

- 启动特性文件生成软件，用色度测量仪器测量所有色块的色度数据。
- 对底色去除（UCR）、灰成分替代（GCR）以及黑版进行设置。
- 生成色彩特性文件，放入操作系统下的色彩特性文件夹。
- 必要时，改变 UCR/GCR/黑版设置，再次生成另一个色彩特性文件。

4. 色彩特性文件的有效性与复制工艺的数据化/规范化

对色彩管理而言，色彩特性文件是否真正有效与设备、材料、工艺状态的稳定性紧密相关。

从色彩特性文件的生成过程可以看出，色彩特性文件所提供的颜色匹配关系，体现了文件生成时的设备、材料、工艺状态，如果这些基础条件和状态不稳定、频繁波动，色彩特性文件的颜色转换不能随时适应这种状态变化，色彩转换就难以保持准确，色彩管理这座"大厦"就会在不稳固的"沙滩"上"摇摇欲坠"。

由此，色彩管理的基础又回到了一个长期进行印刷复制工艺数据化和规范化的最基本问题上。色彩管理，无论其利用人的经验实现还是采用计算机颜色匹配，如果没有设备/材料/工艺的数据化和规范化"保驾护航"，色彩特性文件的有效性就无法保证，色彩管理就无法真正做好。

保持色彩特性文件的有效性，首先是尽可能维持设备、材料工艺条件和状态的稳定性，其次是在条件变化时或定期地重新生成色彩特性文件。

第四节　色彩管理的典型应用

本节讨论色彩管理技术在图像分色、屏幕软打样、数字彩色打样方面的应用。

一、图像分色和屏幕软打样

图像分色可以有两种途径，其一是在图像处理软件 Photoshop 中选择恰当的色彩特性文件、实施分色；第二种是在图像扫描软件中，选择适当的色彩特性文件或进行扫描分色设置，在扫描图像过程中分色。

假设色彩管理系统所需要的设备/工艺校准工作已经完成，各种色彩特性文件已经具备。

如图 12-7 所示，在 Photoshop 软件中选择色彩特性文件进行分色的方法很简单，首先在"编辑"→"颜色设置"界面中的"工作空间"下找到"CMYK"项，选择其中适应复制工艺条件的 CMYK 特性文件；设置"转换选项"下的 CMM 和"还原目的"，如果待分色的图像已经打开，而且对其颜色已经满意，就可以在"图像"→"模式"下选择"CMYK"，实施分色，在显示器屏幕上即可看到预示图像。

图 12-7

假设原图像的颜色模式为 RGB，色彩特性是"Adobe RGB 1998"。分色 CMYK 设置的特性文件是"SWOP 铜版纸 20％网点扩大 GCR 中等"，CMM 选择 AdobeCMM，"还原目的"选择"相对色度"。显示器特性文件是"Sony Multiscan 200.icc"（可在操作系统的显示器设置下选择特性文件）。

实际的分色转换过程（图 12-8）如下。

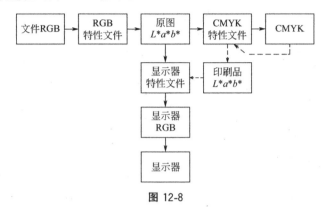

图 12-8

图像的 RGB 数据经"Adobe RGB 1998"特性文件的转换变成 $L*a*b*$ 数据，此色度数据经"SWOP 铜版纸 20％网点扩大 GCR 中等"特性文件转换成 CMYK 数值，成为分色图像，其中，超色域的颜色按"相对色度"进行色域压缩。

为了在显示器屏幕上再现印刷以后的效果（软打样），分色后的 CMYK 数据再次由"SWOP 铜版纸 20％网点扩大 GCR 中等"特性文件转换成 $L*a*b*$ 数据，但因为在分色转换中进行过色域压缩，此色度数据与原图像的色度数据有差别。此色度数据经"Sony Multiscan 200"特性文件转换成显示器驱动的 RGB 数据，用于颜色显示。

二、数字彩色打样

数字彩色打样是用彩色打印机制作模拟印刷品的彩色样张的技术。计算机直接制版的实用化发展，导致用分色胶片分别晒制打样版和印刷版的工艺路线逐步停止使用，数字彩色打样成为不可缺少的关键技术。

为使打印机输出的样张颜色与印刷品颜色一致或接近，色彩匹配就成为核心之一，因此，色彩管理是数字彩色打样成功与否的关键技术。

在数字彩色打样中，至少需要 2 个色彩特性文件。

- 描述印刷颜色特性的"印刷 profile"。
- 描述彩色打印机颜色特性的"打印机 profile"。

就原理而言，数字彩色打样的色彩匹配如图 12-9 所示。

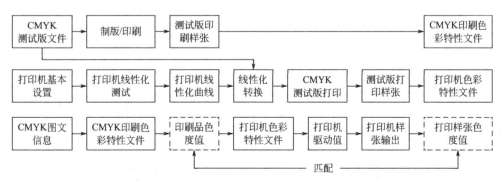

图 12-9

　　首先，印刷分色数据 CMYK 经过"印刷 profile"转换成色度 $L*a*b*$ 数据，此数据被送到"打印机 profile"处，经过匹配转换获得驱动打印机的颜色数据，送往彩色打印机，将彩色样张输出出来。

　　在实际的打印色彩测试图并制作打印机色彩特性文件之前，需要对打印机进行"总墨量"等基础设置、"线性化"校准（linearization）。

　　"总墨量"设置是为了保证暗调最深颜色不会因墨水/色粉过多而并级，同时有利于墨水的节约。

　　线性化的目的在于使打印的网点面积率与文件的数值一致。通过打印 CMYK 单色网点梯尺、测量纸张上的实际 CMYK 网点面积率，与梯尺文件的 CMYK 网点面积率建立补偿曲线。

　　在打印色彩测试图时，测试图文件的 CMYK 经过线性化补偿，打印到纸张上。随后用打印的测试图样张测量、生成打印机的色彩特性文件。

　　打印纸张与印刷纸张自身的颜色一般会有差异。在数字彩色打样中，为了模拟印刷纸张自身的某种偏色（如新闻纸自身的颜色），在生成打印机特性文件时，往往选择"绝对色度"的色域压缩模式。

复习思考题

　　1. 色彩管理的意义是什么？说明操作 ICC 色彩管理的基本原理。

　　2. 操作系统如何做到同一个图像文件在 5 台不同彩色显示器上的颜色基本一致？做到这一点有哪些前提条件？

　　3. 如果原稿图像存在偏红的误差，通过扫描仪输入到计算机内，图像呈现在显示器上。假设扫描仪、显示器都处于正常状态，且已做过色彩管理所需要的色彩特性化步骤。问：显示器上呈现的图像是否偏色？为什么？如果发现显示的图像偏蓝，可能有哪些原因？

　　4. "现代的计算机都有强大的色彩管理功能，能补偿各个工艺步骤上出现的颜色偏差，工艺上的数据化、规范化放松一点也无大碍……"，分析这种说法的问题所在。

　　5. "进行色彩管理的目的是为了扩大色域"，分析这种说法是否正确。

　　6. 采用不同的"还原目的/再现意图（rendering intent）"，将一幅色彩饱和度高的原稿图像（RGB 或 LAB 模式）转换成 CMYK 模式，观察各分色图像的颜色差异，体会其色域压缩的差异。

第十三章

数字加网原理和技术

在印刷复制过程中，网点所具有的基础地位是基础性而且不可或缺的。

加网（halftoning screening）是指通过某种手段生成网点的过程和技术。除对图像加网外，文字和图形的轮廓及其填色和图案，也在某种程度上依赖加网技术实现其栅格化。

加网技术从诞生年代起，经历了从手工、照相、电子演变到全数字化处理的进程。在加网技术数字化以后，各类加网的算法不断推陈出新，除进一步完善调幅加网及调频加网技术外，还出现了调幅/调频混合加网技术。这些技术进展不仅提高了图像复制的品质，而且促进了栅格图像处理（ripping）工作的高效运行。

本章将介绍数字加网的原理和相关技术，以期使读者对各种类型的加网技术有较清楚的了解和认识。

第一节　加网的类型

可以从各种不同的角度对加网进行分类。

• 从加网技术手段上，加网技术可以分为手工加网、照相加网、电子加网和数字加网。

其中，手工加网是用指手工描绘获得网点；照相加网是采用制版照相机、胶片拷贝机等实现加网的手段；电子加网是在电子扫描分色机上，用硬件实现的加网；数字加网是现今最常见的技术类型，它是在通用计算机软件及硬件平台上，完全以数字化方式实现的加网。

• 从网点类型上，通过技术手段实现的网点类型有调幅加网、一阶及二阶调频加网、调幅/调频混合加网等；而加网类型又可以分别具有二值或多值的特性。

• 从加网算法上，可以分为实现调幅加网的算法（有理正切加网、超细胞加网、无理数加网等）、实现调频加网的算法（模式抖动法、误差扩散法、网格像素随机排布法、直接二值搜索法、蓝噪声蒙版及 VAC 法、非规则网格分割法等）、实现调频调幅混合加网的算法（阶调分段加网法等）。

与上述加网算法相关，可以进行二值及多值加网的处理，形成相应的二值及多值网点。

第二节　调幅加网的原理和技术

一、数字式二值记录设备的特点

除超精细雕刻凹版技术（见第十四章）和喷墨打印设备以外，加网技术所面向的大多是二值型的技术设备，如激光打印机、激光照排机、激光直接制版机等。二值型记录设备的特点如下。

• 在任何一个记录位置上，只有"记录"和"不记录"两种状态，这与胶印版或凸印版上只有图文部分和空白部分的基本属性吻合，用 1 位二进制数据（1/0）即可表示。

• 记录点按照整数行、整数列对齐排列，只能在整数行/列对应的位置上记录，其他位置不能记录。

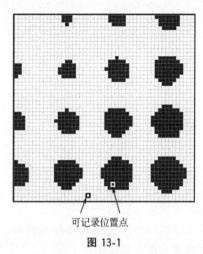

可记录位置点

图 13-1

• 记录点的间距等于记录分辨率的倒数。

这些特征对数字加网造成了一些限制。图 13-1 给出了二值记录设备的记录点阵排布图。

二、数字调幅加网的基本原理

调幅加网具有网点面积率、网点形状、加网线数、网线角度四个参数，需要用数字化的手段予以实现。

1. 不同网点面积率的加网实现

将图像像素的灰度值，或者图文区域中设置的网点面积率数据转换成不同面积的网点，将网点用二值位图表示，这是数字调幅加网最基本的任务。

在数字调幅加网过程中，将二值记录设备的记录区域划分成网格。例如，记录设备的分辨率为 2400dpi，需要记录 150Lpi 的网点，网角 0°，则每个网格由 $(2400/150)^2 = 16 \times 16 = 256$ 个可记录像素组成。如果这 256 个像素全部记录，则产生面积率 100% 的网点，如果只记录了 64 个像素，则产生 25% 的网点。图 13-2 给出了二值设备上的网格划分。显然，加网的主要问题是——决定在网格中所要记录的像素数量以及在哪些位置点上进行记录。

调幅加网实现的基本原理是建立按网格排布的"阈值数据阵列"，阈值数据阵列相当于照相网屏的数字化形式，可称之为"数字式网屏"。

在加网时，用阈值数据与图像像素的灰度数据或设置的网点面积率数据进行比较，依照比较的结果判断某个二值像素是否需要记录。

图 13-3 为 0°网角"数字式网屏"的 1 个网格。其中，共包含 $14 \times 14 = 196$ 个阈值。中心位置的阈值最大（255），随位置向中心以外偏移，阈值的数值逐步下降，而四个边角的阈值很小，最小值为 1。

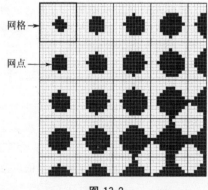

网格 →

网点 →

图 13-2

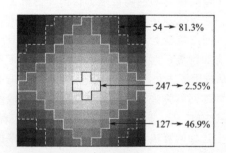

54 → 81.3%

247 → 2.55%

127 → 46.9%

图 13-3

加网时，则用像素灰度数据与所有位置上的各个阈值做比较，如果有某个位置上的阈值大于图像数据，则该位置的像素必须记录，反之则不记录。假如像素的灰度数据为 255，由于网格中的所有阈值都没有超过图像数据 255，因此没有任何像素记录，网点面积率为 0%。当图像灰度数据为 0 时，所有阈值都大于它，则记录后得到面积率 100% 的实地网点。图 13-3 中画出了 3 种不同图像数据（247/127/54）下生成的网点轮廓。显然，由于"数字式网屏"阈值阵列的存在，不同的图像灰度值可以生成不同面积率的网点。

2. 网点形状、加网线数、网线角度的实现

为了实现不同的网点形状，可以将阈值矩阵的数据按照需要的形状从中心的最大值到边缘的最小值予以排布。

为了实现不同网线角度，可以将数字网屏内的阈值数据按照不同的角度倾斜排布。一般需要多行网格数据相互协调，以便减低加网角度的平均误差。

加网线数决定了网格尺寸。在数字加网中，记录分辨率与加网线数共同决定了网格边内所包含的记录像素行数，进而决定了 1 个网格内部总的记录像素数。鉴于数字记录具有整数行/整数列的特性，为了均衡加网线数的误差，一般每个网格的尺寸并不完全相等。

有关网点形状、加网线数、网线角度的实现，将在后面作详细讨论。

三、网点函数与 PostScript 语言对加网参数的描述方法

从上面的讨论中可以清楚地看到，对于调幅加网而言，数字网屏"阈值数据阵列"十分重要，因为它决定了调幅加网的网点面积率和网点形状两个主要特性。

能否采用一种归一化的方式，对调幅加网的网点面积率和网点形状进行数学描述呢？答案是肯定的。

例如，将三维坐标系变量 x, y, z 的范围设置在 $(x, y, z) \in [-1, +1]$，令

$$z = 1 - |x| - |y| \tag{13-1}$$

从图 13-4(a) 和 (c) 中给出的该函数的三维图像可以看出，给定不同的数值 z，x 和 y 的轨迹为不同大小的正方形，中心部位的 z 值最大，边缘四角的值最小。参照图 13-3 所显示的阈值阵列，如果将 xy 平面作为网格空间，z 为阈值，只需要将数值范围稍加调整，即符合阈值阵列的基本要求。式(13-1) 可作为产生正方形网点阈值矩阵的数学依据。

同理，函数

$$z = 1 - (x^2 + y^2) \tag{13-2}$$

是圆形网点阈值阵列的数学描述，其三维图像如图 13-4(b) 和图 13-4(d) 所示。

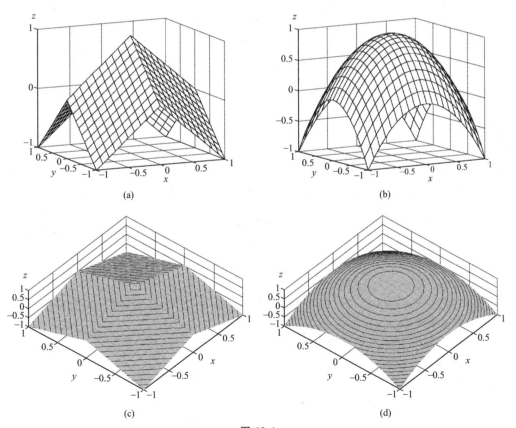

图 13-4

页面描述语言 PostScript 对加网参数进行描述的指令，其基本形式为

加网线数 网线角度 〈网点函数〉 setscreen

其中的"网点函数"（spot function）就是用 PostScript 语句编写的数学函数，此函数为调幅加网的阈值阵列的生成提供了依据。

例如，式(13-1) 所表达方形网点的 PostScript 网点函数为 〈abs exch abs plus 2 div 1 exch sub〉，而式(13-2) 所表达纯圆形网点的 PostScript 网点函数为 〈dup mul exch dup mul add 1 exch sub〉。

四、有理数正切加网和超细胞加网

有理数正切加网（Rational Tangent Screening，RTS）是由德国 HELL 公司发明的一项加网技术，用于 20 世纪 70 年代电子分色机的激光电子加网当中。在桌面出版的发展进程中，RTS 加网技术成为第 1 级 PostScript 语言所采用的加网算法。自 20 世纪 90 年代开始，性能更优秀的超细胞加网（supercell-based screening）技术逐渐成为主流，成为 PostScript 语言采用的主要加网技术。

在技术原理的核心部分，这两种加网技术存在近似性，故在此一并讨论。

1. 数字加网所受到的限制

数字记录按整数行/列记录，这种特性对加网存在一定的限制。主要问题有如下两个方面。

- 整数行/列的记录像素可能使网格尺寸出现偏差，导致加网线数不准确。
- 正切值是无理数的网线角度无法准确实现。

例如，在记录分辨率 2400dpi 下进行加网线数 175Lpi、角度为 0° 的加网。按此条件，应达到的网格边长为 (1/175)in，每行网格边长内的记录像素行数 N_{CELL} 为

$$N_{CELL} = \frac{R}{L} = \frac{2400}{175} = \frac{96}{7} = 13.714（行）$$

这显然与记录设备整数行列记录的特性冲突。如果硬性取整数 13 行或 14 行记录像素生成网格，则加网线数不准确（分别为 184.62Lpi 和 171.43Lpi）。

此外，常用的 15° 网线角度，其正切值为无理数 $\frac{1}{(2+\sqrt{3})} = 0.26794919\cdots$，要加网生成 15° 的网线，就必须使网格边界的纵/横距离增量之比，即整数之比 $\frac{\Delta y}{\Delta x}$ 逼近无理数 $\frac{1}{(2+\sqrt{3})}$，75° 网线角度的状况与此类似。

2. 有理数正切加网的解决方法

限于当时的技术条件，有理数正切加网（RTS）所采取的解决方案如下。

- 分别用 0、1、1∶3、3∶1 的有理数作为 4 种网线角度的正切值。
- 所形成的四种不同角度下的加网线数的相对比例为 $\sqrt{9}$∶$\sqrt{8}$∶$\sqrt{10}$∶$\sqrt{10}$。

RTS 技术生成 4 种不同的数字网屏（数字阈值阵列），分别用于不同角度的加网。数字网屏的纵横阈值行列数是相同的。图 13-6 为其 4 种数字网屏的结构。

可以算出，采用 1∶3 或 3∶1 的有理数作为正切值，其网线角度分别为 18.4349° 和 71.5651°，偏离了 15° 和 75° 的常规角度值。

从图 13-5 中还可以看出，每一种角度的数字网屏内包含的网格总数不同，读者可以自己计算其加网线数的相对值。

图 13-6 为 RTS 加网实现的网格和网点。

3. 超细胞加网

超细胞加网技术是为解决有理数正切加网问题开发的。1990～1991 年期间，Adobe、AGFA、Linotype-Hell 公司分别推出了各自的超细胞加网技术 accurate screening、balanced screening 和 high quality screening。

对高品质彩色复制而言，RTS 技术所产生的轻微条纹干扰等不良现象难以满足要求。超细

有理数正切(RTS)四种角度的数字网屏

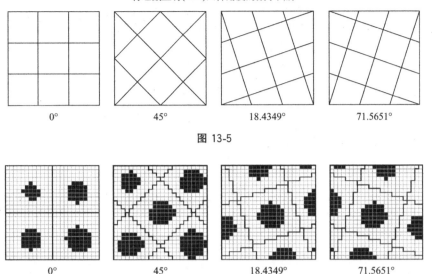

图 13-5

图 13-6

胞加网技术能够实现较高的网线角度和加网线数准确性，在计算量上又比无理数加网（irrational screening）技术小得多，因此，它很快成为印前领域主流的调幅加网技术。

如何解决加网线数和网线角度不准确的问题？超细胞加网所给出的答案如下。

• 建立数据规模较大的数字网屏（即"supercell"），在这一大规模的阈值阵列中，包含很多网格（Cell）。

• 超细胞的四个角点与记录像素重合，超细胞内部各网格的四个角点则不一定与其理论计算的位置重合；各个网格的尺寸不一定完全一致。

• 规模较大的数字网屏，使有理分数的比值更接近需要的无理数正切值，多个网格边界构成的倾角更接近正确的网线角度。

作为例子，用 2400dpi 的记录分辨率实现 175 Lpi 和 0°角加网的问题。

每行网格需要的记录像素行数 $N_{CELL}=2400/175=96/7=13.714$ 行，无法直接准确地做到。如果建立一片 96×96 个数据的超细胞数字网屏，其中包含 7×7＝49 个网格。在 7 行网格中，有 5 行网格是由 14 行记录像素构成边界的，另有 2 行网格是由 13 行记录像素构成边界的，则 7 行网格的总记录像素为 $N_{SC}=5×14+2×13=96$，其中安置了 7 行网格，平均加网线数 $L_A=96/7=13.714$（行/网格边），满足了要求。这种做法实际上是将误差分散到多行网格中去，用尺寸略有差距的网格使平均误差降低到可以允许的程度。

对于 15°网线的加网问题，RTS 技术采用 1∶3 实现了 18.4349°的加网。如果采用像素规模大的超细胞网屏，多网格综合边界的斜率就比较容易达到分子/分母数值较大的有理分数，从 3∶11、4∶15 到 11∶41、41∶153 等，从而实现

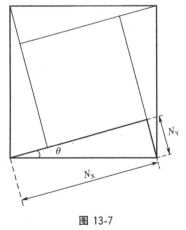

图 13-7

15.25°、14.93°、15.018°、15.0013°的网线角度。如图 13-7 所示，超细胞内多个网格边界构成的倾角 θ 由网格数 N_Y 和 N_X 决定，如果 $N_Y=41$ 行，$N_X=153$ 行，则 $\theta=15.0013°$。由于超细胞内的网格数量很多，加网线数的误差也容易分散，达到网角和网线数的较高准确度。为了节省超细胞网屏的存储容量，还可以对超细胞网屏进行巧妙的分割和复用。

五、无理数加网

无理数加网（irrational screening）是 1978 年由 HELL 公司发明的一项高精度加网技术，应用于 20 世纪 80 年代以后电子分色机的激光电子加网当中。1993 年以后，这种高质量的加网技术开始在栅格图像处理器中得到应用。

无理数加网原理的关键之处在于高精度的坐标转换计算。如图 13-8 所示，记录像素构成的坐标系为 uOv，而网格的坐标系为 xOy。xOy 网格坐标系的倾角为 θ。根据坐标转换原理，有如下转换公式。

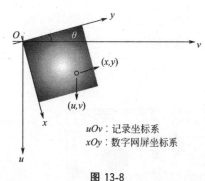

uOv：记录坐标系
xOy：数字网屏坐标系

图 13-8

$$x = u\cos\theta + v\sin\theta$$
$$y = v\cos\theta - u\sin\theta \tag{13-3}$$

每个记录像素的位置 (u,v) 都可以转换到网格坐标系 (x,y)。

加网使用 1 个网格的高精度阈值阵列数据进行。例如，包含 128×128 个阈值，阈值是按网格坐标系 xOy 安排的。因此，记录像素位置 (u,v) 经坐标转换与网格内的阈值数据位置 (x,y) 对应，用图像灰度数据与 (x,y) 位置上的阈值比较，即可决定 (u,v) 位置上的记录像素是否应该记录曝光。

有理数正切加网是将网格边界线的斜率固定在 $1:3$ 或 $3:1$ 上，超细胞加网可以将网角和网线数的误差扩散到相对较大的范围内，而无理数加网则依靠精确的坐标计算和累加，将误差扩散到整个记录幅面内的网格，因此，其误差比其他加网技术小很多，据开发厂商称，其角度误差仅为 $(1.2\times10^{-6})^\circ$，网线周期的准确度达到 $\pm1.5\times10^{-8}$。

加网高精度的成本是计算量大。在 2400dpi 的记录分辨率下，一个 A4 幅面内就有 5.57 亿个像素需要计算，A0 幅面则达到 44.6 亿个像素。由此，无理数加网自诞生以来长期通过硬件计算实现。为了避免硬件加速，Heidelberg 公司使用"MultiDot"技术，用多网格的阈值阵列降低计算量，使这种加网技术完全用软件实现。

第三节　调频加网的原理和技术

调频加网技术出现在 20 世纪 70 年代中期到 80 年代初。随着计算机技术的迅速发展，到 1993 年，调频加网正式开始应用到彩色图文复制当中。调频加网以其避免干扰条纹、细节再现性好、适宜超四色复制等特性受到好评，但其网点扩大严重、高光区网点容易损失、制版印刷要求高的缺点也对其广泛应用有所阻碍。因此，自 21 世纪初开始，开始出现调频调幅混合加网以及二阶调频加网技术，以扬长补短，取得更佳的印刷复制品质。

一、调频加网应达到的质量目标

面向印刷复制的调频加网，大多数是将图像由多级灰度转换成二值的过程。

调频加网将面积相同的网点在空间内随机排布，而网点出现的空间频率受到原图像灰度值调制。其技术关键点有以下两个。

- 网点出现的空间频率随图像深浅变化。
- 网点的空间随机排布。

前者涉及在一定面积区域内应出现多少个调频网点。如果处理不佳，则影响图像的阶调层次。网点空间随机分布状况与图像的细节和质感有关，如果完全随机地排布网点，则有可能出现少量网点聚集，使图像出现微小斑块，影响图像柔和渐变颜色区域的均匀性。所谓"随机排布"应是受到控制的、能将网点较均匀分散而不出现有规律空间分布的排列。图 13-9 显示了调频网点不均匀和较均匀分散的状态（由 R. Ulichney 给出）。

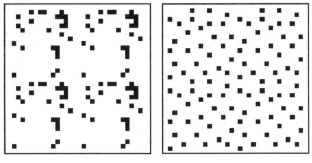

图 13-9

二、模式抖动法

模式抖动法是用原图像灰度值与"抖动矩阵"相对应位置上的数据比较，决定所生成的二值图像像素的"黑"/"白"状态。

模式抖动方法中，最典型的是 Bayer 抖动法，它是 1973 年由 B. E. Bayer 提出的。

"抖动矩阵"可以逐步递推得到，其基本定义为

$$D_N = \begin{bmatrix} 4D_{N/2} & 4D_{N/2}+2U_{N/2} \\ 4D_{N/2}+3U_{N/2} & 4D_{N/2}+U_{N/2} \end{bmatrix} \tag{13-4}$$

其中，U_N 是 $N \times N$ 的单位矩阵。

首先，令 $N=2$，$D_1=0$，可求出 2×2 抖动矩阵 D_2。

$$D_2 = \begin{bmatrix} 0 & 2 \\ 3 & 1 \end{bmatrix}$$

由 $U_2 = \begin{bmatrix} 1 & 1 \\ 1 & 1 \end{bmatrix}$ 和 D_2 可得

$$4D_2 = \begin{bmatrix} 0 & 8 \\ 12 & 4 \end{bmatrix}; \quad 4D_2+2U_2 = \begin{bmatrix} 2 & 10 \\ 14 & 6 \end{bmatrix}$$

$$4D_2+3U_2 = \begin{bmatrix} 3 & 11 \\ 15 & 7 \end{bmatrix}; \quad 4D_2+U_2 = \begin{bmatrix} 1 & 9 \\ 13 & 5 \end{bmatrix}$$

于是可将此四个矩阵组合成 D_4

$$D_4 = \begin{bmatrix} 0 & 8 & 2 & 10 \\ 12 & 4 & 14 & 6 \\ 3 & 11 & 1 & 9 \\ 15 & 7 & 13 & 5 \end{bmatrix}$$

类似地可推得 D_8

$$D_8 = \begin{bmatrix} 0 & 32 & 8 & 40 & 2 & 34 & 10 & 42 \\ 48 & 16 & 56 & 24 & 50 & 18 & 58 & 26 \\ 12 & 44 & 4 & 36 & 14 & 46 & 6 & 38 \\ 60 & 28 & 52 & 20 & 62 & 30 & 54 & 22 \\ 3 & 35 & 11 & 43 & 1 & 33 & 9 & 41 \\ 51 & 19 & 59 & 27 & 49 & 17 & 57 & 25 \\ 15 & 47 & 7 & 39 & 13 & 45 & 5 & 37 \\ 63 & 31 & 55 & 23 & 61 & 29 & 53 & 21 \end{bmatrix}$$

利用抖动矩阵加网时，由于矩阵的行列数一般小于图像像素行列数，故需要将矩阵分块移

位，以便使整个图像都能进行抖动矩阵处理。另外，为使图像灰度数值范围与抖动矩阵数据范围一致，还需要将图像灰度数值进行范围匹配处理（如从 0～255 转换成 D_8 矩阵要求的 0～63）。

Bayer 抖动法用一种固定的数据模板进行图像的二值化处理，当原始图像的灰度值的均匀或变化较平稳时，会出现明显的分块图案痕迹。图 13-10(a) 和（b）分别是用 4×4 和 8×8 抖动矩阵生成的二值图像，可以看出其中天空部分的灰度"等高线"。

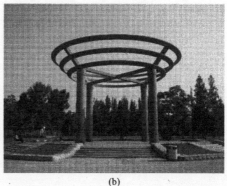

(a)　　　　　　　　　　　　　　　　(b)

图 13-10

V Ostromoukhov 提出过一种算法，将 Bayer 抖动矩阵数据转动一定角度，可以减少不自然的干扰效果，提高二值图像的加网质量，参见下面的图 13-11(c)。

三、误差扩散法

误差扩散法（error diffusion）是一种经典的调频加网算法，其原型出现在 1975 年，是由 Robert W Floyd 和 Louis Steinberg 提出的，是一种较为著名的调频加网算法。

1. 基本算法

设被加网图像的灰度级 G_0 的范围为 0～G_{MAX}，灰度值 0 表示黑，G_{MAX} 表示白。将灰度值归一化，即

$$G = \frac{G_0}{G_{MAX}} \tag{13-5}$$

将灰度范围转换为 0～1.0。

取灰度中间值作为阈值 T，即 $T = 0.5$，

加网时，用原图像某像素的灰度值 G 与阈值 T 比较，如果 $G \geqslant T$，则将该像素置为"白"（1.0），所产生的误差 E 为

$$E = G - 1.0$$

反之，如果 $G < T$，则将该二值像素置为"黑"（0），所产生的误差 E 为

$$E = G - 0 = G$$

然后，将所产生的误差向灰度图像当前像素的周围 4 个像素上扩散，扩散的比例如下。

　　　　（当前像素）　　7/16
3/16　　　　5/16　　　　1/16

在 $G \geqslant T$ 时，二值像素置成"白"，产生的误差 $E \leqslant 0$，误差扩散后，周围的像素灰度值下降，相当于周围像素亮度下降用于弥补记录像素置成白色带来的影响，使此小区域的总的明亮程度不会有过分增加；反之，$G < T$ 时，二值像素置成"黑"，产生的误差 $E > 0$，误差扩散后，周围的像素灰度值上升，用于平衡记录像素置成黑色带来的影响，使此小区域的总的明亮程度不会过分降低；这种思路具有合理性。

误差扩散的行列顺序是逐行倒向的，即左向右处理到一行右端末尾，接着下一行从右向左进行处理，直至所有行全部处理完毕。图 13-11(a)、(b) 和 (c) 分别是 Floyd-Steinberg 误差扩

散法、Bayer 抖动和 Ostromoukhov 转动抖动矩阵数据的加网图像。

(a)　　　　　　　　　　(b)　　　　　　　　　　(c)

图 13-11

2. 对误差扩散算法的改进

Floyd 和 Steinberg 的误差扩散法能够简单快速地生成调频二值图像，但还不够完善，如产生点状和条状斑块等不自然干扰（artifacts）。

多年来，许多科研人员采用各种方法对算法进行完善。主要的改进方法如下。

（1）改变误差扩散比例系数和像素范围

一些研究人员分别提出了他们各自的误差扩散系数阵列，现列举如下。

* Stucki 误差扩散系数阵列。

		（当前像素）	8/42	4/42
2/42	4/42	8/42	4/42	2/42
1/42	2/42	4/42	2/42	1/42

* Jarvis、Judice 和 Ninke 误差扩散系数阵列。

		（当前像素）	7/48	5/48
3/32	5/48	7/48	5/48	3/48
1/32	3/48	5/48	3/48	1/48

* Stevenson 和 Arce 误差扩散系数阵列。

		（当前像素）		32/200		
12/200		26/200		30/200		16/200
	12/200		26/200		12/200	
5/200		12/200		12/200		5/200

为了达到更好的加网效果，这些误差扩散系数阵列排布所具有的特点是扩大误差扩散的范围，改变扩散系数的分配比例，使误差扩散整体上具有非对称性，避免造成不自然的加网图像效果。

（2）采用多个误差扩散系数阵列

R Eschbach 提出针对不同阶调分别采用不同的误差扩散系数阵列的方法，V Ostromoukhov 则对每个灰度级采用不同的系数阵列，这些做法都有效地改善了加网质量。

（3）为误差扩散系数加入随机噪声（蓝噪声法）

这种方法由 R Ulichney 提出，其基本思路是在误差扩散系数中混入一定比例的随机噪声信号（功率谱均衡的白噪声），使产生的二值网点的间距较为均衡，避免出现不正常的像素聚集。Ulichney 研究发现，这样的二值调频图像的功率频谱符合"蓝噪声"的特点，即低于峰值频率的频谱迅速下降截止，高于峰值频率的频谱平稳，如图 13-12 所示。

Ulichney 还开发了一种"Void and Cluster（VAC）"算法，用于产生"蓝噪声蒙版（Blue Noise Mask）"，实际上是符合蓝噪声特征的调频加网数字网屏。图 13-13（a）和（b）分别是 Floyd-Steinberg 误差扩散法和 R Ulichney 蓝噪声法生成的调频图像，可以看出两者在网点分布均匀性上的差别，特别是在阶调平稳变化的蝴蝶以外区域内。

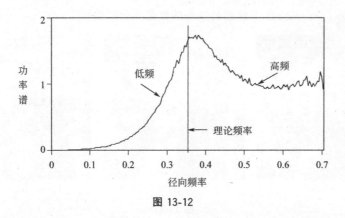

图 13-12

(a)　　　　　　　　(b)

图 13-13

四、网点位置随机排布法

这种方法是由德国达姆施塔特工业大学的 K Scheuter 教授和 G Fischer 博士提出的。由于在 20 世纪 80 年代首次提出将调频加网应用于印刷复制领域，又进行相关的开发测试，并以信息论为依据研究其图像复制传递特征，Scheuter 教授获得很高声誉。

算法的基本思路是根据原图像灰度值所提供的网点面积率，得到在一定网格内需要记录的像素数，并采用随机数生成算法，决定各个记录像素在网格中的位置，并将记录像素的数据置为"需记录"的状态。

此外，作为这一算法的另一实现途径，可以在网格所对应的面积范围内，给每个不同位置的像素赋予不同的"优先级"数据。在得到需要记录的像素数后，将优先级较高的像素位置设置为"需记录"的状态，随后，更新网格内所有像素的优先级数据，以便进行下一个网格的加网。

五、直接二值搜索法

直接二值搜索（Direct Binary Search，DBS）算法是以人眼视觉系统的频率响应模型（Human Visual System，HVS）为基础，以某种加网算法得到的二值加网图像为起点，用符合视觉模型 HVS 的滤波器分别对原图像和二值加网图像进行滤波处理，将滤波后的两幅图像进行比较，计算两者的均方差，如果均方差不为零，则在加网图像中，对每个像素进行处理——与相邻像素交换位置或将 0/1 反转，处理后再次进行 HVS 滤波，与滤波后的原图像进行比较，直至两者的均方差为零或小于某一界限。

显然，这种算法需要多次循环处理，较为费时；但所获得的加网图像效果一般较为优良。图 13-14(a)、(b)、(c) 分别是用 DBS 算法进行 1 次、3 次和 6 次处理的调频加网图像，可见其中图像细节和网点排布的改善。

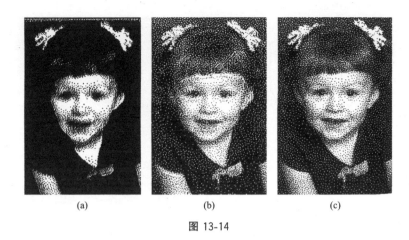

(a)　　　　　　　　(b)　　　　　　　　(c)

图 13-14

六、二阶调频加网

作为调频加网的进一步发展，"二阶调频加网（2nd order FM screening）"已经开始应用。这种网点的面积可变且具有随机性，具有更好的印刷传递特性。本部分对其方法予以概述。

1. "绿噪声"法

在前述一阶调频加网中，所提到"蓝噪声"的特点是低于峰值频率的频谱迅速下降截止，高于峰值频率的频谱趋于平稳。

如果能够采用某种算法，使网点图像的功率频谱在略低于"蓝噪声"峰值的频率下具有峰值，而在高于和低于峰值的区域内迅速下降截止，具备这样特点的频谱称为"绿噪声"频谱。

对应具备"绿噪声"特点的调频加网图像，其高频成分减弱，即小尺寸网点所再现的突变成分减少，而会出现一些尺寸虽不相同、但尺寸较大的网点，这些网点传递的成分，其频率比"蓝噪声"要低些。最终获得的是面积有一定变化，同时具有调频特点的加网图像。图 13-15（a）和（b）分别是采用 Photoshop 误差扩散法所生成的一阶调频加网图像，以及二阶调频加网图像（柯达公司 Staccato 及海德堡公司 Satin）。原稿是正弦波图像，二阶调频加网图像的网点尺寸不一，且网点尺寸相对较大；而一阶调频加网网点尺寸较均衡，且尺寸较小。

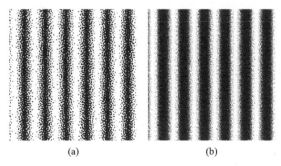

(a)　　　　　　　　(b)

图 13-15

2. 非规则网格分割法

这类加网的基本思路是采用某种算法，生成形状、中心点及尺寸各不相同的非规则网格。网格分割的方法可以采用 Voronoi 图法、沿空间填充曲线的图像灰度归类法等。

图 13-16 是以多个位置随机安置的中心点为基础，按 Voronoi 图规则生成的非规则网格。在每个多边形网格内生成相应形状阈值分布的数据，即得到非规则网格的"数字网屏"。利用非规则网格数字网屏，即可加网获得网点图像。图 13-17 是按上述方法加网得到的图像（Screen 公司"视必达"加网，Spekta）。

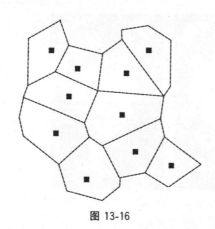

图 13-16

图 13-17

第四节　多值加网技术

多值加网是在某种多值输出设备的支持下，通过加网生成具有不同灰度值网点的技术。多值加网主要应用于激光直接雕刻凹版或柔性版、数字印刷设备或打印设备上。

凹版制版要求在金属表面上制作出不同深度、不同开口尺寸的网穴。在采用激光直接进行烧蚀的过程中，网穴不同部位的烧蚀深度即激光强度应不同，才能达到目的，因此，需要进行多值加网处理，获得针对网穴不同位置的记录数据。对柔性版直接激光记录而言，为了获得印刷质量优良的印版，应针对不同面积率的网点，制作不同三维造型的网点，网点的高度也略有不同。这样就对加网提出了多值的要求。图 13-18（来源于 Hell Gravure Systems 公司）展示了不同三维造型的柔性版网点。上述两类应用中，多值加网的灰度值级数一般较高，方能满足网穴/网点造型的精细要求。

图 13-18

在数字印刷机或彩色打印机中，由于此类打印设备的真实分辨率一般难以达到很高的水准，故在图文的阶调层次再现上有所限制。为使所打印的图文达到高品质，采用多值加网技术是合乎逻辑的途径。

多值加网实现的方法较多。对前述的凹版及柔性版制版需求，可以根据网穴或柔性版三维造型的模型，生成不同灰度分布状态的加网数据，如图 13-19（来源于 Hell Gravure Systems 公司）所示，其中较暗的记录像素对应的烧蚀激光强度高，而较亮的记录像素对应的激光强度低，白色位置的激光强度为零，由此可烧蚀获得面积不等、而且内部深浅不同的凹版网穴。

此外，针对调频加网的基本误差扩散算法，也可以获取多个灰度等级的调频加网图像。

具体做法是以误差扩散基本算法为依据，设置多个不同的输出灰度等级作为阈值（$T_i = T_1, \cdots, T_N$，N 为输出灰度级/正整数）。用原图像像素的灰度值与各阈值比较，取最接近阈值 T_i 的阈值灰度级作为输出灰度值，所产生的误差向周围像素扩散，循环进行处理，最终可以获得具有 N 个灰度级的调频加网图像。图 13-20 为多值误差扩散加网的图像及其局部微观网点。

加网作为图文复制至关重要的一项技术，在数十年的发展中，特别是在数字化的浪潮推动下，取得了重要的进展，适应并满足了印刷复制的需求，并将在今后获得进一步发展。

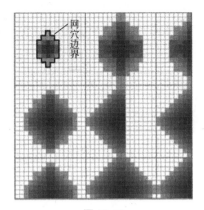

图 13-19

图 13-20　误差扩散多值调频加网（4值加网）

复习思考题

1. "数字网屏"的阈值数据如下所示。用 $[0,63]$ 范围内不同的灰度数据与各阈值比较，采用 "阈值数据大于图像灰度数据则填黑"的判定依据，手工或编程绘出生成的网点。按照阈值矩阵数据和上述判据，能否产生100％的网点？

$$\begin{bmatrix} 00 & 11 & 22 & 38 & 37 & 21 & 10 & 03 \\ 04 & 23 & 39 & 50 & 49 & 36 & 20 & 09 \\ 12 & 24 & 51 & 59 & 58 & 48 & 35 & 19 \\ 25 & 40 & 52 & 63 & 62 & 57 & 47 & 34 \\ 26 & 41 & 53 & 60 & 61 & 56 & 46 & 33 \\ 13 & 27 & 42 & 54 & 55 & 45 & 32 & 18 \\ 15 & 14 & 28 & 43 & 44 & 31 & 17 & 08 \\ 01 & 06 & 15 & 29 & 30 & 16 & 07 & 02 \end{bmatrix}$$

2. 有理数正切加网、超细胞加网和无理数加网的相同和不同点是什么？

3. 在某种编程环境下编制程序，对不同类型的灰度图像（如灰度渐变、细节丰富等类型）进行 Floyd-Steinberg 误差扩散加网处理。

4. 改变第3题中的误差扩散比例，或改变误差扩散比例的空间位置，观察分析加网结果。

5. 设置0、85、170、255四个阈值灰度等级，按 Floyd-Steinberg 误差扩散基本方法，编程实现多值误差扩散加网。

第十四章

图文信息记录输出技术

在印刷复制领域内，经过各种处理的数字图文信息需要借助设备记录输出到信息记录材料上，制作成胶片或印版，随后实施印刷。包括按需数字印刷在内，一些打印输出设备还用于彩色或单色样张的输出。

本章着重阐述分色片和印版的记录输出技术，对记录设备的工作原理及相关的工艺技术问题予以讨论。对印前相关的打印输出技术也将较为简要地阐述。

第一节　记录输出设备的类型及其主要性能参数

一、记录输出设备的类型

在印前制版的图文成像输出类型可以分为图文信息输出到胶片（Computer To Film，CT-Film）、直接输出到印版（Computer To Plate，CTPlate）及印刷机上直接制版（Direct Imaging，DI）、凹版滚筒直接雕刻（Computer To Gravure Cylinder，CTC）等。在印前流程中，为了输出样张供校对或客户签字认可，还需要图文打印输出到纸张，这类技术称为"Computer To Proof"或"DDCP（Direct Digital Color Proof）"。

按输出的记录材料不同，可将记录输出设备分为胶片记录设备、印版记录设备和样张输出设备三类。对印版记录设备，针对印版特征，可以分为胶印版输出设备、凹版输出设备、柔性版输出设备等；面向输出设备的结构，可以将其分为（内/外）滚筒型、平面型、绞轮型设备。样张输出设备可以按其打印技术分为静电成像打印、喷墨打印、热成像打印、离子成像等多种类型。

按照图文记录成像的深浅/强弱值，可将输出设备分为：二值记录设备和多值记录设备两类。

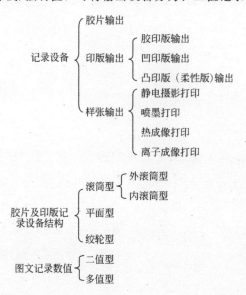

二、记录设备的基本性能指标

1. 记录分辨率

记录分辨率是某方向上的单位尺寸内，记录输出设备能够曝光记录或打印输出的线数，单位是线/英寸（dots per inch，dpi）或线/厘米（dots per centimeter，dpcm）。

记录分辨率表现了记录输出设备在记录材料上的定位能力和记录精细信息对象的能力（但不表示定位精确度）。记录分辨率实际上决定了每两行记录线（曝光线或打印线）的间距，设记录分辨率为 R，则这一间距 D_A 为

$$D_A = \frac{1}{R} \tag{14-1}$$

如图 14-1 所示，从原理上，设备输出的每个像素的宽度（记录光斑或打印点尺寸）应与记录线间距 D_A 相等，但记录设备的实际像素尺寸一般略微大于理论计算数值，其原因是对圆形记录光斑的设备，略大的光斑可以防止出现斜向的记录空隙，但这种做法会造成少量网点扩大。在减少网点记录误差方面，方形光斑记录方式具有一定优势。

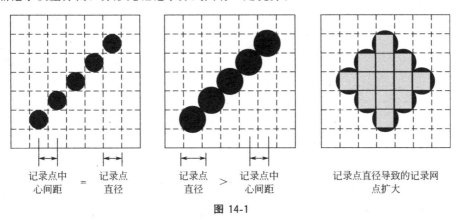

图 14-1

另外，有些记录设备标称具备多种记录分辨率，但其记录光斑尺寸恒定，仅改变记录光斑的间距，由于光斑重叠，其记录精细程度不能完全达到理论数值。

记录方向可以分为主方向和副方向。主方向是记录速度较快的方向，副方向则是记录速度较慢的方向。有些记录设备主记录方向和副记录方向上的记录分辨率不等，此类设备主方向上的记录分辨率一般高于副方向，记录光斑形状为椭圆或矩形。

对二值记录设备，考虑到网点图像阶调层次级数 S_{BL}，在记录分辨率 R 与加网线数 L 的关系应满足下式。

$$S_{BL} = \left(\frac{R}{L}\right)^2 + 1 \tag{14-2}$$

如果记录设备的主/副方向分辨率不同，分别为 R_M 和 R_S，则

$$S_{BL} = \frac{R_M}{L} \times \frac{R_S}{L} + 1 \tag{14-3}$$

记录分辨率 R 与加网线数 L 之比（R/L）表示每行网格内包含的记录线数，其平方则为 1 个网格内部的记录像素数 N。N 决定了 1 个网格内最多能实现多少种不同面积的网点。公式中"+1"代表网格中没有记录像素，面积率为 0% 的 1 级。举例而言，记录分辨率为 2400dpi，加网线数为 150Lpi，则网点图像最多能够生成的层次数为 257 级。如果用 1200dpi 的记录分辨率生成同样加网线数的图像，则最多只能生成 65 级层次的网点图像。

对多值记录成像设备（凹版电子雕刻机、静电及喷墨等打印设备等），每个记录像素可以具有 N 个不同的灰度/强度等级，则其图像阶调层次级数 S_{ML} 应为

$$S_{ML} = N\left(\frac{R}{L}\right)^2 + 1 \qquad\qquad (14\text{-}4)$$

2. 重复精度

重复精度是指在对最大幅面进行记录时,设备两次记录相同信息的对准精度。通常用误差范围的微米数表示。

重复精度表现了设备记录尺寸的稳定性,对需要多色叠印的分色片和分色版输出而言,这一指标特别重要。一般认为,对于多色印刷而言,重复精度所代表的对准误差数值不应高于 $\pm 20\mu m$;高精度的记录设备,其重复精度一般可达 $\pm 5\mu m$。

3. 记录速度

它表示记录设备输出图文的效率。

有两种表示方法,第 1 种是每分钟记录的厘米数(S_R),常用厘米/分(cm/min)的单位表示;第 2 种是在某种记录分辨率下,每小时输出的全幅版面的数量(S_H),单位为张/小时(张/h),后者常用于表示计算机直接制版设备的输出效率。

若用 L_E 表示单位时间内设备的记录线数,R 表示记录分辨率,则上述第 1 种速度 S_R 可以用式(14-5)计算。

$$S_R = \frac{L_E}{R} \qquad\qquad (14\text{-}5)$$

如果在记录副方向上,记录尺寸为 L_{SUB},则记录过程的纯曝光时间 t_P 为

$$t_P = \frac{L_{SUB}}{S_R} = \frac{L_{SUB}}{L_E} \times R \qquad\qquad (14\text{-}6)$$

考虑到输出过程中需要的非记录时间 t_A,用于将已记录的材料卸下、装入待记录的新材料等,整个输出过程需要的时间 t 应为上述两部分时间之和。

$$t = t_P + t_A$$

则上述第 2 种记录速度 S_H 为

$$S_H = \frac{L_{SUB}}{t} = \frac{L_{SUB}}{t_P + t_A} \qquad\qquad (14\text{-}7)$$

4. 最大幅面

设备能够记录的最大尺寸,一般用"宽度×长度"的形式表示,单位为毫米(mm)、厘米(cm)或英寸(in)。

第二节　分色胶片和胶印版记录输出技术

分色胶片和胶印版记录输出设备所采用的结构类型有相近之处。其中,分色胶片记录设备也称为"激光照排机(Imagesetter)",它分为滚筒型(内滚筒/外滚筒)、平面型、绞轮型等几种;胶印版记录输出设备,即"直接制版机(Platesetter)",同样采用了内/外滚筒型和平面型的结构,未采用绞轮型的构造。

一、滚筒型记录输出设备的结构和工作原理

滚筒型记录设备分为外滚筒和内滚筒两种,具有大幅面、高精度、高效率的特点,其最大幅面尺寸一般不低于 A1,记录分辨率 1200~4000dpi,重复精度 $\pm(5\sim10)\mu m$,是常用的二值记录输出设备。

1. 外滚筒型记录设备

外滚筒型记录设备具备一个合金制成的滚筒,信息记录材料贴附在滚筒外表面上,由此得名。在滚筒侧面的记录头上装有多束激光。

记录过程中，在电机的驱动下，装有感光胶片或印版的记录滚筒旋转，同时，在记录头电机和丝杠的驱动下，滚筒侧面的记录头沿着滚筒轴向移动，用多束激光对胶片或印版曝光。由 RIP 送来的二值图文记录数据控制激光束的"通/断"，在胶片或印版上成像，直至按需要将版面记录完毕为止。图 14-2 为外滚筒型记录设备的工作原理图。

对记录感光胶片的设备而言，由于感光胶片的敏感度高，外滚筒型胶片记录设备（激光照排机）可以达到很高的滚筒转速（1000～1200r/min）。外滚筒型胶片记录设备一般具备数十束激光，激光束为横向并列排布，但也有设备采用矩阵列方式的排布，激光的输出功率也较低（每路激光 0.5～1mW）。

在印版记录设备方面，外滚筒记录设备多用于记录热敏版材。由于受到印版版材感光度的制约，考虑到滚筒转速、激光束数量和激光功率三个因素之间的平衡，可以采用激光束数量多而转速慢（如 Kodak 公司的 240 束激光/每分钟约 300 转），或者激光束数量少而转速高的方案（如 Screen 公司的 32 束激光/每分钟 1000 转），显然，后者要求激光功率高。外滚筒记录设备记录头所装备的激光束距离印版很近，在热敏记录时的能量损耗相对较小。

2. 内滚筒型记录设备

内滚筒型记录设备因记录材料贴附在金属滚筒内壁上而得名。如图 14-3 所示，感光记录材料静止安置在滚筒内壁上，通过真空吸气将材料贴紧。

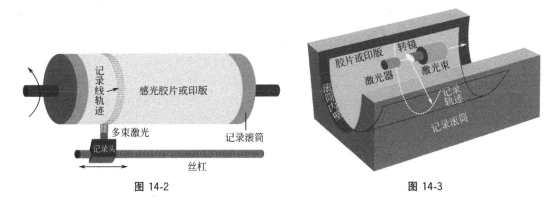

图 14-2　　　　　　　　　　　　　　　　　图 14-3

在滚筒轴心或偏离轴心的开口处，安装了激光发生器和旋转反射镜，激光束受二值图文记录数据控制而照射到转镜上，随镜面的转动，激光束投射到圆弧状的胶片或印版表面，形成对材料的曝光，转镜每转 1 周完成胶片或印版的曝光后，沿轴向移动，再进行下 1 周的记录，直至全部图文记录完毕为止。

内滚筒型记录设备在记录时，胶片或印版处于静止状态，因而容易实现更高的重复精度。在大多数内滚筒记录设备上，仅安装 1 路激光，而少数设备具有安装 3 路激光的配置，可以成倍提高记录效率。

对胶片记录，内滚筒型激光照排机上转镜的转速很高，可达到 30000～67000r/min。

在计算机直接制版方面，由于激光反射转镜与印版之间的距离大于外滚筒记录设备，能量有一定损失，特别对转镜转速较高的设备，采用更高功率激光或较高敏感度的印版是合理的。内滚筒型记录设备多用于记录敏感度较高的印版（紫激光版材等）。少数用于热敏版的内滚筒型记录设备，其激光器采用高功率的激光进行记录。

二、平面型记录设备的工作原理

在平面型记录设备上，胶片或印版被安放在一个平台上。如图 14-4 所示，激光器发出的光束受到记录数据调制后，到达一个多面转镜或振镜，经过镜面的反射，激光束被投射到材料表面，对其形成曝光，胶片或印版平台移动，直至将整个版面记录完毕为止。另外一种方案是印版平台静止，而在印版上方，带多束激光的记录头近距离移动并对印版曝光。

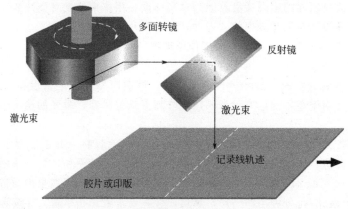

多面转镜

反射镜

激光束

激光束

记录线轨迹

胶片或印版

图 14-4

采用多面镜或振镜的设备，在一条记录线范围内，中心与边缘距离光源的距离不等，会造成记录分辨率、曝光强度等方面的误差，因此，此类设备都必须附加修正误差的光学系统。另外，由于平台在记录过程中处于移动状态，故平面型记录设备的重复精度一般低于滚筒型设备。

平台结构降低了放置和撤出印版的复杂程度，使这种设备在时效要求高的报业领域应用较多。

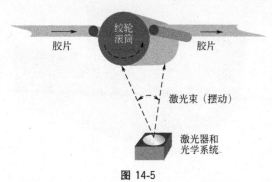

绞轮滚筒

胶片

胶片

激光束（摆动）

激光器和光学系统

图 14-5

三、绞轮型记录设备

绞轮型结构仅在胶片记录设备上应用，其结构如图 14-5 所示。

在绞轮型激光照排机上，胶片由绞轮带动，在曝光过程中卷动。在绞轮下方的激光束受振镜的导向，沿绞轮轴向对胶片曝光。激光束还受到光学系统的校正，使其在绞轮中间部分与两侧的记录光斑保持一致。

绞轮型激光照排机的记录长度可以远超出记录宽度，但其重复精度一般，在较小的幅面范围内可达到 $\pm 20\mu m$，是一种的低价位的入门型记录输出设备。

第三节　凹印版和柔性版记录输出技术

凹印版的记录输出是以 1963 年电子雕刻机的发明为开端的。到 20 世纪 80 年代初，电子整页拼版系统生成的数字图文信息已经开始用于凹版的直接电子雕刻。在几十年的发展过程中，凹版雕刻输出技术得到了长足的进步——雕刻效率成倍提升，雕刻方式也从机械电磁式扩展到激光方式，同时，雕刻精度和质量不断提高。本节将重点讨论凹印版雕刻输出技术。

柔性版记录设备的应用开始于 20 世纪 80 年代，有直接烧蚀和掩膜烧蚀两类。柔性版直接制版在质量和效率取得了显著的进展，发挥着日益重要的作用。本节将较为简略地予以介绍。

一、凹版雕刻输出设备的类型

从雕刻的技术手段上，凹版雕刻技术可以分为机电式雕刻和能量束雕刻两大类。其中，机电式雕刻又有电磁驱动雕刻和压电晶体驱动雕刻两类；在能量束雕刻技术中，有激光雕刻和电子束雕刻两种手段。除激光烧蚀掩膜技术是二值记录输出外，凹版雕刻技术都属于多值成像输出类型。

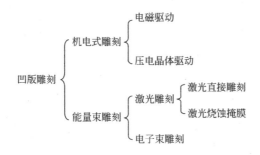

二、电磁驱动雕刻技术

电磁式雕刻是用电磁场驱动雕刻刀，雕刻凹版网穴的技术。

这种技术是 20 世纪 50 年代末由德国 Rudolf Hell 博士发明，于 1963 年正式推出电子雕刻机产品。在凹版制版过程中，电磁式雕刻技术避免了化学腐蚀过程造成的不稳定性。雕刻速度从 4000 个网穴/秒逐步提升到 8000 乃至 12800 网穴/秒，成为凹版雕刻中的主流技术。图 14-6 是电磁式电子雕刻机（Hell Gravure Systems 公司的 K500 型）。

1. 基本工作原理

电磁式雕刻机的雕刻对象是镀铜的凹版滚筒，滚筒表面的铜层承载图文信息。雕刻时，滚筒转动，雕刻头沿滚筒轴向步进移动或连续移动，形成各圈分离或者螺旋线形的轨迹。

雕刻机的关键部件是雕刻头，它由雕刻刀、滑脚和刮刀等部分组成如图 14-7 所示。雕刻信号为零的条件下，雕刻刀尖与滚筒的距离是由滑脚确定的，刮刀用于去除网穴边缘的毛刺。

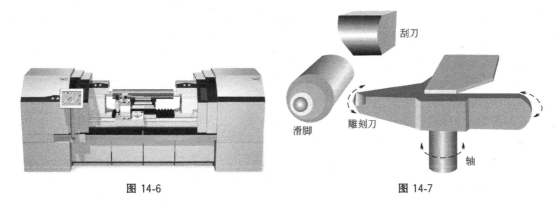

图 14-6　　　　　　　　　　　　　　　　图 14-7

雕刻刀由电磁场驱动，而电磁场直接受到雕刻信号的控制。雕刻信号是具有某种频率而振幅大小受图文深浅调制的信号，如图 14-8 所示。

如图 14-9 所示，在雕刻过程中，受雕刻信号控制的电磁场驱使雕刻刀按某种频率振动，振动的幅度大小随图文深浅改变。在转动的滚筒表面，雕刻刀尖在振动中切入铜层，使一部分铜被切下，形成网穴，随后进行圆周方向下一个网穴的雕刻。网穴边缘的毛刺被刮刀刮掉，以防止其阻碍油墨的流出。滚筒圆周方向一圈的网穴雕刻完毕，即进入下一圈的雕刻，直至整个滚筒雕刻完为止。

2. 凹版雕刻网穴的特点

如图 14-10 所示，按上述雕刻原理，雕刻形成的网穴属于"网穴深度和面积都可变"类

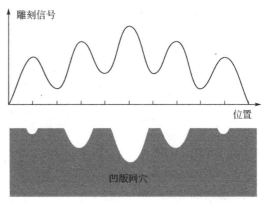

图 14-8

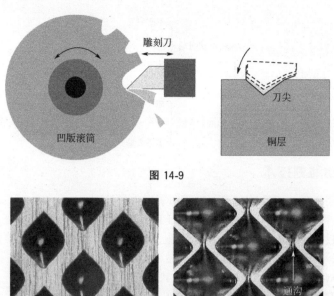

图 14-9

亮调网穴　　　　　　　　暗调网穴

图 14-10

型。深度较大的网穴，其开口面积也较大，网穴容纳油墨的体积也就较大。由此实现凹版图文深浅变化的基本要求。

由于凹版油墨的流动性高，网穴至少在一个方向上需要具备"网墙"。因此，在凹版版面上，网穴的最大面积率不能达到 100%。为了尽可能增大网穴面积率，在雕刻的圆周方向将网墙雕通，形成纵向的"通沟"。

在上述雕刻方式下，雕刻刀的 1 次振动就完成 1 个网穴的雕刻，因此，雕刻分辨率与加网线数相同，在常用加网线数下，对精细的文字、线条的再现不利。

与胶印记录设备不同，为电子雕刻机准备的图文信息不能是二值（1 位/像素）的，而是每像素多位的灰度信息，这样才能满足凹版复制的基本要求。

考虑多色网点叠印，不同色版的网线应具有不同角度。鉴于 1 次振动完成 1 个网穴雕刻的特点，无法直接生成不同角度的网穴。解决方法是在圆周方向上，相邻两行网穴错开半个网格的距离，此外，采用中心对称、"拉长"、"压扁"几种不同网穴，这样，相邻网格中心点的连线的角度就不同。图 14-11 给出了四种不同角度网穴的示意图。

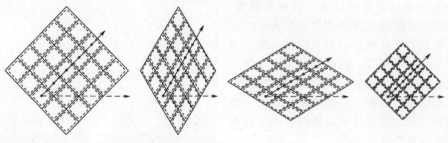

图 14-11

3. 超精细电磁雕刻

超精细电磁雕刻的原理是提高雕刻分辨率，用多行雕刻线组合成 1 行网穴，雕刻分辨率不再与加网线数相等。这种技术可以大幅度提高精细线条、文字的质量。此类雕刻机可以用 500～1200dpi 的分辨率进行雕刻，采用此种技术、用于防伪的雕刻机可以用 2540～5080dpi 的高分辨率进行极细线条和文字的雕刻。图 14-12(a) 为雕刻原理图，14-12(b) 和 (c) 分别为普通电磁雕刻和超精细雕刻的文字（图片来自 Hell Gravure Systems 公司）。

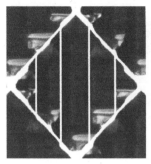

(a) 多行雕刻线组合1行网穴 (b) 普通电磁式雕刻 (c) 超精细雕刻

图 14-12

三、压电晶体驱动雕刻技术

这种雕刻技术是由瑞士 Max Dätwyler 公司（MDC）推出的，雕刻频率可达 11000 次/秒。基本工作原理是不再使用电磁场对雕刻刀进行驱动，而采用压电晶体堆。在不同电压作用下，压电晶体的伸缩变形量不同，用其变形造成的驱动力推动雕刻刀，即可进行凹版网穴的雕刻。

四、激光雕刻技术

激光雕刻凹版技术最早出现于 1977 年，由英国 Crosfield Electronics 公司开发，是一种借助激光烧蚀高分子聚合材料的技术。1995 年，瑞士 MDC 公司将激光直接雕刻镀锌滚筒的技术推向市场。2000 年，Hell Gravure Systems、Ohio 等公司推出激光烧蚀掩膜的技术，2004 年，Hell Gravure Systems 公司推出激光直接雕刻铜层和铬层的雕刻机。

激光雕刻凹版的特点之一是不存在雕刻的机械接触，可以较大幅度提高雕刻频率（35000～70000 次/秒）。

1. 激光直接雕刻技术

在激光直接雕刻技术中，实际上存在两种类型，一种是激光光斑尺寸不变，仅激光能量受图像调制，雕刻获得的网穴面积相同，仅深度随图像深浅变化；另一种则是网穴开口面积和深度都变化的激光雕刻。

激光直接雕刻金属，特别对反射率高的铜层，需要高功率的激光器。在雕刻中，激光的能量将金属急速熔化，最终获得网穴。

图 14-13 为激光雕刻原理示意图。

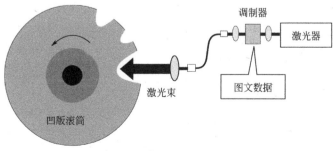

图 14-13

2. 激光烧蚀掩膜技术

激光烧蚀掩膜（Laser Ablation Mask，LAM）是一种用激光间接生成凹版网穴的技术。

其基本原理如图 14-14 所示，在镀铜的凹版滚筒表面涂布抗腐蚀层（"掩膜"），用多路激光烧蚀图文部分的抗蚀涂层，使铜层露出。

图 14-14

与胶印中输出胶片或胶印版类似，控制激光烧蚀图文的是 1 位二值数据，即只有烧蚀涂层和保留涂层两种状态。烧蚀的分辨率可以很高（最高可达 5080dpi），因此，文字和图形的精细程度高于普通的机电式雕刻，同时，可以在 RIP 加网时采用更灵活的网点参数和配置。

烧蚀完毕，对露出图文的滚筒进行腐蚀和后续处理，即可获得凹版滚筒。

理论上，用这种方式制作的凹版应属于"网穴面积率可变而网穴深度相同"的"网点凹版"，实际上，在腐蚀过程中，不同网穴面积率的裸露铜层受到的腐蚀并不完全一致，所以，网穴深度还是有一定差别的。

五、电子束雕刻

电子束雕刻是利用高能电子流烧蚀凹版网穴的技术。这种技术诞生于 1985 年。1993 年，Hell Gravure Systems 公司正式推出了电子束雕刻机，它的雕刻频率达到 150000 个网穴/秒，直接烧蚀铜层，形成面积和深度双调制的网穴。

从雕刻原理上，用数万伏高压的电场产生高能电子束，通过电场和磁场的作用，是电子束在 $6\mu s$ 内达到所需要的强度和尺寸，在滚筒表面将铜液化和部分气化，用刮刀去除网穴周围的残留物，可以得到所需要的凹版网穴。

这种雕刻技术需要在真空仓内进行，设备体积大，成本高。

六、柔性版记录输出技术

柔性版记录输出分为两种，其一是借助高功率激光直接烧蚀柔性版材，其二是用激光烧蚀掩膜，再经过后续制版过程，获得柔性版。

通常，直接烧蚀的柔性版材为橡胶版（亦称"橡皮版"），用于印刷质量不十分精细的产品。采用高功率二氧化碳激光或含钕的 YAG 激光，烧蚀掉非图文部分的印版材料，获得柔性版。

面向较精细印刷的柔性版的激光记录输出，主要采用激光掩膜烧蚀（LAM）的方法。记录设备属于外滚筒类型。将带黑色掩膜的印版材料安装在滚筒外部，在滚筒旋转过程中，带多束激光的记录头移动并对材料图文部位的掩膜进行烧蚀。所采用的激光有纤维激光和 YAG 激光等，每束功率 5～10W。

整版烧蚀完毕后，经过紫外线背面曝光、正面主曝光、去除保护层、显影、干燥、整版后曝光等处理，最终获得柔性版。

图 14-15（a）和图 14-15（b）分别为柔性版激光烧蚀示意图和柔性版记录设备（Esko Graphic 公司 CDD）。

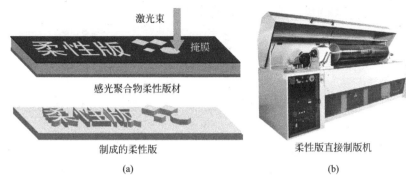

图 14-15

第四节　打印输出技术

本节主要介绍常用于印张输出的静电摄影和喷墨打印输出技术。

一、打印输出的作用和意义

打印输出印张的意义在于两个方面：其一是正式印刷产品的生产，即"数字印刷"，这是日益成熟且渐入佳境的印刷技术；其二是少量样张输出，作为正式印刷产品的预示。

相比"传统的"印刷复制技术，打印技术无需制作印版，节省了制版的成本和时间，且在印刷过程中可以随时更改图文信息，具有个性化的按需印刷（Print on Demand，PoD）的特性。这些特性，加之数字打印技术的实现途径由静电照相、喷墨成像发展到纳米成像等技术，印刷质量和速度迅速提升，使数字印刷技术得到日益广泛应用。

样张输出是印前处理及制版过程中不可缺少的环节。

按照用途，样张可以分为页面校对样张、版式校对样张和客户合同样张。

页面校对样张用于检查页面的图文是否有错，一般幅面较小。如果仅涉及文字排版，则只需输出单色样张；如果涉及页面内彩色图像的还原，则需输出颜色准确的彩色样张。

版式校对样张用于检查整版版式是否有错，通常输出幅面大，但对输出分辨率和颜色准确度要求不高。

客户合同样张用于交付客户签字认可，它是整个印前处理的最终结果，预示了印刷成品的外观，也是随后正式印刷的依据，因此十分重要，通常需要在色彩管理系统的控制下，进行大幅面、高精度的输出。

样张输出的常用技术手段是数字式打印。按照上述各种用途的不同特点，可以分别采用不同的打印技术进行样张的输出。

二、静电摄影打印

这种技术用于激光打印机。其成像机理是利用静电荷对带电粒子的吸引。

如图 14-16 所示，在这种打印设备上，包括成像载体（光导鼓或光导带）、激光成像装置、呈色剂（固态色粉或液态）装置、定影装置、充电装置、纸张传送装置、清洁装置等。

打印过程如下。

- 充电：为成像载体（带有机光导体 OPC、硅或硒涂层的滚筒）均匀充电。
- 成像：用激光或发光二极管等光源发出的光线扫描成像载体，释放非图文部分原有电荷。
- 着墨：通过静电吸引，将带极性相反电荷的呈色剂微粒转移到图文部分的成像载体上。
- 呈色剂转移：将呈色剂转移到纸张上。
- 定影：通过加热使呈色剂在纸张上熔化，并借助于压力使呈色剂固定。

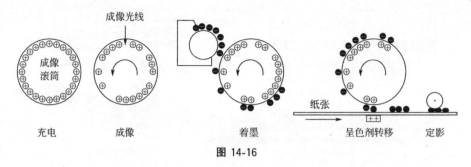

图 14-16

- 清洁：通过机械清扫和电极放电消除成像载体上的残余呈色剂和电荷。

对于彩色打印，呈色剂分青/品/黄/黑四色，分四次分别进行成像/着墨/呈色剂转移到转移带上，再一次性将转移带上的四色呈色剂转移到纸张上，经加热定影完成打印。

在成像过程的光线调制手段上，除激光调制器以外，还可以采用数字光阀、数字微镜器件（Digital Micro-Mirror，DMD）等实现。

三、喷墨打印

喷墨打印是彩色样张输出中应用最为广泛的技术。这种技术分为连续喷墨和按需喷墨两类。

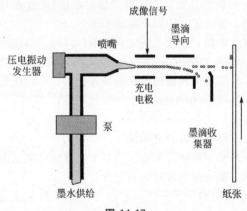

图 14-17

连续喷墨的基本原理是（图 14-17）在设备工作期间，喷墨部件连续不断地喷出带电荷墨水，依靠其在电场中的偏转幅度不同，控制墨滴是否能够到达纸张上。未到达纸张的墨滴被回收复用。

按需喷墨技术是仅在需要喷墨的图文部分喷出墨滴，而在空白部分则不喷墨。常见的有热气泡喷墨、压电喷墨和静电喷墨三种类型。

热气泡喷墨的实现原理是：通过喷墨头上的加热元件将墨水加热到沸点，所产生的压力使其从喷嘴中喷出到达纸张，实现打印。喷墨量受图文数据控制。图 14-18 为热气泡喷墨的原理示意图。

如图 14-19 所示，压电陶瓷在电场作用下会产生变形，压电喷墨借助于变形所产生的能量将墨水挤出并到达纸张，实现喷墨打印。图文数据信号控制压电陶瓷的变形量，进而控制了喷墨量的多少。

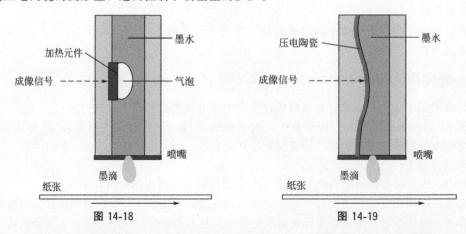

图 14-18　　　　　　　　　　　图 14-19

图 2-20 为静电喷墨的原理示意图。静电喷墨是依靠建立喷墨系统与承印材料之间的电场，通过图像信号改变喷嘴表面张力的平衡，使墨滴喷出并在电场作用下到达材料表面；另一种方

法是改变通过图像信号墨水与喷嘴之间的表面张力的相互关系，使墨滴喷出。墨滴的准备是依靠电脉冲或加热实现的。

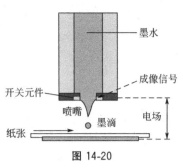

图 14-20

四、其他打印输出技术概述

1. 热成像技术

热成像技术包括热蜡转移和染料热升华两种类型。

热蜡转移技术是通过打印头上的加热元件，将色带上的对应图文部位的呈色材料转移到纸张或其他材料上。

染料热升华技术是通过加热元件加热，使染料汽化后凝结在纸张特殊涂层上。特别是其加热元件的温度可以随图文颜色深浅而不同，造成染料的升华量不同，故能够产生高质量连续调图像。

2. 离子成像技术

离子成像技术的核心是用离子源在成像滚筒上的图文部分产生带电离子，形成电荷影像，经过固体或液体呈色剂的附着、色粉转移、定影、清洁完成打印。

在样张打印方面，采用带电介质涂层的特殊纸张，不用成像滚筒也可以直接在纸张上形成电荷影像并完成打印。为输出彩色样张，采用了青/品/黄/黑四色呈色剂。

复习思考题

1. 简述滚筒型、平面型、绞轮型激光记录设备的工作原理。

2. 为什么内滚筒型激光记录设备容易实现较高的重复精度？

3. 造成记录输出网点扩大的因素有哪些？

4. 记录分辨率 1200dpi、2400dpi 和 3600dpi 下，输出加网线数 100Lpi、150Lpi 和 200Lpi 的网点图像，指出较为适宜的记录分辨率与加网线数组合，说明组合的原因。

5. 一台激光照排机在主/副两个方向上的分辨率分别为是 3387dpi 和 1693dpi，需要输出 150Lpi 的网点图像，可以获得的网点层次级数是多少？主/副两个方向分辨率不同的优点是什么？

6. 一台内滚筒型的激光照排机，其转镜速度为 30000r/min，若记录分辨率为 2400dpi，则其记录速度是多少厘米/分？要达到同样的记录速度（不考虑装卸版材等耗时），滚筒转速 60r/min 的外滚筒型计算机直接制版机，其激光数量要达到多少束？

7. 如果彩色打印机分辨率 900dpi，用其模拟 150Lpi 的调幅印刷品，要获得 145 级的层次数，多值加网的网点深浅有多少级？

8. "用于胶印制版的记录成像数据可以直接送到凹版电雕机上记录凹版"，这一说法在哪些情况下适用？哪些情况下错误？

9. "因为都采用二值记录数据，只要记录分辨率、加网线数、幅面尺寸相同，激光烧蚀型附加腐蚀的电子雕刻机可以直接采用胶印记录数据"，分析这种说法的正误。

10. 简述激光打印机、各种喷墨打印机的工作原理。

第十五章

三维物体成型制造技术

随着科学技术的发展，数字化三维物体成型技术成为数字制造的重要组成部分，也被称为"快速成型"，即"Rapid Prototyping"，简称"RP"。它集合了计算机数字信息处理、数字控制、材料、机械、电子、激光等技术，实现从三维模型到三维实体的快速一体化制造。

数字三维物体成型技术有多种不同的类型，被日益广泛地应用于机械制造、建筑、电子、军工、医疗、生物等领域。在印刷及其相关领域内，印刷电子、包装设计、图像凸凹纹理的复制加工等也成为三维造型技术的用武之地。

本章将着重介绍三维物体造型的基本原理及技术。

第一节　数字化三维物体成型技术概述

一、数字化三维成型与数字化制造

在传统的工业制造领域，产品的设计和制造一般需要经过多个步骤。

首先，对将要制造的产品进行原理及造型设计。在设计完成后，需要反复进行部件及样机制作、试运行测试、设计修改及优化的步骤，直至样机的功能及性能达到设计要求，随后才能进入产品批量生产的工艺设计及实施。

在设计阶段，整机和部件都可以借助 CAD 系统模型化、数字化，但在样机原型的制作中，多个部件的制造涉及到模具、材料、加工设备及工艺等多方面，采用去除成型（车/铣/刨/磨）、拼合成型（焊接）、受迫成型（铸/锻/粉末冶金）等加工方法进行加工，成本高且耗时长。

20 世纪 80 年代初期，美国、日本和法国开始研发直接由三维 CAD 数据进行三维部件成型的技术。到 20 世纪 80 年代中后期，以三维 CAD 数据为基础，由液态和粉末状材料直接成型制造出高复杂度三维部件的快速成型设备开始投入应用。

采用 RP 技术制造三维部件及原型机，是在数字化的三维造型数据支持和控制下，依赖逐点/逐线/逐层将材料聚集成型而形成三维物体，不同空间位置上的层，其造型可以各异，故成型物体能够达到很高的复杂度。另外，由于不必事先制作模具，大量节约了成本和时间，从其"快速成型"的名称中即可见一斑。此外，"固体自由造型制造（Solid Freeform Fabrication）""分层制造（Layer Manufacturing）"等名称也体现出其特性。

经多年不断地发展，涌现了多种不同原理的数字三维成型制造技术。

- 立体光刻（SL/SLA：Stereo Lithography）。
- 选择性激光烧结（SLS：Selective Laser Sintering）。
- 熔融沉积成型（FDM：Fused Deposition Modeling）。
- 三维打印（3DP：Three Dimensional Printing）。
- 冲击颗粒制造（BPM：Ballistic Particle Manufacturing）。
- 熔融多重喷射成型（MJM：Multi-Jet Modeling）。

- 层压制造（LLM：Laminate Layer Manufacturing）。

在数字三维物体成型技术的支持下，三维物体数字制造的基本过程如下。

- 在 CAD 计算机系统下，设计构造产品三维实体模型，或者由三维扫描技术采集、处理，获得三维实体模型。
- 三维模型转换并存储成三维形体描述数据文件（如 STL、OBJ 等格式）。
- 将三维形体数据转换成面向设备的离散数据，也即根据成型设备的成型原理和特征，将模型数据离散处理成可直接进行成型加工的单元（如：加工路径、分层平面区域、分层轮廓、三维块等）。
- 由三维离散数据生成加工控制代码，并将其传送到由三维成型设备上，使其造型出完整的三维物理实体。
- 对所获三维实体进行后处理（清洗、去支撑、表面打磨等），得到成品。

图 15-1 为三维实体造型的数据转换及成型的简化流程。

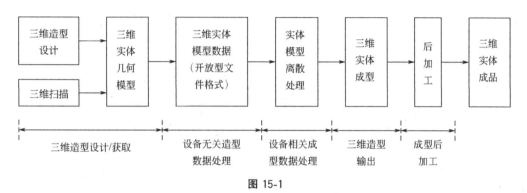

图 15-1

基于前述的优势，数字化三维成型技术在多种领域得到日益广泛的应用，具有良好的前景。

数字化三维成型技术也正在逐步进入印刷相关领域。在艺术品复制领域，可以利用扫描设备获取绘画艺术品（油画等）具有纹理质感的三维表面形貌，随后利彩色三维成型设备制作出具有表面凸凹纹理的复制品，较多地提升了艺术品复制的水准。在印版制作方面，人们开始探索用三维成型技术制作印版的技术。

二、数字化三维成型技术的特征和分类

一般，数字化三维成型技术具有下列特征。

- 直接基于三维造型数据进行成型制造。
- 基于未成型的固/液/气态原始材料，通过逐步添加材料及材料的结合，构造出三维实体（增材制造/Additive Manufacturing）。
- 以逐点/逐层等方式逐步构造实体成型。
- 实体的成型无需借助造型工具。

图 15-2 给出了以成型材料、成型原理为依据的数字三维成型技术的分类框架体系。简言之，先按三维成型所用材料的形态属性，将其分为固态、液态和气态三类。在每一类中，又按成型原理分为多种不同的类别，如固态材料中的丝状固体熔融固化、粉末固体的黏合或烧结、薄膜的模切黏合或聚合；液态材料中的热聚合及光聚合；气态材料的化学沉积反应等。在原理分类下面，列出了相关的成型技术。在下面的几节中，将就较为常见的成型技术做简单介绍。

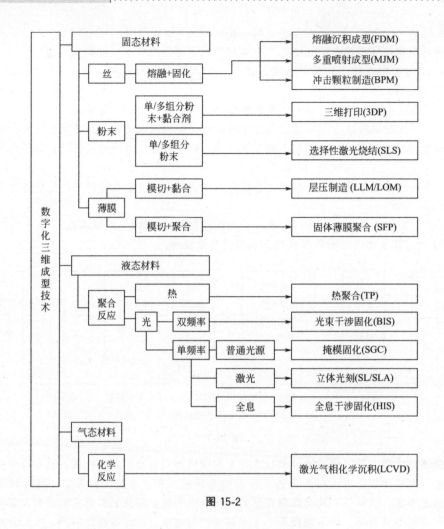

图 15-2

第二节　立体光刻成型

立体光刻（Stereo Lithography，SL）是 1982 年由 Charles W Hull 发明的一种成型技术。1987年，美国 3D System 公司推出了第一台基于立体光刻成型的设备。

立体光刻成型技术的基本原理是利用紫外线照射液态光敏树脂的单体，引发其发生聚合反应而固化成型。图 15-3 为立体光刻三维成型设备的工作原理示意图。

在立体光刻三维成型设备中，配置了有机树脂液体槽，其中安装一个可以纵向升降的支撑平台。立体光刻分层进行。在成型开始时，平台表面距离液面很近，仅为一层的厚度。

成型过程开始后，用紫外激光对需要固化位置的液态有机树脂进行扫描照射，使其发生交联聚合反应而固化。一层的扫描照射及固化完成后，支撑平台纵向下移 1 倍层厚的距离，继续下一层的扫描照射及固化成型，直至其最顶端的一层。

立体光刻三维成型技术较为成熟稳定，成型速度较快，成型物体的尺寸可达到数米，而尺寸精度能够达到 $25\sim50\mu m$ 的等级，适宜制作外壁较薄、精度较高的中型及小型部件。

这种技术的缺点是设备造价、使用及维护成本高；而树脂类材料价格较贵，其强度及耐热性有限，且材料对环境有污染，易导致接触者过敏；成型产品对环境要求高，需要设计工件的支撑结构，以便确保每一个成型结构部位都能可靠定位，支撑结构需手工去除，易损坏成型部件。

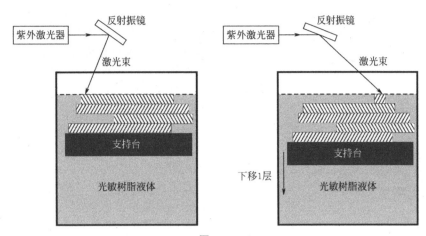

图 15-3

第三节　选择性激光烧结成型

选择性激光烧结技术（Selective Laser Sintering，SLS）的原始方案是由 Carl Deckard 于 1989 年提出的。1992 年，美国 DTM 公司推出基于该技术方案的生产设备。

选择性激光烧结的基本原理是借助激光束的照射，选择性地使需成型部位的粉末状材料熔化并在冷却后硬化，而非成型部位的粉末仍保持原样。烧结成型是分层进行的，一层的烧结完成后，烧结体纵向下移一层厚度的距离，而粉末材料储存箱中的粉末被上推，由铺粉辊推送并平铺到烧结区内，随后进行新的一层粉末的选择性烧结，直至整个物体成型完毕。因为物体烧结成型期间，其周围一直有未烧结粉末存在，故无需附加支撑结构。图 15-4 为选择性激光烧结设备工作原理的示意图。

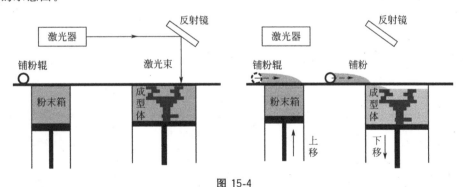

图 15-4

选择性激光烧结技术的优点是可作为烧结对象的材料较广泛（尼龙、蜡、ABS 塑料、树脂裹覆砂、聚碳酸酯、金属和陶瓷粉末等）。与其他技术方法相比，能生产较硬的模具；成型时间较短；由于在烧结成型体周围有粉末支撑，无需设计和构造支撑体。

其缺点是需要专门的实验室环境，使用及维护费用高；成型需要预热和冷却，后处理较烦琐；成型表面粗糙多孔，并受粉末颗粒大小及激光光斑的限制；需对加工室不断补充氮气以确保烧结安全性，加工成本较高；成型过程产生有毒气体和粉尘，对环境有污染。

第四节　熔融沉积成型

熔融沉积成型（Fused Deposition Modeling，FDM）技术 1988 年由美国 Scott Crump 发明，

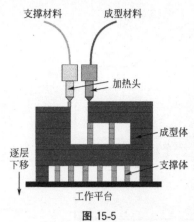

支撑材料　成型材料

加热头

成型体

逐层
下移

支撑体

工作平台

图 15-5

由他创建的 Stratasy 公司推出了基于 FDM 技术的三维成型设备。

熔融沉积成型技术的原理是将固态的丝状成型材料（ABS 塑料、蜡和人造橡胶等）加热熔化成液态，由热熔喷头中喷出，使液态材料堆积到需要成型的部位。成型是分层逐步进行的，当一层的喷射成型完成后，支撑台下移一层的距离，一边进行下一层的喷射成型。在非成型的部位，不进行成型材料的喷射；而在需要构建层间支撑体的部位，由另一喷头热熔喷射支撑材料，以保证多个成型层不坍塌。图 15-5 为熔融沉积成型设备工作原理的示意图。

熔融沉积成型技术的特点是不使用激光，应用及维护成本较低；塑料、蜡质等材料成本相对不高，且比粉末材料易于更换和保存；后处理时，比采用粉末及液态材料简单；采用不同颜色的材料还可实现整个物体的彩色成型。但成型速度相对较慢，成型的精度不高。

第五节　三维打印成型

三维打印（3 Dimensional Printing，3DP）成型技术是 1989 年由美国麻省理工学院的 Emanual Sachs 等人开发，于 1994 年开始由投入市场的三维成型技术。

三维打印技术所应用的成型材料为固体粉末，如金属、陶瓷、石膏、聚乙烯醇等。其成型的基本原理是借助打印喷头，将黏合剂喷射到需成型区域的粉末上，使其黏合成为物体；而未喷射区域则保持粉末状态不变，并发挥支撑体的作用。成型逐层进行，一层的打印成型完成后，物体下移一层的距离（十几至几十微米），由铺粉装置铺上新的一层粉末，继续进行新的一层打印成型，直至整个物体成型完毕。可以采用多个打印头以及喷头阵列，利用对喷嘴的控制技术，实现较大面积并行打印，以提高成型效率。另外，采用不同颜色的黏合剂以及喷嘴的控制，可以实现具有真实感彩色物体的成型。图 15-6 为三维打印成型设备的工作原理示意图。

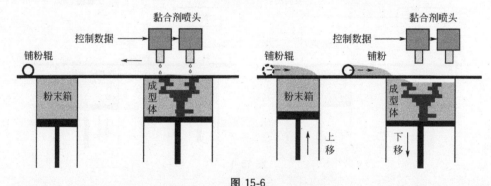

黏合剂喷头　　　　　　　　　　黏合剂喷头

控制数据　　　　　　　　　　　控制数据

铺粉辊　　　　　　　　　　铺粉辊　铺粉

粉末箱　成型体　　　　　粉末箱　成型体

上移　　　　　下移

图 15-6

三维打印技术的优点是未采用激光，从而在使用及维护成本上得以节省；可采用多喷头打印，成型速度较快；在黏合剂中添加颜料，可进行彩色物体成型；成型过程无需生成支撑体，多余粉末的去除比较方便，适于做内腔复杂的物体原型。其缺点是：黏结成型物体的强度较低。

第六节　冲击颗粒制造和多重喷射成型

冲击颗粒制造（Ballistic Particle Manufacturing，BPM）是 1994 年由 Solidscape（Sanders Prototype）公司推出的三维成型技术。

如图 15-7(a) 所示，这种技术采用 2 个打印喷头进行热熔材料的喷射。在需成型的位置上，由一个打印头将加热熔融的低熔点成型材料喷出，作为成型物体的部分；而在非物体部分，则不进行材料喷射，或者按需要由另一个打印头喷出熔融的支撑材料而构成支撑体。成型按逐层累积方式进行，一层的成型完成后，借助铣滚，对成型平面进行铣平加工，以保证每层厚度的一致性。

如其名称所示，多重喷射成型（Multi-Jet Modeling，MJM）采用数十至数百个喷嘴构成的喷头，进行低熔点热熔材料的分层喷射成型。在支撑体构造的喷射中，可采用与成型相同的材料，但以较低密度的图案进行成型。图 15-7(b) 为多重喷射成型的原理示意图。

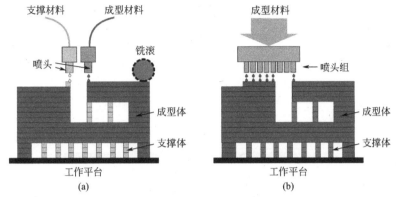

图 15-7

第七节　层压制造成型

层压制造（Laminate Layer Manufacturing，LLM）成型技术也被称为"叠层实体制造（Laminated Object Manufacturing，LOM）"，1991 年问世。这种成型技术是将多层薄膜类材料模切、热压实现物体成型的。

如图 15-8 所示，其工作原理为背面涂有热熔胶的薄膜卷材被输送到工作台上；随后，热压辊滚过薄膜，使本层薄膜与前一层黏合。根据物体在这一层的外轮廓造型，激光器在计算机控制下对薄膜材料进行切割（模切），并对非轮廓区域进行网格切割，以便后加工时易于取出非成型部位的材料。在一层的黏合、模切完成后，工作台降低一层材料厚度（0.1～0.2mm），以便进行新一层材料的加工。

作为层压制造的另一种实现途径，爱尔兰的 Mcor Technologies 公司采用彩色喷墨技术，沿

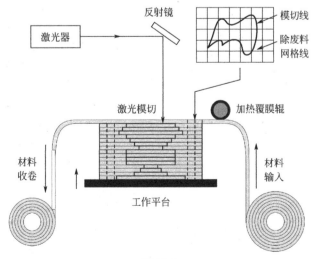

图 15-8

着三维物体在某一层的轮廓曲线，在一张纸张上喷墨打印所需要的色彩，且喷印的曲线具有一定宽度。随后，将具备打印轮廓线的印张输送至设备的成型区，用模切刀沿轮廓的中心线进行模切。接着对纸张表面进行涂胶，使其能与下一张纸黏合。由于纸张纤维的渗透作用，彩色墨水可以沿轮廓扩散到侧面，故在成型完成后，剥离去除非成型物体部分，即可得到具有真实感色彩的物体。图 15-9 为纸张喷墨打印彩色物体成型的原理示意图。

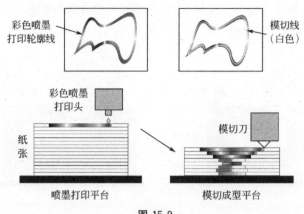

图 15-9

层压制造成型技术的特点：原材料价格较便宜，物体成型制作成本较低；无需在成型后进行固化处理，也无需设计和制作支撑结构；后处理废料易剥离；成型部件精度较高；便于实现具有真实感彩色物体成型。

第八节　其他成型方法

本节将概略地介绍几种三维成型方法，这些方法或者在成型原理上与前述的方法不同，或者是在前述方法的基础上演化及优化而成。

一、激光化学气相沉积法

激光化学气相沉积（Laser Chemical Vapor Deposition，LCVD）是利用激光光子的能量激发促进化学反应，使气态或蒸汽态的化学物质以原子态沉积到某种衬底上，形成固态薄膜，进而构造成某种微细立体结构的过程和方法。

这种方法所生成的沉积层厚度在几个微米到几十微米的尺度上，适用于进行微系统部件构造、生物薄膜等的获取等领域。

二、多相喷射凝固法

多相喷射凝固（Multiphase Jet Solidification，MJS）是在熔融沉积成型（FDM）基础上发展形成的技术。它借助挤压嘴将成型材料喷出，但与 FDM 方法不同的是，其成型材料不再是丝状，而可以是无定型的高黏度液体或颗粒状固体，通过活塞施压将其挤出。陶瓷聚合物、金属聚合物可以用于物体的成型。

三、直接金属沉积和受控金属堆积成型法

直接金属沉积（Direct Metal Deposition，DMD）采用激光熔融金属粉末，并将其逐层沉积，最终得到所需物体。

受控金属堆积（Controlled Metal Build up，CMB）用基于激光沉积焊接技术的金属焊丝作为原材料，并借助铣切装置，在扫描沉积了一层后，利用铣切来加工每一层的表面轮廓，使之平

整，从而改善了三维造型物体的精度和表面粗糙度。

这两种技术都只能采用金属作为成型材料，但可以在一次加工过程中使用不同的金属材料，使成型的功能部件具有不同的特性。

四、数字光处理成型法

数字光处理成型（Digital Lingt Processing，DLP）是基于 TI 公司的面阵微镜器件，以光线成像的方式，对液态光敏树脂进行照射，使其发生交联聚合反应而固化成型。数字微镜器件上的大量（数十万至上百万个）微镜分别受到数字成像信号的控制，仅在需要成型的位置，微镜使光线照射到树脂上。每次成像照射可以完成一个面阵区域的成型，由此提高了成型效率。

第九节　基于微观三维形貌和色彩的图像复制及加工

常规的平面图像复制技术是以再现图像外貌为目的，仅实现对图像色彩、阶调、细节等的复制。对图像表面的形貌、可触摸感知的纹理等则关注较少。

随着人们对具有真实感图像复制效果要求的提升，在图像色彩、阶调、细节得到完美复制的基础上，复制图像表面真实的纹理、质感效果（油画等），成为一种高品质图像再现与复制的需求。此外，在包装装潢等加工领域，为仿制具有自然纹理（皮革、木纹等）的人造材料，同样需要进行基于微观形貌和色彩的图像复制与加工技术。

实质上，基于微观形貌和色彩的图像复制与加工技术将图像信息采集的内容分为两大部分，其一是常规的平面图像采集，获取图像平面像素的色彩，进行数字化处理和存储；其二则是借助立体形貌测量技术，对图像表面的微观三维形貌信息进行采集和处理，获得图像内各个坐标位置 (x,y) 上的微观高度 (z) 信息，并存储成数字化文件。除图像采集外，三维形貌数据也可以来源于三维设计系统。

图 15-10(a) 为皮革的平面图像及其三维形貌高度信息，图 15-10(b) 为其对应的皮革表面三维高度形貌。此图像以及后续图 15-12 来源于德国威尔特公司（Dr. Wirth）的扫描仪 TopoGetter（"6To5"）。在代表三维形貌的灰度图中，颜色明亮的位置，表示下凹深度越浅；反之，颜色较暗处，其下凹越深。

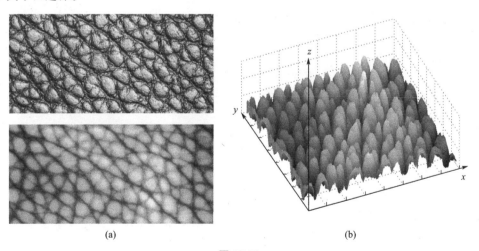

(a)　　　　　　　　　　　　(b)

图 15-10

获取二维图像和三维形貌两部分信息数据后，分别需要进行一些处理，如二维图像的修正（如色彩/阶调/清晰度优化、图像缺陷补偿等）、三维形貌数据的变换（如加大/减小凸凹差别、附加纹理等）。

经过处理的二维图像及其三维形貌信息，既可以分别单独使用，又可以融合获得特殊效果的图像，并应用于具有真实感的图像复制或加工。如图 15-11 所示。

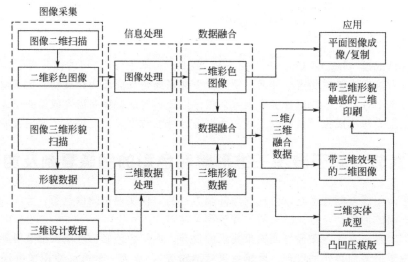

图 15-11

二维彩色图像可以用于常规的平面印刷复制及其他图像再现领域；三维形貌数据则可以直接用于三维造型，制作出三维造型实体。其中，既可以是色彩无关的三维形貌实体（如用于制作凸凹压痕金属版等），也可以是具有真实感的三维彩色物体（如彩色战场沙盘等）。此外，将三维形貌数据用于控制喷墨量，从而可以借助 UV 喷墨打印机，在平面印刷品上以不同墨量堆积的方法，获得三维形貌触感。

将二维彩色图像与三维形貌结合，所得到的数据为融合了三维形貌的二维彩色图像，此类图像的应用主要有制作带有真实三维触感的平面印刷品，如具有颜料堆积笔触的油画、具有纹理的仿制皮革等；此外，基于融合的图像也可以获得具有真实三维形貌效果的平面图像，用于平面显示等。如图 15-12 所示。

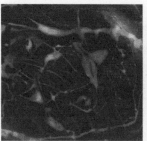
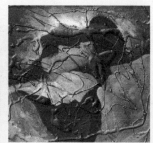

(a) 彩色平面图像　　　　(b) 三维相貌高度数据　　　　(c) 融合了三维形貌的二维彩色图像

图 15-12

复习思考题

1. 简述立体光刻（SLA）、熔融沉积（FDM）、三维打印（3DP）、选择性激光烧结（SLS）的三维成型基本原理。

2. 为什么以"纸张喷墨打印＋模切"为基础的层压制造方法能够实现具有真实感彩色物体的成型？

3. 如何利用三维成型技术实现一幅具有色彩和颜料笔触纹理的油画仿真？设计并写出完整的加工制作流程和步骤，并予以说明。

第十六章

数字化工作流程及生产集成化控制

随着印刷产业数字化程度的不断加深，实现对印刷生产及其相关过程的集成化控制，进一步提高产品质量、生产效率和相关商业运营的效益，成为人们追求的目标。数字化工作流程用数字信息将印刷生产各个步骤有机地联系起来，使生产进程顺畅进行，以此达到提高效率和质量、降低成本、增加效益的目的。

本章将从数字化工作流程的基本概念出发，对其运行机制、数据格式等方面进行讨论。

第一节　数字化工作流程的基本概念

一、数字化工作流程的定义

数字工作流程（digital workflow）是建立在信息数字化基础上，对印前、印刷、印后及其相关过程中的图文信息和生产控制信息进行集成化管理和控制的系统和技术。

二、建立数字化工作流程的基础

社会信息数字化的深度和广度日益增强，从数字照相/摄像机、数字广播/电视到宇宙航天，数字化的信息都发挥着十分重要的作用。

印刷媒体产业真正意义上的数字化进程开始于 1985 年。当时的"桌面出版（DTP）浪潮"所推动和实现的是印刷工艺过程中图文信息的数字化，即文字编码、字形表示/存储、图形描绘、图像扫描、图文合一版面信息描述/解释/记录信息生成、图文记录输出等的全面数字化。

然而，图文信息数字化仅仅奠定了数字化工作流程的基础之一，对印刷生产流程进行完全的数字化掌控，还需要另外一个基础，即生产控制信息的数字化。

随着技术进步，印刷生产流程中的各种设备信息化、数字化控制程度逐步提高。1995 年，国际组织 CIP3（International Cooperation for Integration of Prepress、Press and Postpress，印前、印刷、印后集成化国际合作组织）的成立，可以看作是生产控制信息数字化进程的开端。将印刷生产流程看作整体，采集、处理数字化的生产控制信息，按统一的文件格式存储、传递，并将这些数字化信息有效地应用到流程中。生产控制信息数字化这一基础的建立，成为数字化工作流程不可缺少的一部分。2000 年，在 CIP3 升级为 CIP4（International Cooperation for Integration of Prepress、Press and Postpress Processes，印前、印刷、印后过程集成化国际合作组织）组织，制定了新的数据格式标准，并在更宽广的范围内推动数字集成化印刷媒体生产的发展进程。

图 16-1 为数字化工作流程的基础和相关信息流的框架示意图。从图中可以看出，用于印刷媒体生产的数字图文信息及客户对产品的制作要求进入生产流程后，在工作流程控制系统的控制下，进行合理的任务安排，并完成印前处理、印刷、印后加工等，将产品进行销售或发行。本方数字化工作流程的数字化图文及控制信息还可以传递到外部其他的信息系统中，以便进行其他处理和控制。

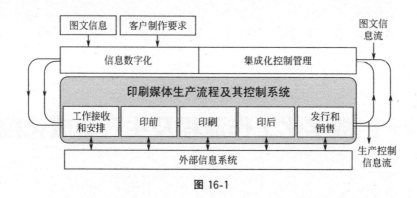

图 16-1

第二节　印刷生产流程中的数字化信息流

一、印刷生产过程中的信息流

在印刷生产中存在着三种主要的信息流。

- 图文信息流：这些信息代表了印刷媒体传递/复制的对象，必须尽可能完美地呈现在印刷产品上。
- 生产控制信息流：对整个印刷生产的进程进行导向和控制需要的信息。
- 管理信息流：与管理企业其他方面相关的信息，如人事、财务等。

这三种信息流是相互关联的。就关联程度而言，图文信息流与生产控制信息流的关系更为紧密。管理信息流与印刷生产的正常进行也是相关的，其中的一些方面（如计价、财务核算等）与生产流程也会有较为紧密的联系。

不妨以常见的印前、印刷、印后工艺过程为例，观察图文信息流和生产控制信息流的产生、传递和相互作用。

如图 16-2 所示，当客户交付印刷生产单位一个需要印刷制作的作业时，一般会提供两方面的原始信息。

- 图文原稿：模拟式的文稿、图片，数字式的文本文件，图像文件等。
- 制作要求：最终产品的详细规格要求，印刷方式及数量、各个页面版式等。常以模拟方式提供纸样或印刷样，也可以提供数字方式版式文件和样式说明文件等，客户还会进行一些口头说明。

印刷单位接收到这些原始信息后，对作业进行分析，确定并安排所采用的工艺路线、应用的设备和材料。按照这种工艺安排进行预估价并与客户商洽，得到客户认可后，作业正式开始实施。一般而言，作业按照印前、印刷、印后的顺序进行，也不排除少数步骤提前进行。

在印前部门，通过文字输入、图形绘制和图像扫描/数字摄影，图文原稿信息彻底数字化。后续的数字图文信息处理必须受到客户制作要求的制约。在图文处理过程中，应按照客户和工艺要求进行分色；在图文的组合中，应按照客户的制作要求的产品尺寸规格、页面版式或包装设计样式进行。

在印前的这些图文处理步骤中，数字信息的格式具有多样性，既有通用的文件格式（TXT、TIFF、JPEG、EPS 等），也有很多软件相关的格式（CDR、PSD 等）。图文页面组合完成后，则将文件转换成 PDF、EPS、PS 等通用格式。

拼大版是按照印刷版面的幅面以及印后加工的要求，将制作完成的多个页面或包装单体组合成印刷版面的过程。拼大版处理必须考虑印后加工的各种条件和参数。对出版类的任务，应按照书贴折手规格安排页面位置和朝向；而对包装类的任务，则按照包装设计单体的形状、尺寸等安排各单体的位置和方向进行插拼。

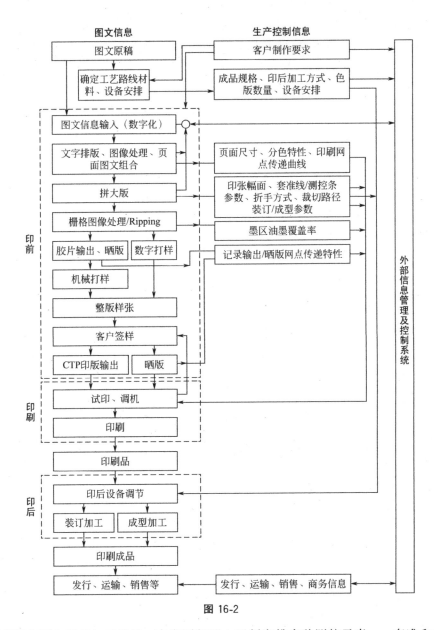

图 16-2

为了保证印刷和印后加工质量，在印刷版面上还须安排多种测控元素——套准和裁切标记、色版标记、印刷测控条等。拼大版软件通常能够接收 PDF、EPS、PS 等通用格式文件，拼大版的结果也保存成 PDF 等格式。拼大版完成后的图文信息已经完全面向后续的工艺步骤。

从拼大版这一过程可以获得一些生产控制信息。例如，裁切位置/路径、折手方式、套准规矩线样式/位置、印刷测控条样式/位置、印张的色版数量等。

如果采用机械打样方式，则首先需要栅格图像处理（Ripping）、分色胶片输出、晒版，再用打样机制作出样张，供客户签字认可。如果采用数字彩色打样技术，则可以输出印刷整版幅面的打印样张供客户签字认可。如果是面向按需数字印刷的流程，则打样可以在数字印刷机上进行。

在输出胶片、印版或实施数字印刷之前，栅格图像处理是不可缺少的过程，它将印刷整版的信息转换成激光照排机、直接制版输出机或数字印刷机能够记录的成像信息。在进行栅格图像处理之前，必须按照印刷版面的规格、加网要求等进行设置，栅格图像处理的结果送往相应的记录设备。

由于栅格图像处理是针对印刷整版进行的，因此，从栅格图像处理后获得的栅格数据可以得到印刷机滚筒轴向每个墨区的着墨比例，以此作为印刷机墨量预调的基础控制数据。

在栅格图像处理以后，通过激光照排机获得胶片，经过晒版得到印版，或者通过直接制版输出机记录获得印版。

在正式开始印刷之前需要经过试印过程，达到满意的套准状态和油墨调节状态，随后正式开始印刷。印刷过程中，应经常取出印张，观察并测量所需要达到的密度或色度数值是否满足要求，随时进行调整。如果具备自动测控系统，则可以根据已有的套准线位置、测控条测量色块位置、密度/色度等数据，自动监测套准和颜色状况，相应进行调节。

在印后加工过程中，裁切、折页、配贴、订书、三面裁切等过程，或者包装成型加工的各步骤，都可以利用印前过程各步骤上获取的相关数据，进行印后加工设备的调节和设置，正确完成需要的加工处理。

按照发行、销售、运输或商务要求，印刷成品通过多种渠道送达目的地。

在印刷媒体加工的一些阶段中，数字图文及管理信息可以传递到外部系统。

从图 16-2 中可以看出，印前处理过程较多地获取后续工艺步骤的生产控制数据，而印刷、印后加工过程则较多地利用这些数据，进行快捷有效的设备调节，使生产进程流畅高效地进行。

二、图文信息和生产控制信息的数字化和相关文件格式

信息的数字化需要通过各种系统和设备实现，数字化信息的存储格式规范成为较为关键的要点。只有信息的数字化而文件格式"私有化"，信息的交流和充分利用就无法进行。因此，为数字化的信息建立开放的格式平台是必需的。

图文信息数字化是借助于各种图文信息采集系统完成的。信息数字化完成后，会以各种不同的数据格式、文件格式存储。存储文字信息的 TXT 文本格式，记录图像信息的 TIFF 和 JPEG 等格式都是开放的标准文件格式。

聚集页面/版面内的文字、图形、图像等全部信息的开放性文件格式应属 PS、PDF 格式。由于 PDF 格式所具有的各种优势（参见第六章），使其成为应用日益广泛的图文合一的文件格式。

生产控制信息的数字化信息的采集、处理大多借助于数字化工作流程系统。有关这种系统的组成、配置和运行方式将在稍后介绍。在生产控制信息的存储格式上，前述的 CIP3 组织制定了"印刷生产格式"PPF（Print Production Format），CIP3 组织的后继者 CIP4 则制定了"作业定义格式"JDF（Job Definition Format）。

第三节　PPF 和 JDF 文件与印刷生产的集成化控制

一、PPF 格式与印刷生产集成化控制

1. PPF 格式概况

1995 年，CIP3 组织成立后，制定并发布了 PPF 文件格式规范。文件采用 PostScript 语言写成，但用到的 PostScript 指令集受到一定限制。

建立这种通用文件格式的目的是：把印刷和印后加工过程与印前过程紧密地联系起来，由印前过程生成的各种数据记录到 PPF 文件中，并被后续各个工艺步骤上的设备和系统接收、翻译，以便将这些控制数据应用到印刷及印后生产当中去。

按结构的前后顺序，PPF 文件由文件头、PPF 字典、产品定义、印张描述、文件结束标志 5 个部分构成。

- PPF 文件头：文件的 CIP3 版本号和特殊标志（%ÔÔ¤Ë），供软件识别用。
- PPF 字典：给出印刷产品中每个印张信息在文件中的存储位置（偏移量）。
- 产品定义：给出产品印后加工过程的加工参数。
- 印张描述：给出每个印张的具体特征和参数等信息。这些信息以结构、属性和内容三种方

式进行描述。

例如，印张的结构（单面或双面）、印张的折页信息（折页位置和过程）、分色片记录网点曲线、晒版网点曲线、50.8dpi 的低分辨率 CMYK 图像（用于对印张按墨区进行覆盖比例计算）、套准线类型和位置数据、印刷控制条各区域的色度和密度数据（标准值和允差）、裁切数据（印张上各裁切标记位置、三面切的位置等）

- 文件结束标志：用 "％％CIP3EndOfFile" 标志文件结束。

2. PPF 对生产集成化控制的作用

参照图 16-2，当业务部门接收一个印刷作业后，就确定了该作业的名称、版权标记等信息，同时也会确定该任务在哪些印刷、装订设备上生产制作。这些基本信息是 PPF 文件需要的。

随后，开始进行图文信息的印前输入和处理，形成各页面的 PostScript/PDF 描述。通过拼大版确定的参数有按照印刷品装订要求、确定与裁切、折手相关的信息、色版数、套准规矩线参数、印刷测控条各色块的色度/密度控制数据。这些数据是 PPF 内印张描述部分所需要的。

描述印版版面图文信息的 PS 或 PDF 文件经过 RIP 解释并栅格化以后，就形成了高分辨率印版记录信息。利用印版记录信息，可以生成 50dpi 的低分辨率四色预示图像。该图像主要用于按墨区计算各色印版的油墨覆盖比例，作为控制墨量的基础数据，同时此预示图像可以作为该印刷任务的文件图标。

印版记录使用栅格图像处理获得的高分辨率记录数据。由于记录设备的坐标系统与 CIP3 原始坐标系统可能不同，因此有必要从 PPF 获取原有坐标系统的数据，并根据印版记录设备的坐标系获得坐标转换矩阵数据，以便正确定义版面内各元素的位置坐标。

印版记录完成以后，就进入装版印刷步骤。由于各色版墨区的基础控制数据已经计算完毕，因此只要从 PPF 中取出，将其传送到印刷机的墨量控制系统当中，即可由印刷机控墨系统执行正确的墨量控制。此外，套准控制、印刷控制条的基准数据等也送入印刷机控制单元，执行相应控制。

当印刷完毕以后，印张进入装订阶段。此时，可以将 PPF 中存储的裁切信息、折页信息、配页信息、订书信息和三面切信息等送入装订设备，由其执行印后加工各步骤的任务。

PPF 文件以产品和印张为对象，对生产加工的各种信息和数据进行记录、描述，能够较好地 "指导" 印刷、印后加工生产的顺利实施，得到了印刷设备生产厂商和数字工作流程系统开发商的支持。

二、JDF 格式与印刷生产集成化控制

1. JDF 格式概况

2000 年，CIP3 组织的主要倡导者 Adobe、Agfa、Heidelberg 和 MAN Roland 公司提议将 CIP3 改名为 CIP4，并制定 CIP4 JDF 规范。JDF 是 "作业定义格式（Job Definition Format）" 的英文缩写。

按照 CIP4 提出的目标——JDF 是一个在印刷工业中简化不同应用软件和系统之间信息交换的工业标准。它以 CIP3 PPF 和 Adobe PJTF（Portable Job Ticket Format，便携工作传票格式）为基础，但会超越这些标准，将商业及运作规划的应用软件与印刷技术流程结合起来。为了保证在不同平台之间使用的最大方便性，并与基于因特网的应用协调一致，JDF 文件用 "可扩展标记语言"（XML，eXtensible Markup Language）写成。

2. JDF 的运作机制

JDF 着眼于整个数字化生产流程的各个步骤，将每一个步骤看作一个 "节点"，整个流程把 "节点" 连接成 "树" 形结构。每个节点有其 "输入资源" 和 "输出资源"，节点上存储了生产加工需要的各种数据。JDF 对每个步骤上的 "输入" / "输出" 资源、加工处理的数据进行记录、以便对生产进程进行控制。

JDF 还可以提供一种生产自动化的"消息服务"，在执行作业（Job）的每个步骤上，记录执行的结果，以便对作业状况进行跟踪。为此，JDF 规定了"消息"的结构、数据格式、语法和协议。设备可以根据这种消息与生产控制系统进行交流、通信，可以进行消息发送、跟踪、中断等干预。设备对消息的支持程度有分级。

- 基本级：设备在开始和结束执行 1 个步骤时通知生产控制系统，如果出错则报告。
- 查询级：设备可以对生产控制系统的查询进行响应，报告工作状态。
- 命令级：生产控制系统可以对设备发送命令，中断某项工作、重新执行或更改任务的优先级。

从上述基本运作机制可以看出：JDF 对生产流程控制信息的掌握更全面，而且对信息的利用更充分。它要求整个生产在信息管理系统（Management Information System，MIS）的控制下进行，实时获取各"节点"的信息、处理信息、向"节点"发送信息。在这种运作机制下，可以实现更高程度的自动化生产。相对而言，PPF 则只是存储了"应该如何进行生产"的信息，但对"做得如何""是否出现故障"等无法把握。

由于可以跟踪生产进程，可以对各个生产任务的次序进行整体协调，也可以按照实际实施的步骤进行计价核算等。图 16-3 给出了 JDF 在信息交流方面的基本框架。

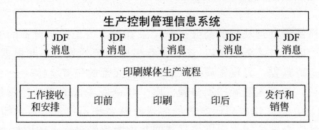

图 16-3

为便于理解 JDF 生产控制的运作机制，举一个简化的例子。

生产任务是印刷制作一本小册子，封面/封底的纸张、油墨与内页不同，分别制作。根据生产要求形成的 JDF 的节点数据信息结构如图 16-4 所示。

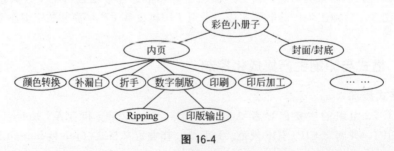

图 16-4

JDF 把"彩色小册子"作为"父节点"，它包含 2 个"子节点"，即内页和封皮。内页节点又包含 6 个"子节点"，其中的"数字制版"节点有"Ripping"和"印版制作"2 个底层节点。

如图 16-5 所示，对"数字制版"下面的"Ripping"节点，输入资源有需 Ripping 的 PostScript 或 PDF 文件、印版材料的尺寸、Rip 参数、折手版式/参数等。其输出资源是 Ripping 获得的整版 1 位（二值）数据。这种整版数据又作为下一个节点"印版制作"的输入资源，与印版材料尺寸一起成为控制制版的基本数据。"印版制作"节点的输出资源是制作好的印版，这种资源又作为"印刷"节点的输入资源发挥作用。

图 16-6 显示了生产控制信息系统与设备进行信息交流的状况。每一个步骤开始执行和执行完毕时，设备都会发送信息通知控制系统，如果出现故障，也会及时告知系统。当然，控制系统会将需要的 JDF 数据传送到设备上，设备根据相应的资源进行生产。

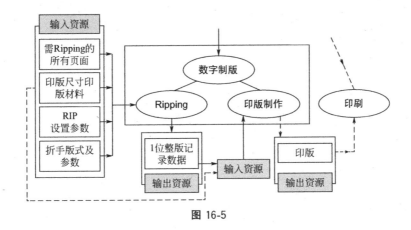

图 16-5

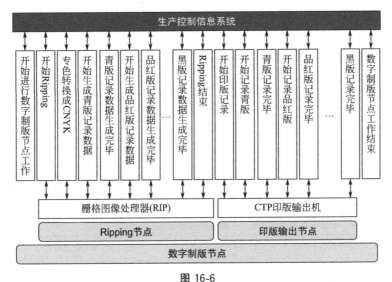

图 16-6

数字化工作流程正处在发展进程中，它必将进一步促进印刷媒体生产的自动化、高效化和优质化，成为印刷媒体不可缺少的主流技术。

复习思考题

1. 数字化工作流程的基础和核心是什么？
2. 实行数字化工作流程需要哪些基础和前提条件？
3. 与基于 PPF 的数字工作流程相比，基于 JDF 的工作流程有哪些进展？

第十七章

数字印前处理工艺

本章将对数字化印前处理及制版的一些基本工艺原理和方法进行讨论。

第一节 印前工艺流程

一、印前处理及制版的基本框架

按照信息输入、处理、输出的基本过程，数字化印前处理、印刷、印后加工及其相关过程的基本框架结构如图 17-1 所示。

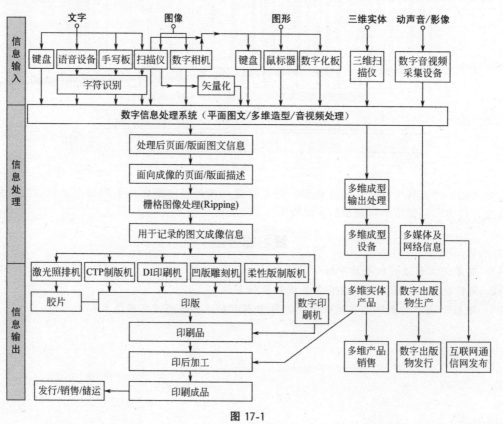

图 17-1

在这一框架中，各种印刷工艺方法具有相近的图文信息输入和处理过程，其中，除采用键盘输入、手写输入、语音输入方式以外，文字信息还可以通过扫描或数字摄影后进行字符识别，成为文字代码信息。除绘制方式外，图形信息也可以通过扫描或拍摄的数字图像经"矢量化"转换而得到。图像的输入手段主要是平面扫描和数字摄影。

　　在对图文信息进行各种处理后，将页面或版面转换成页面描述信息，传递到栅格图像处理器上。在进行栅格图像处理（Ripping）和输出时，需要根据特定的印刷工艺，采用各种不同的设备（激光照排机、胶版输出机/印版直接成像印刷机、凹版电子雕刻机、柔性版制版机、数字印刷机等）记录输出胶片、各类印版或印刷品。经过印后加工过程获得的印刷成品通过发行、销售等渠道送达消费者手中。

　　此外，三维及准三维信息处理在印前与印刷领域也得到用武之地。三维实体可以借助三维扫描仪及立体形貌采集设备获取其造型信息，在系统中得以处理，并在三维打印机等数字成型设备上输出成多维产品。多维产品可以与常规平面印刷产品组合加工，获得印刷最终产品。

　　印前图文信息处理过程还可以附加地进行数字多媒体和网络信息等处理，通过数字出版发行、在互联网及通信网等网络媒体上的发布，满足数字出版及信息传播的需要。

二、数字化胶版、凹版、柔性版工艺流程

1. 胶印版工艺流程

　　胶印版工艺流程主要有激光照排（计算机到胶片/CTFilm）和计算机直接制版（CTPlate）两类，其工艺路线分别如图 17-2 和图 17-3 所示。

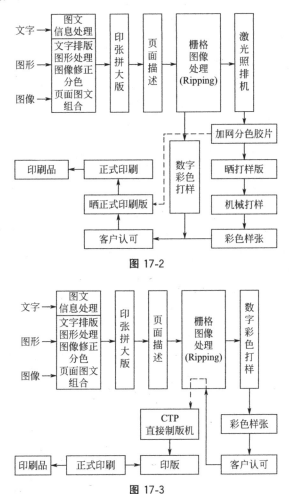

图 17-2

图 17-3

　　从图中可以看出，两者的主要技术差异如下。
- 记录输出的信息载体不同（CTFilm 输出胶片/CTPlate 输出印版）。
- 网点传递特性不同：由于计算机直接制版工艺省略了晒版的步骤，其网点传递特性发生变

化。为了达到同样的复制结果，需要进行网点传递特性的调整。

• 打样方式不同：从成本上考虑，计算机直接制版工艺一般不输出用于打样的印版，必须采用打印等手段制作出模拟印刷效果的数字彩色样张；而激光照排工艺则可以用胶片分别晒制打样版和正式印刷版，采用机械打样方法进行样张的制作。实际上，在激光照排工艺中采用数字彩色打样也是可行的。

2. 凹印工艺流程

数字化凹版工艺有机电式雕刻制版、激光烧蚀掩膜制版和激光直接雕刻制版三种，分别是指采用机电式雕刻设备雕刻、激光烧蚀抗腐蚀涂层附加腐蚀、激光直接烧蚀方法制备凹版滚筒的工艺。图17-4～图17-6分别给出了这三种工艺流程的框图。

在机电式雕刻技术和激光直接雕刻技术采用灰度数据进行雕刻驱动，因此，一种常见的方式是在凹版印前处理系统中，直接进行灰度模式分色版的各种处理，不经过栅格化过程，最终获得整版雕刻数据（如图17-4和图17-6中①所示，未标①和②的为公共路径）。另外，如图17-4和图17-6中的②所示，如果需要对页面信息进行"栅格图像处理（Ripping）"，则应满足凹版雕刻的要求，将页面描述解释并生成灰度模式的雕刻数据。

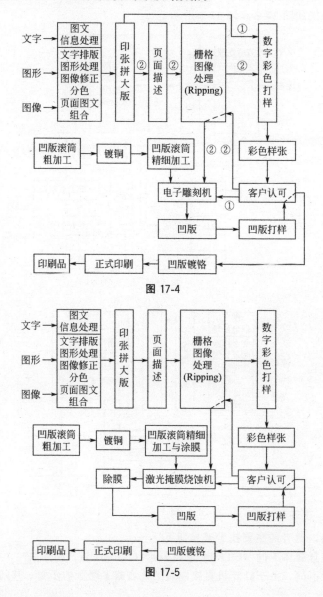

图 17-4

图 17-5

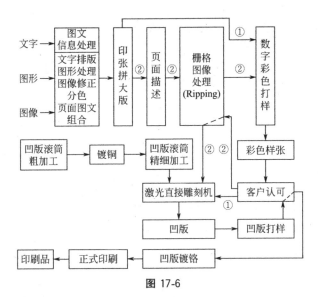

图 17-6

"超精细雕刻"技术的出现，为凹版的栅格图像处理（ripping for gravure）赋予了新的意义。由于"超精细雕刻"的每个网穴由多行雕刻拼合而成，这种栅格图像处理器须能生成高分辨率状态下的网穴形体雕刻数据（灰度模式），以驱动雕刻机构雕刻出高精细的文字和图像网穴。

激光烧蚀掩膜制版技术中采用的记录数据为二值模式，故图 17-5 中的"栅格图像处理"与胶印方式相似，但采用的网点（网穴）结构应满足凹版要求。

在凹版制版过程中，凹版滚筒的制备比胶印版烦琐。通常要经过钢辊加工、电镀、表面精细加工等工序。经过雕刻或烧蚀的凹版滚筒还需要进行镀铬处理，以提高滚筒表面硬度，增强耐印力。

在打样方面，在制作滚筒之前，可采用数字彩色打样方法输出样张，但也有在雕刻完毕后用凹版滚筒在专用打样机上制作样张的方式。由于凹版滚筒已经制作完成，可改动的余地已经很小，仅可作为避免严重错误、对印刷油墨的颜色进行试验和调整的最后手段。

3. 柔性版工艺流程

柔性版印前处理及制版工艺有三种，即输出阴图胶片附加光化学制版的方法、激光烧蚀印版涂层附加光化学制版的方法、激光直接雕刻制版方法。

前两种工艺的主要区别在于用激光记录图文信息的载体以及记录技术的具体配置，后续的光化学制版过程大致相同（图 17-7 和图 17-8）。

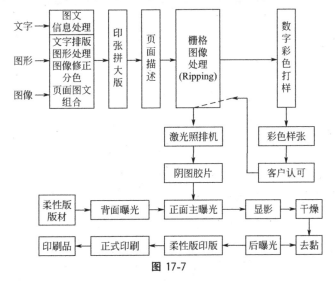

图 17-7

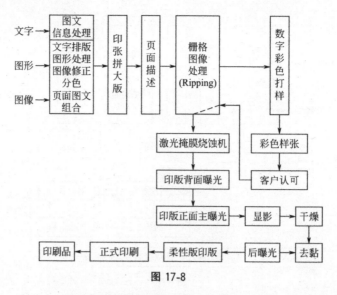

图 17-8

激光直接制版法是用激光直接烧蚀制作印版，无需进行光化学处理（图 17-9）。

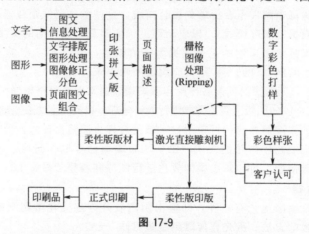

图 17-9

第二节　印刷复制中阶调值的传递和补偿原理

在数字化的印刷复制流程中，原稿的阶调数值以数字信号的形式表达，在印前过程中以数字化的形式传递。在分色后，原稿的阶调数值被转换成网点面积率并通过加网记录输出。随后，网点便以非数字化的形式通过胶片、印版等传递到纸张等承印材料上，这种传递过程的特性受到材料和设备的制约，也与网点自身的特性相关。

在印刷复制过程中，网点阶调值的传递是最为关键的工艺控制项目之一，是重要的工艺基础。阶调值传递的控制不仅对图像复制举足轻重，对文字、图形的复制同样不可忽略。在下面的讨论中，以图像阶调数值的传递为例进行分析。

一、图像原稿阶调值的传递和处理过程

假设：图像原稿的色度值为 $[L_0, a_0, b_0]$，经过扫描仪的数字化过程转变成 RGB 模式的图像数据。在扫描过程中，利用扫描软件的"曲线"功能进行了调整，获得的图像颜色灰度值 $[R_0, G_0, B_0]$，即

$$[L_0, a_0, b_0] \rightarrow [R_0, G_0, B_0]$$

随后，在图像处理软件环境下，为了印刷分色的需要，又可以进行"高光点/暗调点"定标、曲线调节、颜色校正等处理，图像颜色灰度值变为 $[R_1,G_1,B_1]$。

$$[R_0,G_0,B_0] \rightarrow [R_1,G_1,B_1]$$

实际上，由于 RGB 数据的改变，图像色度数据相应地变为 $[L_1,a_1,b_1]$。

如果对处理后的图像颜色 $[L_1,a_1,b_1]$ 满意，即可进行图像分色转换——图像的颜色数值从 $[R_1,G_1,B_1]$ 转换成 $[L_1,a_1,b_1]$，再转换成印刷网点面积率 $[C_0,M_0,Y_0,K_0]$。

$$[R_1,G_1,B_1] \rightarrow [L_1,a_1,b_1] \rightarrow [C_0,M_0,Y_0,K_0]$$

由于在后续的制版及印刷传递中存在网点面积率的变化（扩大/缩小），必须按照网点面积率的变化规律，事先进行相应的曲线补偿，将原始的网点面积率 $[C_0,M_0,Y_0,K_0]$ 转换成 $[C_1,M_1,Y_1,K_1]$，这一补偿过程是在分色中进行的。

$$[C_0,M_0,Y_0,K_0] \rightarrow [C_1,M_1,Y_1,K_1]$$

实际上，$[C_1,M_1,Y_1,K_1]$ 是记录输出的网点面积率。

在加网和记录输出过程中，同样存在网点面积率的变化，也需要进行事先的补偿，以保证记录输出到胶片或印版上的网点面积率准确达到 $[C_1,M_1,Y_1,K_1]$，因此，在栅格图像处理（Ripping）生成网点之前，也对 $[C_1,M_1,Y_1,K_1]$ 进行了输出线性化补偿，得到 $[C_2,M_2,Y_2,K_2]$。

$$[C_1,M_1,Y_1,K_1] \rightarrow [C_2,M_2,Y_2,K_2]$$

在记录输出过程中，按 $[C_2,M_2,Y_2,K_2]$ 加网和记录，获得网点面积率 $[C_1,M_1,Y_1,K_1]$，经过印刷，获得的恰好是分色所需要的 $[C_0,M_0,Y_0,K_0]$，而此网点面积率在承印材料上呈现的颜色能够达到 $[L_1,a_1,b_1]$，也是事先分色过程中所需要的。至此，原稿颜色 $[L_0,a_0,b_0]$ 就复制成 $[L_1,a_1,b_1]$。

$$[L_0,a_0,b_0] \rightarrow [L_1,a_1,b_1]$$

显然，如果原稿的色域不大于印刷复制所能达到的色域，同时，原稿本身的色彩、阶调层次和清晰度都符合复制的要求，无需进行附加的图像处理，则可以达到"保真还原复制"，即印刷复制得到的颜色 $[L_p,a_p,b_p]=[L_0,a_0,b_0]$。

二、网点传递误差的补偿原理

由于存在机械、光学、化学等多种因素的影响，网点面积率在传递过程中大多会发生变化。为使网点面积率在目标介质（胶片、印版、承印材料）上达到事先设定的数值，就必须在网点传递之前对其进行面积率补偿。

如果网点面积率在传递过程中增大，事先就必须进行网点面积率缩小的补偿，面积率缩小后的网点经过传递过程中的增大，恰好达到所需要的数值，进而满足图像层次、颜色传递的需求。通常，这样的补偿工作称为"印刷网点扩大补偿""输出线性化"等，是印刷复制过程中必不可少的工作之一。

网点传递误差的补偿原理是反函数转换补偿法。

具体而言，根据网点传递变化特性的函数关系，找到其反函数，对最终需要达到的网点面积率进行反函数转换，由此获得补偿后的网点面积率，用此网点面积率进行传递，即可最终获得需要的网点面积率。

设原始网点面积率为 φ_0，所提出的要求是经网点经传递，最终实际获得的网点面积率为 φ_P。

在网点传递过程中，网点面积率会发生变化，由 φ_0 变为 φ_1，其对应关系为

$$\varphi_1 = f(\varphi_0)$$

上式的反函数为

$$\varphi_0 = f^{-1}(\varphi_1)$$

事先将最终要求获得的网点面积率 φ_P 进行反函数转换，得到 φ_T 为

$$\varphi_T = f^{-1}(\varphi_P)$$

而将 φ_T 进行传递（而非 φ_0），则 φ_T 必然受到网点面积率传递关系函数 $f(\cdot)$ 的制约，若传递后实际获得的面积率为 φ_E，则

$$\varphi_E = f(\varphi_T) = f[f^{-1}(\varphi_P)] = \varphi_P$$

由此可知，最终获得的网点面积率即为所需要的数值。

较为简单的情况是，要求在网点在传递后所要达到的网点面积率为原始值 φ_0，即经过补偿处理，完全消除传递过程引入的误差：

$$\varphi_P = \varphi_0$$

则

$$\varphi_E = f(\varphi_T) = f[f^{-1}(\varphi_0)] = \varphi_0$$

此外，也可以要求网点在传递后的面积率 φ_P 与原始面积率 φ_0 之间保持某种特定关系，即 $\varphi_P = g(\varphi_0)$。利用前述的原理也可以达到相应的要求。

上述这一原理可以应用于印刷的网点扩大补偿、记录线性化补偿等方面。

这在多种分色软件、RIP 和色彩特性文件中发挥了作用。图 17-10(a) 和 (b) 分别为 Photoshop 软件分色设置中的"网点增大"界面以及方正 RIP 的记录输出线性化界面（图中的 45° 斜线为作者附加的参考线，以便于观察）。

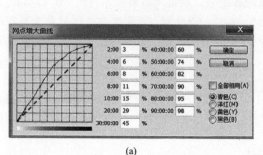

(a)

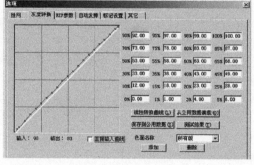

(b)

图 17-10

注意：在软件界面上，可以给定网点变化以后的面积率数据，但并不显示网点补偿的反函数曲线，网点面积率的补偿是在软件内部完成的。

从复制工艺控制的角度，要使上述网点补偿真正发挥作用以保证网点的准确传递，关键在于对网点传递工艺条件（如分色片或印版记录/显影条件、晒版曝光/显影条件、印刷条件等）进行严格控制，以保证工艺条件和状况保持稳定。

实质上，这一要求是为了保证网点传递函数关系 $y = f(x)$ 不频繁波动，只有这样，软件补偿的根基才是稳固和正确的，否则，如果补偿是按 $y = f(x)$ 的反函数进行的，而实际工艺条件所对应的特性函数却已变为 $y = f_1(x)$，则补偿的准确度就会受到损害，最终网点传递仍会存在误差。

第三节 图像原稿的分析

作为图像印刷复制的第一步，对原稿图像的分析是十分关键的。明确原稿图像的特点，可以使后续的图像处理做到"有的放矢"而减少盲目性。

就信息记录载体和信号特性而言，原稿可以分为记录在胶片/相纸/印刷纸张上的模拟式图片，以及存储在各种数字载体上的数字图像文件。

针对图像复制，在原稿分析上，可以从图像的阶调层次、色彩、清晰度等方面进行分析。

图像分析的目的在于准确把握图像的特点，为面向印刷复制的图像处理提供依据。

一、原稿图像的阶调层次分析

1. 模拟式图片原稿

可以采用光学密度计及色度测量仪器对原稿进行测量，得出其最小及最大密度/色度值、密度/色度对比度（反差）等数据，对原稿图像中的一些较为重要的颜色（如人像中的脸部肤色等），可以进行色度测量和数据记录，以便参照。

另外，可以通过目视观察，大致对图像的阶调分布状况进行主观判断，得到其阶调分布的侧重点（亮调侧重/暗调侧重/中间调侧重/亮暗调侧重/均匀分布等）；还可以判定图像某一阶调部分（亮调/暗调/中间调/极高光）的层次反差是否存在并级，以便在随后的图像处理中予以加强。

2. 数字图像原稿

如果扫描或数字摄影过程已经在正确的色彩管理控制下，则所获数字图像能够基本准确地反映原稿状况。在这种情况下，可以通过 Photoshop 等软件的一些功能，定量获取图像阶调层次状况的特征。

具体而言，可以将图像转换成 LAB 模式，利用"直方图（histogram）"功能得到亮度分布和色度分布的数据。

彩图 17-1(a)、17-2(a)、17-3(a) 是三幅不同阶调分布的图像，彩图 17-1(b)、17-2(b)、17-3(b) 是其明度 L 的直方图（Photoshop 给出）。从直方图中可以看出，彩图 17-1(a) 属于高调图像，彩图 17-2(a) 为低调图像，而彩图 17-3(a) 具有侧重中间调的阶调分布。

在直方图界面提供的数据中，均值表明图像的统计平均明度值，该值超过 127（对应色度 L 值的 50）越多，则图像的亮调侧重特征越明显；反之，该值越接近 0，则图像的低调特征越典型。标准偏差表明图像明度分布的分散程度，该值越大，则图像最亮与最暗的差别越明显。从明度直方图上还可以得到最大、最小明度值，由此获得图像的对比度。

二、原稿图像色彩特征分析

对图像色彩特性的分析大多是从色相、饱和度、记忆色、偏色状况等方面进行的。

对模拟式原稿只能进行少量色度数据测量，而采用视觉主观判别较多，准确度受到一定局限。

1. 色度 $a*$ 和 $b*$ 的直方图分析

与阶调分析类似，对数字图像原稿，可以利用一些软件功能进行相对定量的判断。

如果数字图像已经转换成色度 LAB 模式，则可以借助色度 $a*$ 和色度 $b*$ 通道的"直方图"进行一些分析。

注意：由于色度 $a*$ 和 $b*$ 共同决定了颜色的色相及饱和度，而 $a*$ 或 $b*$ 直方图只是对单一的一个色度值进行统计，因此，需要将两个直方图结合起来分析。

可以通过色彩 $a*$ 和 $b*$ 分布直方图了解图像色彩的饱和度。在 $a*$ 和 $b*$ 直方图中，如果分布范围都较宽，且在 $a*$、$b*$ 绝对值高的区域分布像素较多，则说明有较多色彩为高饱和度，图像的色彩鲜艳。反之，如果大部分像素都集中在距离中心轴较近的范围内，则图像色彩的饱和度较低。

如果图像中某些色相的颜色占有较重份额，则能够从 $a*$ 和 $b*$ 直方图上反映出来。如图像中有大量的蓝色，则 $-b*$ 轴上会有较高的分布峰值出现，却不能依据 $-b*$ 轴上有较高的分布峰值，就得出图像有大量蓝色的结论，因为图像中大量青色也会使 $-b*$ 轴上出现分布峰值。

彩图 17-4(a)、17-5(a)、17-6(a) 为三幅不同色彩特点的图像，其中，彩图 17-4(a) 中有饱和度较高的红色及绿色，彩图 17-5(a) 整体饱和度较低，彩图 17-6(a) 是既包含较高饱和度黄色和蓝色，又有较多低饱和度颜色的图像。彩图 17-4(b)/17-4(c)、彩图 17-5(b)/17-5(c)、彩图 17-6(b)/17-6(c) 则分别为其各自的色度 $a*$ 和 $b*$ 直方图。这些直方图中可以反映图像的对应特征。

2. 色域警告分析

在 Photoshop 软件中，如果已经对 CMYK 分色进行了设置，则可以通过其"色域警告"功能预示分色后无法准确再现的颜色。通常，这些"无法准确复制色"用灰色显示出来，作为警示。

"色域警告"的范围既与分色设置有关，也与色彩管理的选项相联系。当选择不同的"还原目的（rendering intent）"和"引擎（即色彩管理模块 CMM）"时，色域警告的范围也会出现差异。

通过一些图像处理（如高光/暗调定标、亮度/饱和度调节、层次曲线处理等），可以减少或增大无法准确复制颜色的范围。色域警告分析是进行合理的色彩、层次调节的辅助依据。

彩图 17-7(a) 为原图像，彩图 17-7(b) 和彩图 17-7(c) 分别为选择"感觉的匹配（perceptual）"和"绝对色度匹配（absolute colorimetric）"时色域警告的显示。

三、原稿清晰度的分析

清晰度是图像品质的一个重要方面。对图像清晰度状况大多采用视觉主观判别的方法，对图像中细节的丰富性和细节的清晰程度予以评价。

在定量评价方面，可以采用二维傅里叶变换的方法获得图像频谱，从频谱系数的分布上进行评判和比较。一般而言，若高频区域频域系数绝对值较大，则图像具有较丰富的高频细节信息。

图 17-11(a) 和图 17-11(b) 分别为原始图像和经过 Photoshop 虚光蒙版（USM）处理的图像，USM 处理的数值为 150；半径为 1；阈值为 0。从中可以看出，与图 17-11(a) 相比，图 17-11(b) 中的树叶和墙壁白色的边界更清晰。为在频率域中进行比较，分别对两幅图像做傅里叶变换，取其傅里叶谱，并进行了常用对数变换。彩图 17-8 为 USM 处理后图像的傅里叶频谱减去原图像频谱所得到的差值，可从图中看到在接近中心的低频区域，原图频谱数值较高（差值为负值，用冷色调表示），而在高频区域，处理后图像具有更强的数值（差值为正值，用暖色调表示）。

(a)   (b)

图 17-11

读者可以参阅第五章第一节的内容，理解不同图像细节丰富性的差异与其傅里叶谱状况的关系。

第四节　图像的印前修正处理

在印前工艺中，图像处理可以分为修正处理、分色处理、编辑（创意）处理、加网处理等类别。本节将对图像修正处理中的一些问题进行归纳性的讨论，主要是利用图像处理软件校正图像的各种偏差而改善像质，不涉及图像处理的算法。

一、图像阶调层次修正方法

常用的处理方法有：高光点/暗调点定标法、曲线调节法、灰度值（"色阶"）调节法等。

　　一般而言，应首先进行高光点/暗调点定标，以此为基础，对高光点/暗调点之间的层次进行曲线校正或色阶调节，使图像的阶调层次偏差得以纠正。

　　为减小图像阶调层次的损失，可以将 8 位/通道的图像转换成 16 位/通道，图像经曲线处理后，再由 16 位/通道转换为 8 位/通道。

1. 图像的高光点/暗调点定标

　　图像的高光点和暗调点定标是指为图像中最亮点（一般不是极高光点）和最暗点（一般不是没有变化的最暗处）的设定阶调数据。高光点/暗调点定标对图像层次反差调整、色域压缩或扩张、校正偏色等具有重要意义。

　　例如，原图像 ［彩图 17-9(a)］ 因曝光不足，其最亮点的亮度为 $L_{MAX0}^{*}=80$，最暗点亮度为 $L_{MIN0}^{*}=0$。通过高光定标，使原图像最亮点提升到 $L_{MAX1}^{*}=100$，暗调点不变，则图像层次反差被提升，而且整体亮度也增加 ［彩图 17-9(b)］。在 Photoshop 软件中定标后的曲线界面如图 17-12(a) 所示。

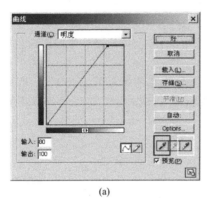
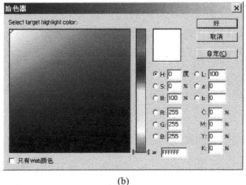

(a) 　　　　　　　　　　　　　　(b)

图 17-12

　　在 Photoshop 软件中，设定高光点/暗调点颜色数据的方法是：点击界面右下方的白色/黑色吸管按钮 ［图 17-12(a) 中分别用白色框和黑色框标出］，调出颜色拾取器界面，在其中设置数据即可 ［如图 17-12(b)］。

　　面向印刷分色的高光/暗调定标点，应考虑两个方面的因素，首先是高光/暗调点需要提高或降低亮度的程度，此外，对高光定标而言，需要考虑印刷工艺能够传递的最小网点面积率（如 C5％/M3％/Y3％/K0％ 或 C3％/M3％/Y2％/K0％ 等）。在 Photoshop 软件中，设置青/品红/黄/黑网点面积率数据时，受到 CMYK 分色设置的制约。

　　如果原图像的亮度范围超出印刷复制的范围，则恰当的高光点/暗调点定标可以在亮度上压缩图像色域，有利于图像印刷复制。

　　此外，高光点/暗调点定标还具有校正图像整体偏色的功能，留待后叙。

2. 图像的曲线调节法

　　通过曲线调节，可以改变图像各层次段（亮调/中间调/暗调/极高光）颜色的深浅或明暗、层次反差拉开或压缩。曲线整体或曲线段的斜率上升，则层次反差提高；反之，曲线整体或曲线段的斜率上升，则层次反差则降低。

　　作为曲线调节的实例，彩图 17-10(a) 为原图像，按照图 17-13 的曲线进行层次处理，得到的结果如彩图 17-10(b) 所示，图像的整体亮度得到提高，暗调层次反差被提升。

3. 灰度值调节法（"色阶"）

　　灰度值调节法是曲线调节法的一种变形，这种功能可以设定原图像高光点、暗调点和一个中间调点。通过这三个控制点确定图像层次转换关系。

　　在 Photoshop 软件中，该调节的界面如图 17-14 所示。界面中显示了图像的阶调分布直方图，有利于操作人员对图像阶调层次状况的判断。

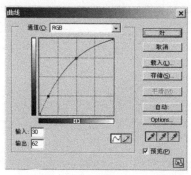

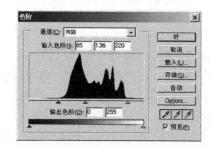

图 17-13　　　　　　　　　　　　　图 17-14

操作者可用鼠标器分别拖动左右两个三角形滑块，由此决定原图像的阶调范围，此范围的两个端点分别为高光点和暗调点。改变中间三角形滑块的位置，或者在"输入色阶"中间数据框中输入系数，可以改变图像中间调状况，左移滑块（系数＞1.0）可以提升中间调的亮度，右移滑块则中间调的亮度降低（系数＜1.0）。

彩图 17-11（a）是原图像，按照图 17-14 的设置，调节的结果如彩图 17-11（b）所示，其中，暗调的设置是将灰度级 65 降低到 0，而高光点的灰度级 220 被提升到 255，中间调系数提升到1.36，图像反差加大，整体亮度提高。

二、图像颜色修正处理方法

常用的颜色修正方法有选择性校色法、色相/饱和度校色法、色彩平衡法、定标/曲线校色法等。

一般而言，颜色校正应在阶调层次校正之后进行，这是因为阶调/层次校正的处理会影响所有颜色的状况。在正确的阶调层次状况基础上进行颜色校正是合理的。

在面向印刷复制的颜色校正中，应注重图像中重要的主体色和记忆色（皮肤色、天空色等），一般应以准确复制为准则，除艺术气氛要求的夸张处理以外，不可过度加大颜色的饱和度，以避免颜色失真。

1. 选择性校色法（selective color）

这种校色方法具有明显的印刷特点，其调节是按青/品红/黄/黑设置的。操作者根据需要校正的色相，可以分别增减所选色相颜色的青/品红/黄/黑数量。

如图 17-15（a）所示，在 Photoshop 软件的选择性校色界面中，共有 6 种彩色色相（红/黄/绿/青/蓝/品红）和白、黑、中间调灰色可供选择。一般来说，校正某一类彩色对其他类彩色没有影响。例如，校正红色时，对图像中的绿色没有影响，但对色相相邻的橘红色却有一定的作用，这体现了软件内部各色相校正强度的分布不均等。

在进行某种色相色彩的调节时，有"绝对（relative）"和"相对（absolute）"两种方法。其差别是采用相对校正方法时，校正数据为相对比例值；而绝对校正时，校正数据则是校正的绝对量。

理论上，要把某种颜色中现有的 50%青版网点"相对"增加 10%，则实际增加的量为 50%×10%＝5%，最终该颜色的网点比例是 55%。但采用"绝对"校正法时，50%的青版网点增加10%得到 60%。

注意：由于 Photoshop 软件内部各色相校正强度的分布不均等，且有网点扩大补偿的作用，实际操作时，信息面板上显示的颜色校正量并不严格按照上述规律。总体上，"绝对法"比"相对法"校正作用强一些。

借助于此功能，还可以更改某些色相的颜色。彩图 17-12（a）和 17-12（b）分别为未校色和经过选择性校色的图像，其中，按照图 17-15（b）的设置对原稿中的青色进行了处理，使青色变为绿色。

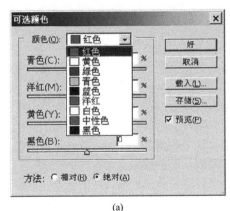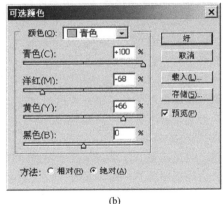

(a)　　　　　　　　　　　　　(b)

图 17-15

2. 色相/饱和度处理

这一颜色处理功能是基于色相、饱和度、亮度三个基本要素进行颜色调节的。可以分别改变上述三个量，使颜色发生变化。

如图 17-16 所示，此功能有"全图（所有色相）"以及红/黄/绿/青/蓝/品红七种色相选择。界面下方的两个彩色条显示了处理前（上彩条）和处理后（下彩条）的色相对应关系。彩图 17-13(a) 所示的原图像经过彩图 17-13(b) 界面（"全图"改变色相）的设置和处理，得到彩图 17-13(c) 所示的结果。

当选择"全图"以外的某种色相进行校正时，下方的彩色条会显示所选色相的范围，且中间部分处理效果更强。此色相范围可以通过鼠标器扩张或缩小，使色相选择的准确度更强。彩图 17-14(a) 为晚霞的图像，经过处理，使橘红色趋向于品红，增强了"火烧云"的效果［彩图 17-14(c)］，处理的色相设置如彩图 17-14(b)。

界面中的"着色"功能用于对 RGB 模式的中性灰色图像着色，着色的色相、饱和度、亮度可以进行设置。

3. 色彩平衡处理

"颜色平衡（color balance）"是整体改变图像颜色状态的手段之一。其操作界面如图 17-17 所示。

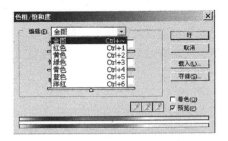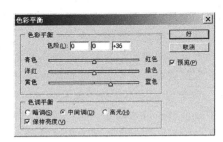

图 17-16　　　　　　　　　　　　图 17-17

操作者可以根据图像色彩失衡的阶调层次区域，确定校正是针对"暗调（shadows）""中间调（midtones）"还是"亮调（highlights）"来进行。如果希望校正颜色平衡时图像的亮度保持基本不变，则可以点选"保持亮度"。

校正时，可以用鼠标器移动三角形滑块，向着颜色失衡的反方向移动。例如：图像的中间调偏向蓝青色，则应将"青（cyan）/红（red）"轴的三角形滑块向红的方向滑动，同时将"黄（yellow）/蓝（blue）"轴的三角形滑块向黄的方向滑动，使颜色中的红/黄成分上升，以便弥补颜色失去平衡的缺陷。

彩图 17-15(a) 具有整体偏黄的色彩误差，中间调偏色较明显，按图 17-17 的设置进行校正，色彩平衡处理后的结果如彩图 17-15(b) 所示。

4. 定标/曲线校色法

如果图像中的偏色与阶调相关，如整个阶调偏向某种颜色、亮调/中间调/暗调偏色等，就可以通过高光/暗调点定标和分通道层次曲线调节予以校正。

如果图像整体偏向某种颜色，可以通过高光/暗调点的定标进行校色。方法是：在颜色拾取器界面中，分别设置不偏色的高光/暗调点颜色，然后分别用鼠标器在偏色的高光点/暗调点上点击即可消除高光点/暗调点偏色，高光/暗调点之间阶调中的偏色得到相应校正，如果仍未完全消除整体偏色，可以调节某 1 个或某几个颜色通道的曲线，使色偏完全消除。

类似地，如果图像某一阶调范围内存在偏色，则可以调整该阶调范围的曲线，以修正偏色。

彩图 17-16(a) 为一幅整体偏向黄色的图像，经过高光/暗调点定标（数据见表 17-1），得到彩图 17-16(b) 的效果。为突出玉兰花的洁白效果，又按图 17-18 的曲线对图像进行了调节，最终结果如彩图 17-16(c) 所示。

表 17-1　高光点/暗调点定标数据

点	RGB	CMYK	位置
高光点	255,255,240	5%,3%,3%,0%	下方花瓣最亮处
暗调点	13,12,9	87%,83%,83%,72%	左侧中间偏下方黑色

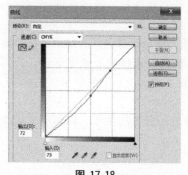

图 17-18

三、图像清晰度处理方法

图像清晰度的增强主要借助于"虚光蒙版（USM）"方法进行处理，其他一些方法，如"锐化""进一步锐化""锐化边缘"等缺乏参数设置，在图像处理控制上不很细致，适合要求不高或特殊效果的生成。

1. 图像清晰度处理的一般原则

除非特殊要求或需要柔和朦胧的效果，图像复制一般都需要进行清晰度增强。在进行图像清晰度处理时，应把握如下一些原则。

① 对不同类型/主体的图像，清晰度增强处理应有所不同。

整体上，处理后的图像应达到圆润而清晰的效果，防止出现过分粗糙的状态。

一般而言，对风景和静物为主的图像，其清晰度增强的幅度可以较高。但对人像，特别是对儿童、女士为主体的图像，为防止皮肤出现粗糙效果，清晰度增强的幅度一般应较低；而表现富有沧桑感的人像则可以做稍强的清晰度增强处理。

② 对分辨率和尺寸不同的图像采取不同的清晰度处理。

分辨率较低的小尺寸图像（如：网页下载的小幅面图像），则清晰度增强时容易出现粗糙的效果。因此，可以在进行清晰度增强设置时予以考虑，使用较小的强度和轮廓宽度设置。

③ 进行分通道清晰度增强。

为防止皮肤出现粗糙效果，可以对黄/品红通道进行清晰度增强，而对青/黑通道则不进行清晰度处理或进行较弱的处理。如果图像是 Lab 模式的，则可以采用只对 L 通道进行清晰度增强的处理方法，这样可以防止细节轮廓边缘出现不和谐的彩色边界。

2. 虚光蒙版（USM）对图像的清晰度处理

通常，USM 功能具有三个设置选项（图 17-19）。

- 清晰度增强的幅度。
- 轮廓边缘宽度（"半径"）。

- 阈值。

清晰度增强的幅度越大，图像细节的清晰度增强效果越明显，如彩图 17-17 所示。

图 17-19

在图像细节的边缘部分，USM 功能可以产生一定宽度的"更亮/更暗"的轮廓。轮廓边缘宽度（"半径"）就是进行该项设置的选项。"半径"越大，则图像细节边缘轮廓越明显，如彩图 17-18 所示。

阈值的设置可以保护一些低反差图像细节不受到清晰度增强的作用。阈值越高，则受到保护的部分越多。当使用较强的清晰度增强，或使用较宽的轮廓宽度时，通过阈值的设置，可以在增强图像高反差细节的同时，对图像的低反差细节（如皮肤的纹理或缺损）不做或只做较弱的清晰度强调，以获得较好的像质，如彩图 17-19(c) 所示。

对彩图 17-17(a)、彩图 17-18(a)、彩图 17-19(a) 分别进行不同的 USM 设置和处理，设置参数见表 17-2，处理后的效果分别如彩图 17-17(b)、(c)，彩图 17-18(b)、(c)，彩图 17-19(b)、(c) 所示，图中给出了局部放大的影像。

表 17-2　虚光蒙版设置参数

彩图	USM 强度	半径	阈值
17-17(a)	原图		
17-17(b)	100	1.0	0.0
17-17(c)	200	1.0	0.0
17-18(a)	原图		
17-18(b)	100	1.0	0.0
17-18(c)	100	3.0	0.0
17-19(a)	原图		
17-19(b)	100	2.0	0.0
17-19 (c)	100	2.0	10.0

一些高档扫描仪配备的扫描软件具有更为专业的图像清晰度处理功能，如可以针对不同阶调和皮肤颜色设置不同的清晰度强调幅度、"更亮/更暗"的强度不同、细节边缘清晰度与非边缘部分的柔和程度可以分别设置等。如果对图像清晰度增强效果的要求较精细，可以在图像扫描过程中进行相应的处理。

第五节　针对制版印刷套准的印前处理和要求

在多色复制的制版和印刷过程中，多色版套准对复制质量的影响是很关键的。多色版套准精度不佳会导致以下问题。

- 图文边界露出不应有的彩色或白色。
- 清晰度下降。
- 颜色偏差。

为了避免或补偿套印偏差对印刷品质量的影响，除对制版及印刷操作提出更严格的要求以外，还可以对图文进行"补漏白"处理。此外，在进行页面文字/图形的设计时，相应地采取一些策略，降低图文对象对套准精度的敏感性。本节将对此进行讨论。

一、补漏白处理和设置

补漏白技术（Trapping）也称为"陷印"。其作用在于针对套准精度不佳的状况，对图文对象的边界进行扩张或收缩处理，防止露出纸张等承印材料的白色或其他颜色的现象发生。

如彩图 17-20(a) 所示，当两种油墨区域的边界相互邻接时，如果套印不准，就会出现露出承印物颜色（多为白色）的现象。彩图 17-20(b) 是未做补漏白处理而套准良好的状态，彩图 17-20(c) 为经过补漏白处理而套准不佳的状态，彩图 17-20(d) 为经过补漏白处理而套准良好的状态。

补漏白技术是在图文边界的颜色邻接处，将一种或多种色版的图文扩展或收缩，使其叠印后在邻接边界处出现"交接区"，则可在套准精度较差的状况下不易露出"白色"。

补漏白多数面向矢量图文实施，但也有针对像素图像进行处理的方式。

补漏白既可以在图文处理软件内设置和处理（trapping in application），也可以在栅格图像处理过程中进行（in-RIP trapping）。

补漏白的基本做法如下。

① 根据相互邻接两种油墨区域各自的明亮程度决定扩张/收缩的对象。

大多数情况下，将浅色油墨区域扩展；如果相互邻接的两种油墨颜色的深浅程度接近，则可以同时分别扩展。

② 根据邻接油墨颜色的深浅或多色油墨网点面积率的相对关系设定某种阈值，决定是否进行补漏白处理。

具体的判定方法如下。

• 用油墨中性密度（Neutral Density，ND）判定油墨颜色的深浅。ND 是密度计测量到的"视觉密度"，而非某种油墨在其补色滤色片下的密度。在设定补漏白阈值时，可以给定一个临界密度值，一旦邻接区域两边颜色的中性密度差大于此临界值，就进行补漏白处理。

• 用邻接颜色的各成分（如 CMYK）相差的比例作为判定的阈值。一旦超过此比例，就进行补漏白处理。此比例越低，需要做补漏白的对象越多。

③ 根据印刷条件决定基本的补漏白宽度。

在套准精度低的工艺条件下，需要设置较大的补漏白宽度。在制版印刷工艺所能实现的套准精度下，补漏白宽度要比套准可能出现的偏差量略宽。

如果有较浅的颜色区域与黑墨区域邻接，则扩展宽度须加大（一旦出现"漏白"现象将十分明显）；一般需要设置黑版网点面积率界限值，一旦黑版超过此值，则采用加大的扩展宽度。

补漏白宽度一般在 $80 \sim 250 \mu m$ 的范围内，此宽度可视工艺条件增减。

④ 叠印暗色区域的"让空"处理。

在有黑墨参与、多色叠印形成的较大面积暗色区域内，如果出现明亮的"挖空"区域（如反白图文），则区域边界处的彩色油墨向内部收缩，称为"让空"处理。让空处理可以避免反白图文区域边界露出彩色油墨。

⑤ 黑墨图文的压印（overprint）处理。

若图文是由实地黑版或网点面积率足够大的黑版网点构成的，黑色图文下面衬有较浅的颜色区域，则对邻接的浅色区域可以不做挖空/扩张处理，而用黑版油墨压印在浅色区域上。

⑥ 以字号作为文字补漏白的界限。

如果字符尺寸（字号）大于某一界限值，即对其进行补漏白处理。对过小的文字字符做补漏白处理可能引起不良的后果（如文字变形等）。

二、"出血"处理

在印刷成品的范围内，一些图文元素的边缘恰好与成品边缘相接。如果成品裁切出现误差，就可能在图文元素外侧露出承印材料［图 17-20(a)］。通过"出血（bleed）"处理，可以防止这种现象的发生。

所谓"出血"是指对与成品边缘相接的图文元素进行扩张，使其超出成品边缘的处理。

"出血"处理后，即使裁切出现偏差，成品边缘外侧仍有部分"多余"的图文覆盖在承印材料上，不至于出现"露出白边"的现象［图 17-20(b)］。

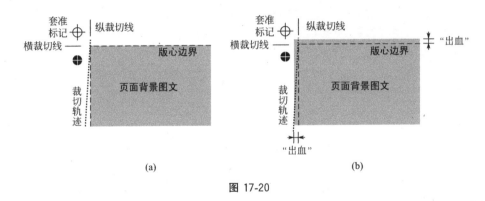

图 17-20

一般而言，"出血"的宽度为超出成品边缘约 3mm。可以在图文软件中进行设置或手工处理。

三、针对套准精度采取的设计和印前处理措施

在针对印刷的产品设计和印前制作当中，采取一些面向套准精度的措施，可以较好地避免或减轻套准不佳造成的质量缺陷。

这些措施如下。

① 页面中的纯黑色文字、图形以及页面中的纯黑背景，不要用青/品红/黄/黑四色叠印形成，尽量用单色黑版复制，以避免套印误差导致出现彩色边界（彩图 17-21、彩图 17-22）。

② 深色背景上存在浅色图文（"反白图文"）时，浅色图文的文字笔画和线条不宜过细而影响阅读（彩图 17-23）。

③ 背景图像上的文字和图形应尽可能保持矢量形式。像素形式的文字和图形，其分辨率与背景图像相同，在栅格图像处理（Ripping）加网后有可能出现较粗糙的网点边缘，也有出现彩色边界的可能。

第六节　印前处理和制版的检查及质量控制

为了印前处理和制版的质量达到较高水准，在印前处理和制版过程的每个环节和步骤上，有必要进行必要的检查，以便改正可能出现的错误，校正出现的偏差，才能以较高的效率和优良的品质完成印前处理及制版的工作，使客户的要求得以满足。

实际上，对印前处理和制版检查和质量控制分为两个层次。

• 正确性检查：经过此类检查，排除出现的错误，保证正确性。

• 质量控制：在正确性得到保证的前提下，对各个印前工艺步骤的状况进行监控，使印前处理和制版的各个中间产品以及交付印刷工序的最终印前产品达到品质优良的水平。

一、印前处理和制版的正确性检查

正确性是质量控制的最低要求。若正确性的前提没有保证，印前处理和制版工作是没有意义的。

以胶印为例，按印前处理和制版的工艺过程，在文字输入、图形制作、图像处理、图文页面组版、印刷整版组合（拼大版）、分色片输出/晒版、印版记录输出等步骤中，需要做正确性检查。

一般性检查项目如下。

（1）文字输入

文字、标点及其他符号的正确性。

（2）图形制作

a. 图形形状/尺寸。

b. 图形轮廓类型、轮廓颜色模式和数据。

c. 图形内填充类型（色彩/图案）、填充颜色模式和数据。

（3）图像输入和处理

a. 图像分辨率和尺寸。

b. 图像颜色模式、色彩特性。

c. 图像剪裁。

（4）图文页面组版

a. 页面版式参数（页面尺寸等）。

b. 文字排版规则吻合程度。

c. 各种文字属性（字体/字号/颜色/装饰/变形/排式等）。

d. 字库类型、字形数据下载、字符转换成轮廓曲线。

e. 文字/图形/图像的尺寸、方向、位置。

f. 文字/图形/图像的相互交叠关系。

g. 单黑色文字及图形的色彩模式（是否存在多色叠印黑色）。

h. 导入图形/图像的链接。

i. 补露白设置/处理的正确性。

j. 页面"出血"处理。

（5）拼大版

a. 印刷整版的幅面尺寸。

b. 印刷的面数（单面/双面）。

c. 色版数（单色/四色/专色）。

d. 折手排布样式、各页面位置和方向。

e. 多联插拼的排布方式、单联的位置和方向。

f. 折页、裁切、套准、色版、印刷机前/侧规标记、装订等标记。

g. 网点梯尺、色标、印刷测控条。

（6）栅格图像处理

a. 选择输出设备的正确性。

b. 记录参数（幅面/记录分辨率等）设置与记录设备当前状态的吻合性。

c. 字库的完备与字体替换设置。

d. 加网参数（网点类型、加网线数、网线角度组合、网点形状等）。

e. 版面输出的正反朝向（镜像与否）。

f. 记录输出线性化状态。

（7）分色片输出

a. 尺寸和正反朝向。

b. 图文完整性。

c. 多色套准状况。

d. 实地色块的密度值（不小于 4.0）、多个不同位置实地密度的均匀性。

e. 5％及以下网点、50％网点、95％及以上网点的面积率状况。

（8）晒版

a. 版面尺寸和朝向。

b. 版面图文的完整性。

c. 5％及以下网点、50％网点、95％及以上网点的面积率状况。

（9）印版输出

a. 版面尺寸和朝向。

b. 图文完整性。

c. 5％及以下网点、50％网点、95％及以上网点的面积率状况。

二、印前处理和制版质量控制的基础

在印前处理和制版的正确性得到保证的前提下，进一步提高印前处理和制版的质量，主要有以下一些途径：

① 严格有效地实行整体的数据化、规范化、标准化控制。

② 提升色彩管理的准确度和稳定性。

③ 提高操作者图文处理的水准。

这三方面是相互关联的。

严格有效地实行数据化、规范化、标准化控制，是进行有效色彩管理、提高复制质量的基础，也是图文印前处理水平真正得以表现的前提条件。实行数据化、规范化、标准化控制的目的是使涵盖印前/印刷各工艺步骤的色彩传递特性保持稳定，使印刷复制建立在稳固的基础之上。

假如，经过印刷复制过程，在印刷品上要达到的颜色色度数值是 $[L_P, a_P, b_P]$，分色后对应的印刷品网点面积率为 $[F_{CP}, F_{MP}, F_{YP}, F_{KP}]$。显然，印刷品网点面积率 $[F_{CP}, F_{MP}, F_{YP}, F_{KP}]$ 与印刷品颜色色度值 $[L_P, a_P, b_P]$ 之间的关系与纸张、油墨等因素相关，可以用函数关系表示为

$$[L_P, a_P, b_P] = f(F_{CP}, F_{MP}, F_{YP}, F_{KP})$$

印刷品网点面积率 $[F_{CP}, F_{MP}, F_{YP}, F_{KP}]$ 由印版网点面积率 $[F_{CPL}, F_{MPL}, F_{YPL}, F_{KPL}]$ 传递而来，在从印版传递到承印材料的过程中，存在网点面积率的变化，两者之间的关系即为"印刷传递曲线"，可以表示为

$$[F_{CP}, F_{MP}, F_{YP}, F_{KP}] = f_P(F_{CPL}, F_{MPL}, F_{YPL}, F_{KPL})$$

在 CTFilm 工艺中，印版网点面积率 $[F_{CPL}, F_{MPL}, F_{YPL}, F_{KPL}]$ 是用分色胶片通过晒版工艺过程制作而成的。在这一过程中，同样存在网点面积率的改变，胶片网点面积率 $[F_{CF}, F_{MF}, F_{YF}, F_{KF}]$ 与印版网点面积率 $[F_{CPL}, F_{MPL}, F_{YPL}, F_{KPL}]$ 的关系为"晒版传递曲线"，即

$$[F_{CPL}, F_{MPL}, F_{YPL}, F_{KPL}] = f_{PM}(F_{CF}, F_{MF}, F_{YF}, F_{KF})$$

在分色网点胶片记录过程中，受到曝光、显影、胶片等因素的影响，记录显影后，胶片上的网点面积率 $[F_{CF}, F_{MF}, F_{YF}, F_{KF}]$ 与记录驱动数据 $[F_{CR}, F_{MR}, F_{YR}, F_{KR}]$ 之间存在如下关系。

$$[F_{CF}, F_{MF}, F_{YF}, F_{KF}] = f_{CTF}(F_{CR}, F_{MR}, F_{YR}, F_{KR})$$

为了补偿记录曝光导致的面积率误差，对 $[F_{CR}, F_{MR}, F_{YR}, F_{KR}]$ 进行反函数处理，得到 $[F_{CR0}, F_{MR0}, F_{YR0}, F_{KR0}]$ 并用于驱动记录，故

$$[F_{CR}, F_{MR}, F_{YR}, F_{KR}] = f_{CTF}^{-1}(F_{CR0}, F_{MR0}, F_{YR0}, F_{KR0})$$

$$[F_{CF}, F_{MF}, F_{YF}, F_{KF}] = f_{CTF}[f_{CTF}^{-1}(F_{CR0}, F_{MR0}, F_{YR0}, F_{KR0})] = [F_{CR0}, F_{MR0}, F_{YR0}, F_{KR0}]$$

此处，$[F_{CR0}, F_{MR0}, F_{YR0}, F_{KR0}]$ 为复制所需要的胶片记录网点面积率。

同理，若采用计算机直接制版工艺，则印版网点面积率 $[F_{CPL}, F_{MPL}, F_{YPL}, F_{KPL}]$ 是由印版记录获得的，印版记录设备的曝光状态、版材特性、显影状况、环境条件等因素都会影响记录传递特性，这种特性可以表示为

$$[F_{CPL}, F_{MPL}, F_{YPL}, F_{KPL}] = f_{CTP}(F_{CR}, F_{MR}, F_{YR}, F_{KR})$$

其中，$[F_{CR}, F_{MR}, F_{YR}, F_{KR}]$ 为驱动印版记录的网点面积率。如前所述，为了补偿网点面积率的记录偏差，需要对记录驱动数值进行反函数变换，即

$$[F_{CR}, F_{MR}, F_{YR}, F_{KR}] = f_{CTP}^{-1}(F_{CR0}, F_{MR0}, F_{YR0}, F_{KR0})$$

经过补偿，可以达到

$$[F_{CPL}, F_{MPL}, F_{YPL}, F_{KPL}] = f_{CTP}[f_{CTP}^{-1}(F_{CR0}, F_{MR0}, F_{YR0}, F_{KR0})] = [F_{CR0}, F_{MR0}, F_{YR0}, F_{KR0}]$$

对 CTPlate 工艺而言，记录印版所需的网点面积率 $[F_{CR0}, F_{MR0}, F_{YR0}, F_{KR0}]$ 是由印刷品网

点面积率 $[F_{CP}, F_{MP}, F_{YP}, F_{KP}]$ 经过补偿印刷中网点变化（"印刷传递曲线"）获得的，即

$$[F_{CR0}, F_{MR0}, F_{YR0}, F_{KR0}] = f_P^{-1}(F_{CP}, F_{MP}, F_{YP}, F_{KP})$$

在 CTFilm 工艺中，记录胶片所需要的网点面积率 $[F_{CR0}, F_{MR0}, F_{YR0}, F_{KR0}]$ 还必须进行晒版特性的补偿，即

$$[F_{CR0}, F_{MR0}, F_{YR0}, F_{KR0}] = f_{PM}^{-1}[\, f_P^{-1}(F_{CP}, F_{MP}, F_{YP}, F_{KP})]$$

综上所述，为了在印刷品上复制出需要的颜色，使其色度值达到 $[L_P, a_P, b_P]$，则印刷品上的网点面积率应达到 $[F_{CP}, F_{MP}, F_{YP}, F_{KP}]$。考虑到印刷和晒版过程的网点面积率变化关系，事先进行反函数补偿 $f_{PM}^{-1}[f_P^{-1}(\cdot)]$，得到分色胶片记录用的网点面积率 $[F_{CR0}, F_{MR0}, F_{YR0}, F_{KR0}]$，又针对胶片记录所出现的网点面积率偏差，进行反函数补偿 $f_{CTF}^{-1}(\cdot)$，获得真正驱动分色片记录设备的数据 $[F_{CR}, F_{MR}, F_{YR}, F_{KR}]$。记录获得分色网点胶片后，其网点面积率为 $[F_{CF}, F_{MF}, F_{YF}, F_{KF}]$，经晒版过程 $f_{PM}(\cdot)$，印版上的网点面积率达到 $[F_{CPL}, F_{MPL}, F_{YPL}, F_{KPL}]$，又经过印刷传递 $f_P(\cdot)$，印刷品上的网点面积率达到 $[F_{CP}, F_{MP}, F_{YP}, F_{KP}]$，恰好获得所需要的颜色，其色度值达到 $[L_P, a_P, b_P]$。

对 CTFilm 工艺，上述传递链可用函数关系表示为

$$[F_{CR}, F_{MR}, F_{YR}, F_{KR}] = f_{CTF}^{-1}\{ f_{PM}^{-1}[f_P^{-1}(F_{CP}, F_{MP}, F_{YP}, F_{KP})]\}$$

$$[F_{CP}, F_{MP}, F_{YP}, F_{KP}] = f_P\{ f_{PM}[f_{CTF}(F_{CR}, F_{MR}, F_{YR}, F_{KR})]\}$$

$$[L_P, a_P, b_P] = f(F_{CP}, F_{MP}, F_{YP}, F_{KP})$$

对计算机直接制版和复制工艺，去掉了晒版的工艺步骤，可以写为

$$[F_{CR}, F_{MR}, F_{YR}, F_{KR}] = f_{CTP}^{-1}[f_P^{-1}(F_{CP}, F_{MP}, F_{YP}, F_{KP})]$$

$$[F_{CP}, F_{MP}, F_{YP}, F_{KP}] = f_P[f_{CTP}(F_{CR}, F_{MR}, F_{YR}, F_{KR})]$$

$$[L_P, a_P, b_P] = f(F_{CP}, F_{MP}, F_{YP}, F_{KP})$$

可见，印刷品上的颜色与油墨、纸张、网点叠印结构等决定的颜色特性函数 f、印刷网点传递特性 f_P、晒版传递特性 f_{PM}、分色片/分色版记录特性 f_{CTF} 或 f_{CTP} 有关，印前处理应当进行相应的补偿。但是，假如印刷油墨和印刷材料发生变化，印刷设备、晒版和分色片/分色版记录工作状态不稳定，就会引起上述一个或多个特性函数发生变化，导致印前过程所进行的网点补偿、分色处理、色彩管理的准确度下降，印刷复制的颜色偏离所应达到的色度数值 $[L_P, a_P, b_P]$。

由此，严格有效地实行数据化、规范化、标准化控制是保证各种设备、工艺状态稳定的重要措施，也是提升印刷复制质量不可或缺的基石。

三、提升印前处理质量的途径

在实施上述数据化、规范化、标准化控制取得良好效果的基础上，抛开管理学方面的因素，进一步提高印前处理和制版质量的途径主要有两方面，即提升技术条件和人员技术素质。

提升技术条件主要是硬件和软件的升级，例如：建立计算机直接制版系统、采用完整的数字化工作流程、购置具有优异性能的色彩管理/图文处理软件等。在技术升级中，应当对印前部门的任务量、任务类型、客户的需求状况进行分析，依据现有技术状况、未来技术发展趋向和资金状况，有重点、有目标地进行项目设置。

提升人员技术素质的是提高复制质量的关键之一。在印前图文处理/制版的技术素质方面，主要有：熟练操作软件和设备的能力、组合使用多种软件的能力、正确合理地运用色彩管理系统的能力、对一般常见印前问题的判断和解决能力、对工艺技术参数稳定性的维持能力等。除此之外，人员的艺术修养和审美水准、对色彩/阶调/清晰度等的判断能力也是提升图文处理质量的潜在作用因素。对印前制版生产管理人员而言，还应具备整体掌控各个工艺步骤状况、协调生产进程、分析解决各种问题的能力。

实际上，上述两方面的提高有时是相互关联的。一种新技术设备或软件的使用必然涉及到操作人员的学习和培训，提高其技术素质，以适应新技术的要求，使其技术效益迅速得以发挥。

复习思考题

1. 用于胶印的计算机直接制版工艺与计算机输出分色胶片工艺有哪些相似和差异？

2. 为什么计算机直接制版工艺需要数字彩色打样技术的支持？

3. 为什么为胶印制版输出阳图分色片时需要设置"镜像输出"？为什么在为柔性版制版输出分色片时要输出"正向阴图片"？

4. 说明记录输出"线性化"过程的网点面积率补偿原理。

5. 分析胶印制版输出阳图分色片的实地密度不足和过高所带来的不良影响。

6. 在 Photoshop 软件下，为一幅彩色图像填加一条灰色梯尺，再利用"曲线"中的高光/暗调设置功能，选择不同的梯尺灰度级进行高光/暗调点定标，体会阶调层次处理的方法和效果。

7. 在 Photoshop 软件下，利用不同的校色功能，对一幅偏色图像进行校正处理，体会不同功能的作用范围和效果。

8. 在 Photoshop 软件下，利用"锐化"中的"虚光蒙版"功能，对一幅图像进行清晰度处理，体会"数量"、"半径"和"阈值"的作用范围和效果。

9. 以亮度 $L*$ 为 0～100 的中性灰色渐变梯尺作为原稿图像，将其分别投入激光照排（CTFilm）和计算机直接制版（CTPlate）工艺流程中。根据复制需要和实际工艺的状况，给定 $L*$（印刷品）与 $L*$（原稿）的层次曲线、灰色平衡和黑版曲线、印刷网点传递曲线、晒版网点传递曲线、胶片记录网点传递曲线、印版记录网点传递曲线，逐步推出 CTFilm 工艺下，胶片记录网点面积率与原稿 $L*$ 的关系曲线以及 CTFilm 工艺下，印版记录网点面积率与原稿 $L*$ 的关系曲线。

参考文献

[1] R C 冈萨雷斯，P 温茨. 数字图像处理 [M]. 李叔梁等译. 北京：科学出版社，1983.

[2] 邵朝宗，杜其定，李家祥等. 电子扫描分色机原理 [M]. 北京：印刷工业出版社，1983.

[3] 荆其诚，焦淑兰等. 色度学 [M]. 北京：科学出版社，1991.

[4] J A C. Yule et al. Principles of Color Reproduction [M]. GATF Press. 2000.

[5] H Kipphan et al. Handbuch der Printmedien [M]. Springer Verlag. 2001.

[6] R Ulichney. Digital Halftoning [M]. The MIT Press. 1987.

[7] H R Kang. Digital Color Halftoning [M]. SPIE/IEEE Press. 1999.

[8] Daniel L Lau, Gonzalo R Arce. Modern Digital Halftoning Second Edition [M]. CRC Press. 2008.

[9] Dieter Morgenstern. Rasterungstechnik [M]. Polygraph Verlag. 1985.

[10] Johannes Schoppmeyer. Farbreproduktion in der Kartographie und ihre theoretischen Grundlagen [M]. Polygraph Verlag. 1991.

[11] Hansl Loos. Farbmessung [M]. Verlag Beruf＋Schule. 1989.

[12] Kurt Schläpfer. Farbmetrik in der Reproduktionstechnik und in Mehrfarbendruck. 2nd Auflage [M]. UGRA. 1993.

[13] Hans Rösner. Druckvorlagen-Gestaltung，Herstellung，Anwendung [M]. Polygraph Verlag. 1983.

[14] B Fraser，C Murphy，F Bunting. Real Would Color Management [M]. Peachpit Press. 2003.

[15] N Ohta，M Rosen. Color Desktop Printer Technology [M]. Taylor & Francis Press. 2006.

[16] 孙仲康. 快速傅里叶变换及其应用 [M]. 北京：人民邮电出版社，1982.

[17] 川又政征，樋口龙雄. 多维数字信号处理 [M]. 薛培鼎，徐国蕲译. 北京：科学出版社，2003.

[18] 唐泽圣，周嘉玉，李新有. 计算机图形学基础 [M]. 北京：清华大学出版社，1995.

[19] 唐泽圣等. 三维数据场可视化 [M]. 北京：清华大学出版社，1999.

[20] 米本和也. CCD/CMOS 图像传感器基础及应用 [M]. 陈榕庭，彭美桂译. 北京：科学出版社，2006.

[21] 胡栋. 静止图像编码的基本方法与国家标准 [M]. 北京：北京邮电大学版社，2003.

[22] 刘浩学等. 印刷色彩学 [M]. 北京：中国轻工业出版社，2008.

[23] 廖宁放等. 数字图文图像颜色管理系统概论 [M]. 北京：北京理工大学版社，2009.

[24] 张吴明，朱凌，王颗星. 影像三维数字化基础教程 [M]. 北京：北京师范大学出版社，2012.

[25] 迟健男等. 视觉测量技术 [M]. 北京：机械工业出版社，2011.

[26] 达飞鹏，盖绍彦. 光栅投影三维精密测量 [M]. 北京：科学出版社，2011.

[27] Adobe Systems Incorporated. PostScript Reference Manual version 3. 0 [CP/OL]. http://www. adobe. com. 1999.

[28] Adobe Systems Incorporated. Adobe Portable Document Format version 1. 7 [CP/OL]. http://www. adobe. com. 2006.

[29] International Color Consortium. Specification ICC. 1：2010 [CP/OL]. http://www. color. org. 2010.

[30] Gerhard Fischer. Der frequenzmodulierte Bildaufbau-ein Beitrag zum Optimieren der Druckqualität [D]. Technische Universität Darmstadt. 1986.

[31] Matthias Meindl. Beitrag zur Entwicklung generativer Fertigungsverfahren für das Rapid Manufacturing [D]. Technische Universität München. 2008.

[32] Rolf Pfeifer. Entwicklung von Rapid Prototyping Verfahren zur Herstellung verlorener Modelle für den Feinguss [D]. Technische Universität Stuttgart. 2006.

[33] Konrad Klein. Automatisierung der 3D-Rekonstruktion aus mehreren Tiefenbildern durch Optimierung prädizierter Qualitätsgewinne [D]. Technische Universität Darmstadt. 2008.

[34] Wilhelm Wilke. Segmentierung und Approximation großer Punktwolken [D]. Technischen Universität Darmstadt. 2002.

[35] 金杨. 图像的曲面描述和处理方法的研究 [D]. 解放军信息工程大学. 2000.

[36] 李玲. 基于双目立体视觉的计算机三维重建方法研究 [D]. 武汉大学. 2005.

[37] 陈亮辉. 采用结构光方法的三维轮廓测量 [D]. 大连理工大学. 2005.

[38] Andreas Kraushaar. 3D-Druck：Grundlagen，Technik und Möglichkeiten [CP/OL]. http://www. fogra. de. 2013.

[39] Heidelberg Druckmaschinen AG. Einführung in die Rastertechnologie. [CP/OL]. http://www. heidelberg. com. 2007.

[40] Siegfried Beißwenger，Max Rid. Zur Physik des Tiefdrucknäpfchens und was daraus für die Gravur von Kupfer-Tiefdruckformen folgt [CP/OL]. http://www. hell- gravure-systems. com. 2004.

[41] David Atkinson. Laser Engraved Elastomeric Printing Media [J]. FLEXO. 2011. 6，50-52.

[42] 解祥荣，徐海黎. 三维模型的读取与体素化 [J]. 南通大学学报. 第 10 卷，第 1 期，2011. 3，29-34.

[43] 雷楠南. 双目立体视觉测量系统的理论研究 [J]. 三门峡职业技术学院学报. 第 12 卷，第 2 期，2013. 6，110-112.

(a) 原图

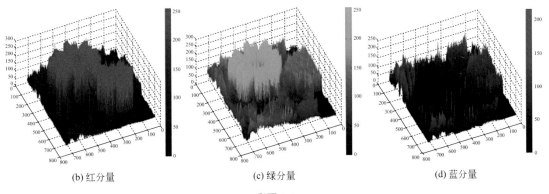

(b) 红分量　　　　　　　(c) 绿分量　　　　　　　(d) 蓝分量

彩图 1-1

(a) 原图像　　(b) 原图像局部放大后略微显现的颗粒　　(c) 调幅网点图像　　(d) 调频网点图像

彩图 1-2

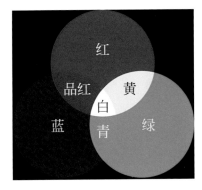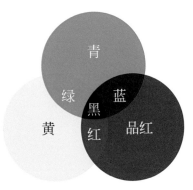

彩图 1-3　　　　　　　　　　　　　彩图 1-4

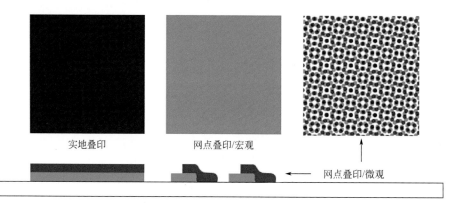

实地叠印   网点叠印/宏观   ← 网点叠印/微观

彩图 1-5

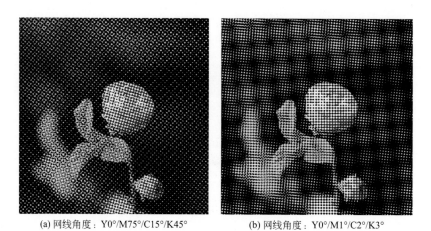

(a) 网线角度：Y0°/M75°/C15°/K45°   (b) 网线角度：Y0°/M1°/C2°/K3°

彩图 2-1

彩图 4-1

(a) 三色分色/CMY总面积率300%　　　　　　(b) 四色分色/CMYK总网点面积率330%/K70%

(c) 四色分色/UCR/CMYK总网点面积率350%/K80%

(d) 四色分色/UCR/CMYK总网点面积率300%/K100%

(e) 四色分色/GCR/CMYK总网点面积率300%K100%/最大黑版

彩图4-2

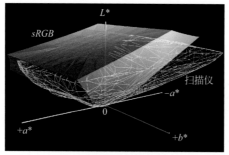 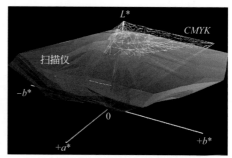

(a) sRGB与某扫描仪色域   (b) 某扫描仪与某种CMYK印刷色域

彩图 12-1

(a) 感觉还原   (b) 饱和度还原

(c) 相对色度   (d) 绝对色度

彩图 12-2

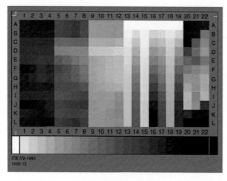 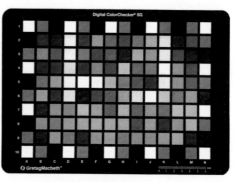

彩图 12-3   彩图 12-4

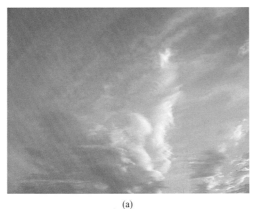 

(a)　　　　　　　　　　　　　　　　　　(b)

彩图 17-1

 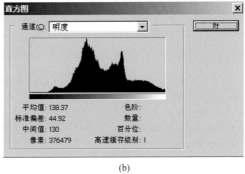

(a)　　　　　　　　　　　　　　　　　　(b)

彩图 17-2

 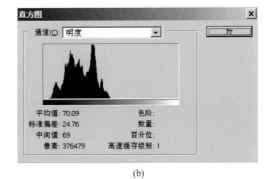

(a)　　　　　　　　　　　　　　　　　　(b)

彩图 17-3

(a)

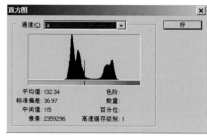
(b)

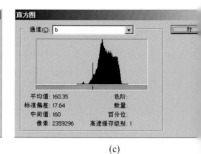
(c)

彩图 17-4

(a)

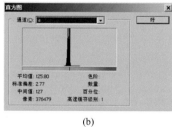
(b)

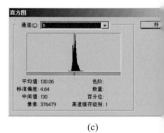
(c)

彩图 17-5

(a)

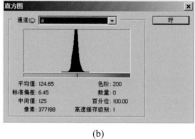
(b)

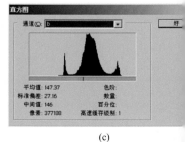
(c)

彩图 17-6

(a)   (b)   (c)

彩图 17-7

彩图 17-8

(a)   (b)

彩图 17-9

(a)

(b)

彩图 17-10

(a)

(b)

彩图 17-11

(a)

(b)

彩图 17-12

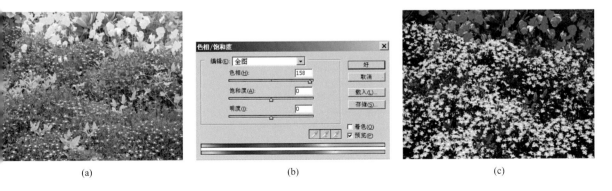

(a)   (b)   (c)

彩图 17-13

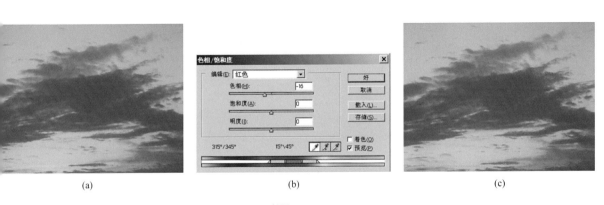

(a)   (b)   (c)

彩图 17-14

(a)   (b)

彩图 17-15

(a)

(b)

(c)

彩图 17-16

(a)

(b)

(c)

彩图 17-17

(a)

(b)

(c)

彩图 17-18

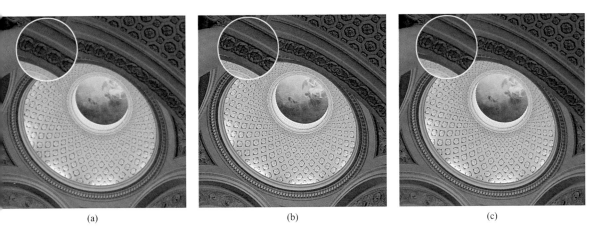

(a)   (b)   (c)

彩图 17-19

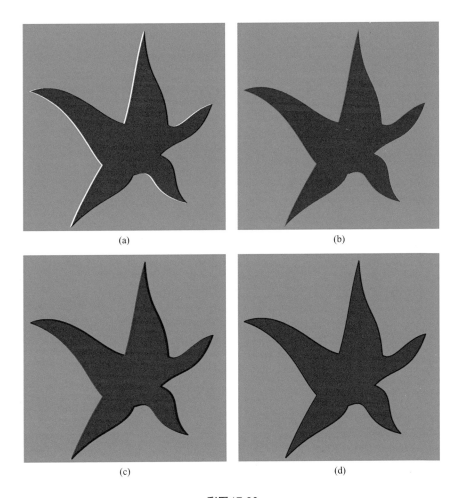

(a)   (b)

(c)   (d)

彩图 17-20

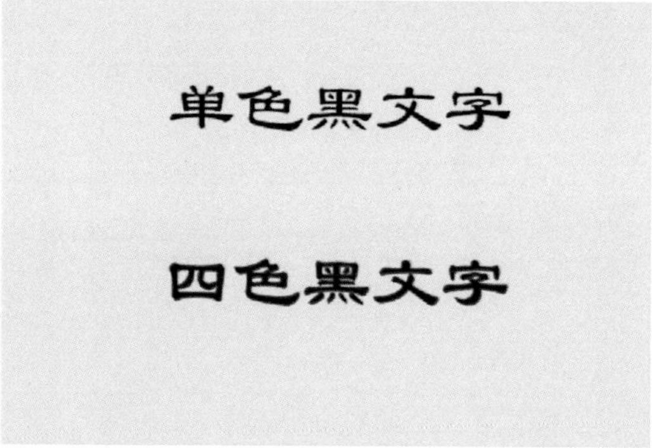

单色黑文字

四色黑文字

彩图 17-21

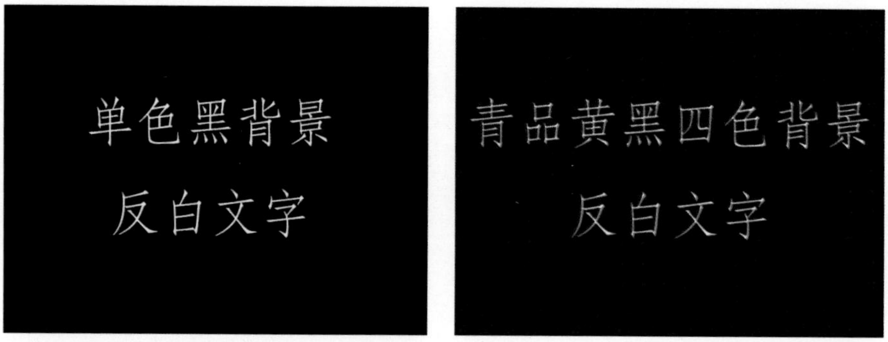

单色黑背景
反白文字

青品黄黑四色背景
反白文字

彩图 17-22

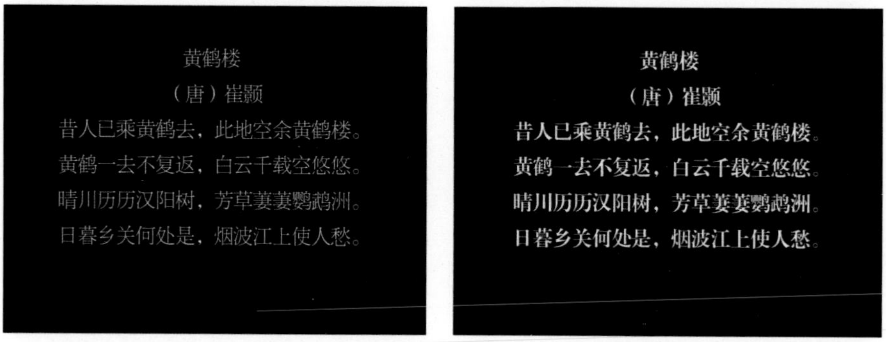

黄鹤楼

（唐）崔颢

昔人已乘黄鹤去，此地空余黄鹤楼。
黄鹤一去不复返，白云千载空悠悠。
晴川历历汉阳树，芳草萋萋鹦鹉洲。
日暮乡关何处是，烟波江上使人愁。

黄鹤楼

（唐）崔颢

昔人已乘黄鹤去，此地空余黄鹤楼。
黄鹤一去不复返，白云千载空悠悠。
晴川历历汉阳树，芳草萋萋鹦鹉洲。
日暮乡关何处是，烟波江上使人愁。

彩图 17-23